広瀬 隆
Takashi Hirose

大地震におびえる日本列島

原子炉時限爆弾

ダイヤモンド社

序章

原発震災が日本を襲う

1986年、写真中央の原子炉が吹き飛んだチェルノブイリ原発

原発産業がもたらすだろう暗黒時代

本書は、この日本列島に住んでいるすべての人に「日本はあと何年、ここに人が住んでいられるだろうか」というごく簡単な問いを、尋ねるものである。勿論私は、「あしたに日本が終る」とは思っていない。だからこそ、これというはっきりした不安なしに生きているのだが、その安心感には格別の根拠があるわけではなく、間違っているかも知れない。では「一〇年後に、日本という国があるのだろうか」と尋ねられれば、「かなり確率の高い話として、日本はないかも知れない」と、悪い予感を覚える。

これはただの一理ある思い付きではないし、単なる仮説や、憶測でも、当て推量でもない。気のせいや、考え過ぎでもない。一風変った考えでもない。私は、大予言のようなストーリーを頭から否定して、いくぶんか科学的思考がまさった無神論的な性格を持っているので、何ごとにも相当に疑い深く、結論を導く前には、一度自己否定してから考えるようにつとめてきた。

そこで初めに、執筆の動機について述べておきたい。私は本書で、大地震によって原発が破壊される「原発震災」のために日本が破滅する可能性について、私なりの意見を述べる。しかもそれが不幸にして高い確率であることを示す数々の間違いない事実を読者に見ていただくが、内心では、そこから導き出される結論が間違っていることを願っている。

このことに関して、論争をまったく望んでいない。「結論は妄想にすぎない」と否定する人がいれば、否定していただきたい。そうした他人の考えに水をさすつもりはないし、もし破滅の可能性が五%か一〇%であっても、その可能性があるにもかかわらず、現状を漫然と受け入れて、その先を思考しないならば、それはそれを選択した日本人の運命であるから、たとえそうなっても致し方ないと思う。しかしそれでも社会的な警告として、いま本書を書く必要があると思い立ったのは、実はそのように他人を切り捨てる前に、ここに書く事実を、ほとんどの日本人は知らないと確信しているからである。

四半世紀前の一九八六年四月二六日に、ソ連(現ウクライナ)のチェルノブイリ原子力発電所で原子炉を吹き飛ばす爆発事故が発生し、すさまじい大事故による放射能汚染の恐怖を味わった全世界では、そのあと原子力産業は一気に衰退の一途をたどってきた。

ところが読者が最近の報道に接していればお気づきの通り、新聞とテレビのニュースに、「原発建設推進の動き」が驚くほど増えてきている。ここ数年、二酸化炭素による地球温暖化説が「環境保護」の代名詞となった世情のもとで、斜陽産業化していた原発がテレビコマーシャルで「クリーンエネルギー」としての復活宣伝を展開するばかりか、九州佐賀県の玄海原発と四国愛媛県の伊方《いかた》原発で原爆材料プルトニウムを大々的に利用するプルサーマル運転が開始された。加えて、一九九五年に事故を起こして一四年以上も冬眠していた高速増殖炉〝もんじゅ〟が運転を再開したのが、この二〇一〇年の現状である。

さらに二〇一〇年六月一八日に政府が閣議決定した「エネルギー基本計画」では、二〇三〇年までに原発一四基以上を新増設する計画を打ち上げ、現在六〇%台まで急落している原発稼働率を九〇%に引き上げる方針を掲げている。新生した民主党政権は、これを強力に支援して、自民党政権時代より猛烈な原発推進の姿勢を打ち出している。冬の時代を乗り越えた原子力産業が、春の陽光を浴びて、このあと二〇年内には、夏の果実を実らせるかのような錯覚を日本人が受けている。

そう、実は、これらはみな、大きな錯覚にすぎないのである。「原発建設推進の動き」も、「環境保護」も、「クリーンエネルギー」も、これから本書でくわしく述べるように、現実離れしたストーリーである。なぜこのように新聞・テレビのニュースに、「原発建設推進の動き」が躍動するかと言えば、事実を知らずに、事実を調べずに、報道界が原子力産業の言葉を受け売りしているからである。それらは既定の事実ではなく、宣伝文にすぎないのである。それどころか、原子力産業が突進しようとしているこの先には、まったく報じられない、とてつもなく巨大な暗黒時代が待ち受けているのだ。その正体は、想像したくもないが、人知のおよばない地球の動きがもたらす「原発震災」の恐怖である。

本書の内容は、ごく基本的な科学の話に踏みこむが、それはどれも興味深く面白い事実の数々である。考えれば小学生でも誰にでも分ることばかりで、誰でも検証したり、確認することができる。したがって高度な学問や計算を要することではない。先人が私に教えてくれ、三〇年前から私が語り、書物に記してきた内容と基本的にまったく変らないし、その後、私の知識と知恵が長足の進歩を遂げたわけでもまったくない。だが、いつしか私を取り巻く時代が変ったのである。一五年前頃までは、日本人に対して説明をすれば、人はみな話を理解して、直ちに受け入れ、行動してくれる社会的な土壌があった。

しかし現在は、放射能を象徴する「死の灰」という言葉さえ知らない若い世代が、報道の中心をになっている。日本人には古来から日本人なりの思考する力があり、決して世の中全体が無知であるはずはないのだが、報道が途絶えると、誰もが知っておくべき事実を誰も知らない、という「知恵あって無知な」世の中になる。そのため、日本人全体が、本書のテーマから見れば刻々と迫っている危機について何も知らずに、明日に希望を見つけようと生きているように思われる。

企業経営も、将来計画を描くのに必死であろう。みな、日々の作業に追われて、とても原発のことまで考えているヒマはない、というのが現在の状態だろう。しかしすべての日本人の生活にかかわるこの問題だからこそ、日本の国家を滅亡させるおそれが高い「原発震災」をまったく考えずに、生きてゆけるはずがない。原発のことまで考えているヒマはないのではなく、それを考えておかなければ、生きてゆけない可能性が高いのである。

私にとっては、冥土の土産にこのまま沈黙を保っていればそれですむことである。だが、たとえば、である。幼稚園の庭に大きな時限爆弾が仕掛けられていることを知ってしまった人間が、園児たちがはしゃぎ回る姿を見ながら、黙ってその場を立ち去ることは、おそらく誰にとってもできないはずだ。日本に住む人たちの未来と夢を、黙って踏みつぶす権利は私にないし、ごく簡単にその絶望的な予測を消し去る方法があるのだから、日本人全体がわずかな時間を割いて、もう一度事実を学び直し、自分の頭で考えて、時限爆弾に仕掛けられたタイマーと弾薬を急いで取り外してから、そっと胸をなでおろし、仕事に戻ってくれればよいと願っている。

未来をになうのは青少年と子供たちだが、私も高齢になって、近所で幼い子供たちや少年少女が遊んでいる姿を見ると、無性にいとおしくてならない。私の孫を見れば、この子たちの将来を決して奪ってはいけない、という熱い思いが胸を刺す。私の知っていることがすでに世間に広く伝わっているなら本書は必要ないが、そうではないのに黙って生きることは、のちの世代に対して、大きな罪だと自分で思う。ここに書くことは、隠された秘宝ではないが、まだ充分に知られていない貴重な知恵の一つである。それが本書を書く最大の動機である。

そこで、読者はだまされたと思って、一度この話を最後まで聞いて、それから私の話を充分に疑っていただきたい。自ら調べられることばかりであるから、自らの手で調べて事実を確認し、考え始めていただきたい。そして否定するなら否定していただきたい。

そう言っても、読者のほとんどは、まさかそのようなことはないだろうと、まったく意識しないまま生きているはずだから、ごく分りやすい事実から、最初に見ていただくのがよいと思う。

事故の確率は二万年に一回!?

人間がこの世に住めなくなるような事態で、子供たちをおそろしがらせる空想物語として、宇宙からの巨大隕石の飛来や、流星の激突がある。あるいは太陽の異常や、地球の地磁気の激変がある。

このようにＳＦ的な事態は、有史以来の地球の歴史四六億年をつぶさに見ると、確かにあり得ると思われてくるが、それは予測できない宇宙のメカニズムがもたらす悲劇なので、空想小説家の豊かな想像力に任せておく。

それに対して、人間が起こし得る終末的な悲劇が、現実のこの世にないわけではない。若い人には瞑想しても想像できないが、ほんの二〇年前までは、核兵器によるハルマゲドン（世界終末戦争）が、いつ起こるかという大きな不安を抱いて、全人類は生きていた。

一九八九年一一月九日に東西ベルリンを隔てていた壁が崩壊するまで、アメリカとソ連が大陸間弾道ミサイルに核兵器を何万発も搭載してにらみ合うという、東西冷戦の時代が半世紀近く続いた。しかも互いに真剣な「敵意と憎悪」を抱いて、いつ敵陣めがけてその発射ボタンを押すか、と緊迫した恐怖時代を過ごしたのである。そのため、００７シリーズのように魅惑的なアクション映画が生まれたが、あの物語は決して荒唐無稽だとはバカにできない一面を持っていた。歴史家は簡単に「ベルリンの壁崩壊」と呼ぶが、あれは、人類が絶望を壊した第一歩として、実に驚くべき歴史的な出来事だったのである。その後も人類は、核戦争ゲームにうち興じて、まったく進歩していないが……

この終末核戦争と一対になって語られたのが、本書に述べる原子力発電所の大事故であった。こちらは地球の終りではなく、一つの国家や一地方を壊滅させ、人間が住めなくなる大惨事の話であった。なぜ住めなくなるかと言えば、事故によって外部に放出された大量の放射能汚染によって、その一帯で農業ができなくなり、水と食べ物を失うからである。勿論、その土地には人間が住むことができなくなる。ここ十数年ほど、原発の大事故の確率はどんどん高まっているが、逆に、大事故がどれほどおそろしい惨事であるかについて解説する報道がパッタリと途絶えて、ほとんどの人が知らないため、原発事故を化学工場の事故と同程度に考える人が増えてきたことは、あたかも羅針盤なしで航海に出ているような状態で、気が気でない。

一九七〇年代頃からあと、原子炉の大事故は明日にでも起こるのではないかと、全世界でかなり激しい議論が展開されたのである。原子力産業は、「大事故が起これば確かに一地方は壊滅する。あってはならないことだ。だが現実には、そんなことは二万年に一回しか起こらない」と、被害の脅威を認める一方で、だからこそ安全につくっていることを主張した。しかし待ちなさい。一基の原子炉が二万年に一回の確率で終末的な大事故を起こすという話は、隕石の落下と同じようにまず起こらないかのように聞こえる数字だが、当時は全世界で四〇〇〇基の原子炉を建設するという計画が真剣に進められていた。四〇〇〇基あれば、単純に計算して、世界中では二万÷四〇〇〇で、わずか五年ごとに大事故が起こる確率になる。そこへ人類が向かおうとしていたのだ。

実際には、日本原子力産業会議によれば、全世界で運転中の原子炉は二〇〇一年と二〇〇九年の間、四三二基で、増えも減りもしていないので、彼らの計画は一〇分の一しか達成されていない。原子力産業は、それがスタートした半世紀前から、あり得ない未来の輝きを超々誇大に宣伝する異常な性格がある。一九五八年に自動車会社フォードは原子力乗用車を発表し、「超小型原子炉モジュールで一万キロ走行でき、その後もモジュールを交換すれば何万キロでも走れ、汚い排気ガスもまったく出さない」と宣伝した。一九六〇年には日本でも、科学雑誌が火星探検に向かう原子力ロケットの大編隊ができると真剣に論じ、「ラジウムのストーブは二〇〇〇年以上も続けて使える。キャラメル一個大のラジウムで、日本中の列車を一時間走らせることができる」と書きなぐっていた。ほう、その自動車やロケットやストーブや列車はどこにあるのだ？　現在も「原発ルネッサンス」と騒ぎ続け、あり得ない建設計画を書き立てる異常な性格は、まったく変っていない。

現実に起こった『チャイナ・シンドローム』の悪夢

さて原発事故が起こるかどうかが激しく議論されていた時代に戻る。一九七九年三月一六日に、ジャック・レモンとジェーン・フォンダという当時のトップスターが主演して、『チャイナ・シンドローム』という映画が公開され、製作者マイケル・ダグラスも自ら出演した。核戦争の危険性を警告する名画は『猿の惑星』や『博士の異常な愛情』など数え切れないほど製作されたが、原発事故を描いたドラマは、これまで史上この作品一本だけである。

『チャイナ・シンドローム』

チャイナ・シンドローム（中国症候群）とは、原子炉が暴走して融け落ちると、その灼熱の金属となったウランの塊が発電所の底を突き破り、地中深くどこまでも進んでゆき、アメリカから見て地球の裏側の中国まで突き抜けるというブラックジョークによって、原発事故の危険性を言い表わした言葉である。実際にはそのような現象は起こらない。灼熱の塊が地中に突入すれば、地下水にぶつかって、火山で見るような水蒸気爆発を起こして大惨事となる。この映画は、事故の原因を「人間の作為」と「機械の欠陥」という二つの視点から、テレビカメラの目を通して緻密に描いた点で、秀逸で迫力あるリアルな作品なので、若い人はＤＶＤでぜひご覧になっていただきたい。

奇しくもこの映画がアメリカで公開された直後、一九七九年三月二八日に、アメリカのペンシルヴァニア州スリーマイル島原発二号機で、映画を地でゆくように、原子炉が融け落ちるというメルトダウン事故が起こってしまったのである【図1】。しかも今日まで、現地の真相を知らない人間や評論家たちが公式の事故報告を鵜呑《うの》みにして「この事故で被害者は出なかった」と書きなぐる、恥ずべき無知な雑文が流布している。

この事故では、最後の防壁である格納容器の爆発のおそれが高まって、ニューヨークやワシントンを含む東部が壊滅するという国家的危機が迫ったため、爆発を防ぐために、内部の放射能を大量に外に放出することによって、かろうじて末期的な大惨事を免れたのである。その放射能放出のため、州都のハリスバーグがパニックに陥って、母親たちが乳飲み子を抱いて逃げまどい、原発周辺では次々と目を疑うような植物の無気味な異常や、住民の白血病、癌の大量発生が起こって、それを州政府とアメリカ政府が今日まで隠し続けてきた。

図1 米国スリーマイル島の惨事を伝える新聞記事

1979年3月28日、スリーマイル島原発2号機で、映画そのままの大事故が起こった。

史上最悪の原発事故に
米・ペンシルベニア州
冷却水漏れて拡大
従業員が放射能汚染か
日本でも8基稼働 同型の加圧水型
安全論争、再燃へ
日本でも起こり得るミス
技師の操作ミス? 上院議員示唆
放射能、恐怖の避難
米の原発事故
乳のみ子抱いて
「安全へ急げ」火の消えた町

制御棒を突っ込んで核分裂を止めてから、次々と異常が発生し、最後には燃料棒が融け落ちるメルトダウンという最悪の事故となった。

「毎日新聞」1979年3月29日夕刊(上)、「毎日新聞」1979年3月31日夕刊(下)

原発で起こってはならない末期的な大事故が「二万年に一回」という数字をはじき出したのは、ラスムッセン報告（WASH一四〇〇レポート）だったが、これは、部品の故障の確率を単純に掛け算して求めるという方法をとったため、事故の確率が幾何級数的に小さくなっただけで、「トラブルが連鎖的に起こる」という現実を無視したデタラメの結論であった。月世界旅行のアポロ計画で失敗したと同じ致命的な欠陥報告であることが判明して、事実上廃棄された。

現在では、「人間がつくったものであるから、大事故は起こり得る」という事実を否定する原子力関係者は一人もいない。といっても、読者は、大事故は起こらないと漠然とながら信じているか、多くの人は想像もしたことがないに違いないから、原子力産業側が実証した事実を見ていただくのが一番であろう。

闇に葬られた秘密報告書

【図2】は、日本が商業用の原子力発電を始めることを決定した翌年、一九六〇年四月に科学技術庁の委託を受けて、日本原子力産業会議が科学技術庁原子力局に提出した極秘文書の表紙である。報告書の標題には「大型原子炉の事故の理論的可能性及び公衆損害額に関する試算」とある。この当時、わが国最初の商業用原子炉として計画が進められていた茨城県の東海発電所で最悪の大事故が起こった場合に、どれほどの被害が発生し、日本政府がその被害を補償できるか、保険会社がそれを引き受けられるかどうかを、真剣に検討したものである。

図2 原子炉の大事故を解析した秘密報告書

大型原子炉の事故の理論的可能性及び公衆損害額に関する試算

ま え が き

本報告書は、科学技術庁が日本原子力産業会議に委託した調査「大型原子炉の事故の理論的可能性及び公衆損害に関する試算」の結果をとりまとめたものである。

本調査の目的は、原子力平和利用に伴う災害評価についての基礎調査を行い、原子力災害補償の確立のための参考資料とすることにある。その第一段階として本調査は大型原子炉（とくに発電用大型原子炉）を想定し、個々の条件下における各規模の事故の起る可能性および第３者に及ぼす物的人的損害を理論的に解析評価したものである。

諸外国においてもこの種の調査はほとんど前例がなく、わずかに米国において１９５７年に原子力委員会が行つた調査「公衆災害を伴う原子力発電所事故の研究」（原題 Theoretical Possibilities and Consequences of Major Accidents in Largo Nuclear Power Plants,（WASH-740 ）があるだけであり、本調査の委託に当つてもこの米国の調査（以下ＷＡＳＨと略称する）の解析方法を参考とすることが指示されていた。

（×） ＷＡＳＨには専門家のカンによる確率が非常に幅のある数字として示されている。これは全く科学的根拠のないものではあるが、だからといつて科学的根拠のある推定は今日では何人もなしえないところであろう。

以上のことによつて、ＭＣＡを問題にするかぎりにおいては巨大な公衆災害を生ずることはありえないことになる。しかし果して大型原子炉は公衆に災害をもたらす可能性が〃絶対的〃にないといえるであろうか。

秘密報告書であるから、沖縄返還における外務省の「核密約」文書と同じように、私たち国民はまったくその内容を知らされずに今日までできたが、私の知る限り一度、この秘密報告書の存在を毎日新聞が報道した【図3】。この一九七四年の報道では、これを書いた日本原子力産業会議にその存在を確認しても、外務省と同じように「報告書はない」とシラを切ったという。

　しかし後日、私はこの分厚い実物コピーを入手したので、読んでみると、彼らの考え方が分った。日本政府は、大量の死者が出るという、あまりにおそろしい被害が予測されたため、国家ぐるみで、その報告書を闇に葬ったのである。こうして戦時中に大日本帝国の軍部が国民に「勝利！　勝利！」と連呼して悲惨な特攻作戦に導いたと同じように、国が国民をあざむく作業が、戦後の原子力産業でスタートした。その秘密の作業の中心にいたのが、東海村の原子炉導入に奔走した白洲次郎であった。このようなおそろしい人間をみなで持ち上げるのが、現代のマスコミのつとめのようだ。

　一六頁の【図4】は、その報告書に掲載された被害予測図である。地図の下に、「物的損害は、（気象条件によって）最高では農業制限地域が長さ一〇〇〇km以上に及び、損害額は一兆円以上に達しうる。」と小さく書かれており、東海村からの半径が同心円で示されていた。つまり図にやや濃く描いた円内の矢印範囲は、農業ができない地域になる。日本全土で農業ができないのだから、日本人が日本列島に住めないと考えてよいだろう。全員が被害者になるのだから、この問題で論争をしたり、推進派と反対派を色分けしたり、自分がどこの都道府県に住んでいるかによって安全か

図3　一度だけ報道された国家秘密報告書

出直せ原子力

《8》

損害、広範囲で巨額に

万一の大事故

完ぺきではない安全装置

「毎日新聞」1974年11月5日

図4 秘密報告書に掲載された被害予測図

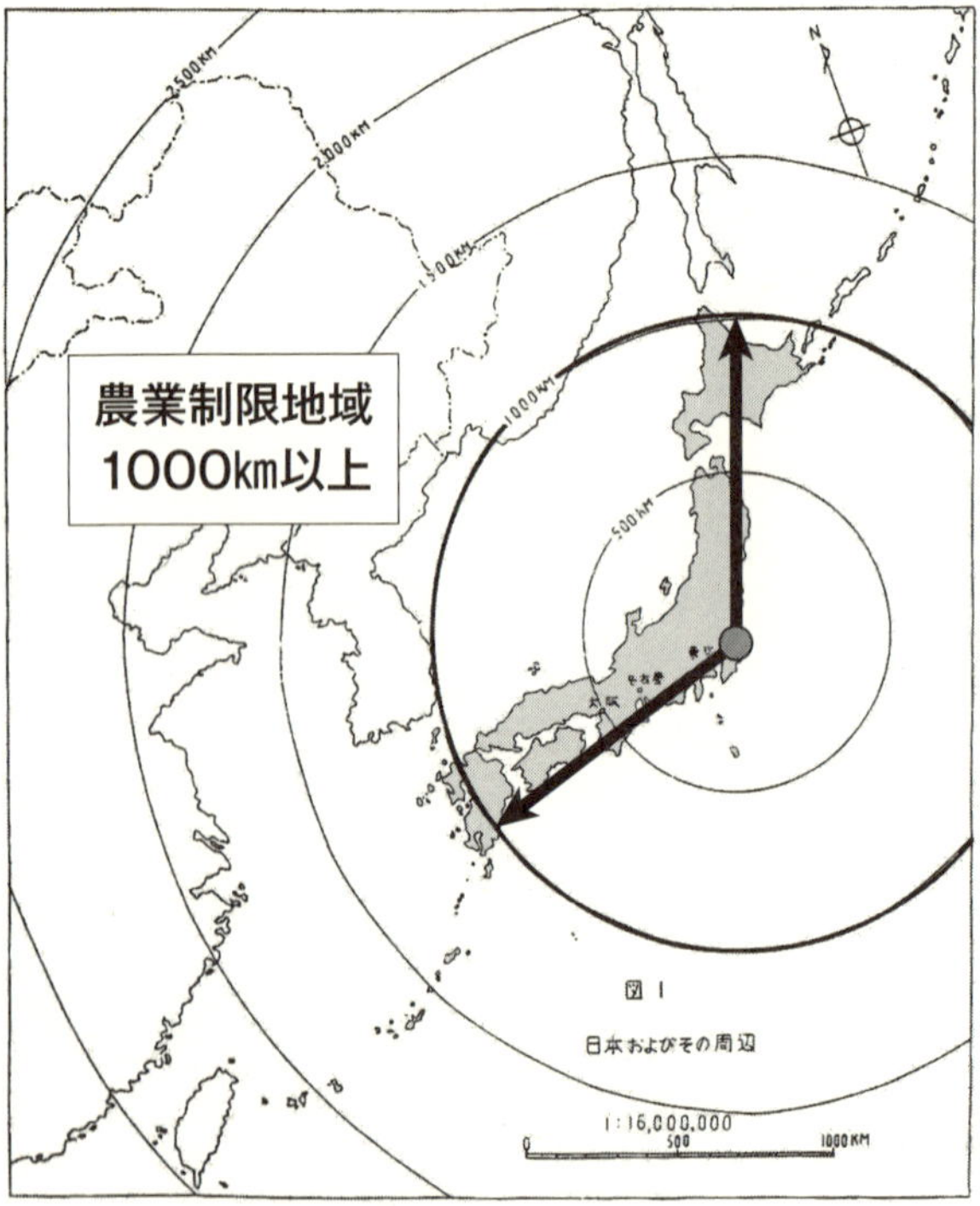

物的損害は逆転時の全放出の場合が大きく、最高では農業制限地域が幅20～30km長さ1,000km以上に及び、損害額は1兆円以上に達しうる。（全放出、低温、粒度小で逆転の雨天時など）

日本最初の商業用原子炉・東海発電所を基点にした被害想定図。

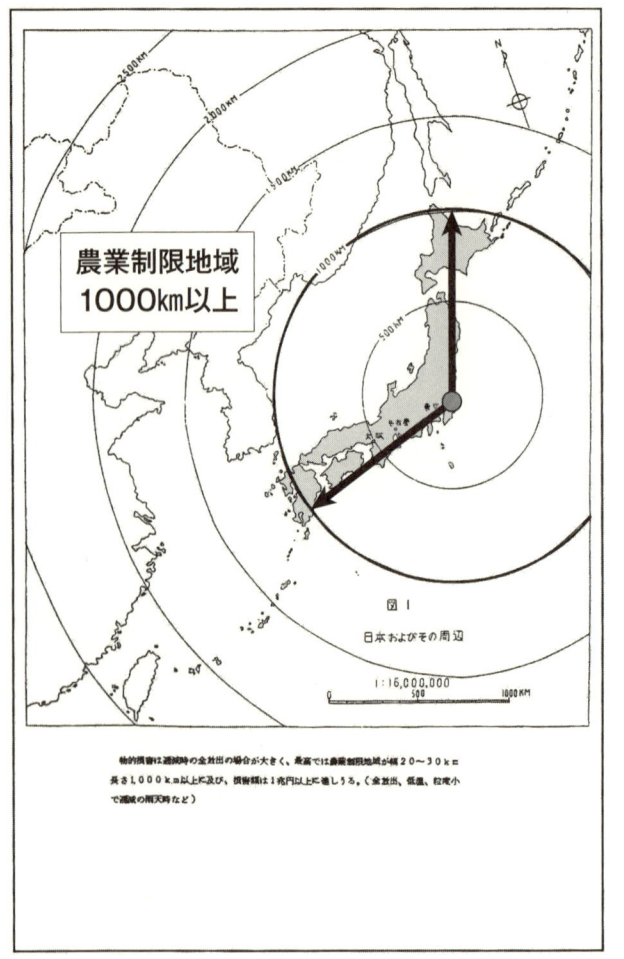

危険かを判断する人間は、よほど知恵が足りないということになる。

この事故の条件は、出力一六・六万キロワットの東海発電所で大事故が発生し、わずか二%の放射能が放出された場合を想定して、日本全土が壊滅する、という結論であった。実際の原発事故では、わずか二%の放射能放出は、小さすぎて考えられない数値である。報告書をくわしく読むと、放射能被曝の知識から見て、間違いなく起こる白血病や骨腫瘍、白内障のように重要な疾患を除外したり、被災者に対する補償は死亡者に八五万円、立ち退き農家に三五万円と、ゴミのような金額を列挙して、国民が見れば誰でも怒り心頭に発するような内容だが、それでも大量の死者を予想し、半世紀前の金額で、損害額が一兆円を超えると見積もっていた。

この解析モデルとなった東海原発は、報告書から六年後、一九六六年に実際に日本の商業用原子炉第一号として運転を開始して、今から一二年前の一九九八年に廃止された小型炉である。二〇一〇年現在、日本に商業発電用の原子炉は五四基あるが、その出力は、どれもがその数倍から一〇倍近くに大型化している。

大事故があれば発電所内の電源系統が断絶され、同じ敷地内に林立する原子炉が連鎖的に事故に巻きこまれると予測されるので、現在の原発大事故では、秘密報告書とは桁違いに大量の放射能が日本全土を覆って、どのように控えめに評価しても、被害額では楽に数百倍の数百兆円を超える。気象条件によって被害範囲がどこまで広がるかは誰にも予測できないが、広大な地方が消えることだけは間違いない。その時、おそらく日本という狭い国家は「放射能汚染地帯」の烙印《らくいん》を押されて世界貿易から取り残され、経済的にも激甚損害を受けて廃墟になると考えるのが、最も妥当な推測だろう。したがって、被害額は誰にも計算できない天文学的な数字になる。

このような原子力災害の賠償責任は、当然のことながら、原子炉を運転する電力会社にある。しかし先の秘密報告書は、原子力災害に対して保険会社がその被害額を支払えるかどうかを検討することが目的で書かれ、結局、それを支払えないことが明白になった。そのため電力会社は、日本国内の損害保険会社などがつくった「日本原子力保険プール」に加盟して、原発一基あたり一二〇〇億円までしか保険で賠償金をまかなう義務がないということになっている。つまり賠償責任には上限があって、この保険を超える損害に対しては、政府が国民の税金で補償することになっている。

国民の被害を国民が補償する？　おかしな制度である。被害は楽に一〇〇兆円を超えると予想されるのに、そのうち一二〇〇億円しか、電力会社は責任を持たないでよい、一〇〇〇分の九九九は、被害者の国民が自分で勝手に払えと定めているのが、日本の法体系である。誰も支払えない巨額だから、ごく自然な、道理にかなった取り決めである。ただ、責任者である電力会社が、その被害補償もしないでよいという条件で原子炉を運転していることを、国民がまったく誰も知らない今、事実を知った読者が「電力会社は、無責任なまま運転してよい」と納得するかどうかは別問題である。ご自分の胸に、尋ねられたい。

原発震災とは何か

原子炉の大事故を起こす原因は、数々考えられるので、のちに論ずるが、日本で誰もが真っ先に想像するのは、「大地震」に襲われた時の原子炉の機械的な破壊である。自分の会社のビルや、自宅の耐震性を考えたことがある人なら、誰でも想像できる出来事である。

大地震が発生した場合には、すでに物理的な被害が拡大し、交通機関の断絶、通信の不通、ガス・水道・電気の停止、火災などによって地獄の様相を呈している。そこに原子炉の事故による放射能災害が重なり合った場合、どのようなことが本当に起こるか、人類には未経験である。大地震という自然災害によって人々が苦しんでいるところに、未曾有の放射能災害が重なるという最悪の事態になるので、地震学者の石橋克彦氏がこれを「原発震災」と呼んだ。わが国では、住民の避難を含めて、事実上は、何も対策がないと言えるだろう。

加えて、日本は次頁の【図5】に示されるように、環太平洋地震帯・環太平洋火山帯の線上に乗っているので、地球上で飛び抜けた地震多発国である。図では、地震の発生地を示す●丸が多すぎて、日本列島がどこにあるか分らないので、日本がある場所を大きな丸印○で囲ってある。日本は、アメリカやヨーロッパと、同じ条件で比較してはならない超危険地帯であることは論を俟《ま》たない。またこれからのアジアや中東での原発建設計画の話を、報道界が「原発ルネッサンス」などと面白がって書きなぐっているが、それらアジアや中東の候補地もまた、この地図を見れば寒けがするような、私たち全人類を地獄に道連れにする地震地帯ばかりだということがお分りだろう。

図5 全世界の地震発生地点

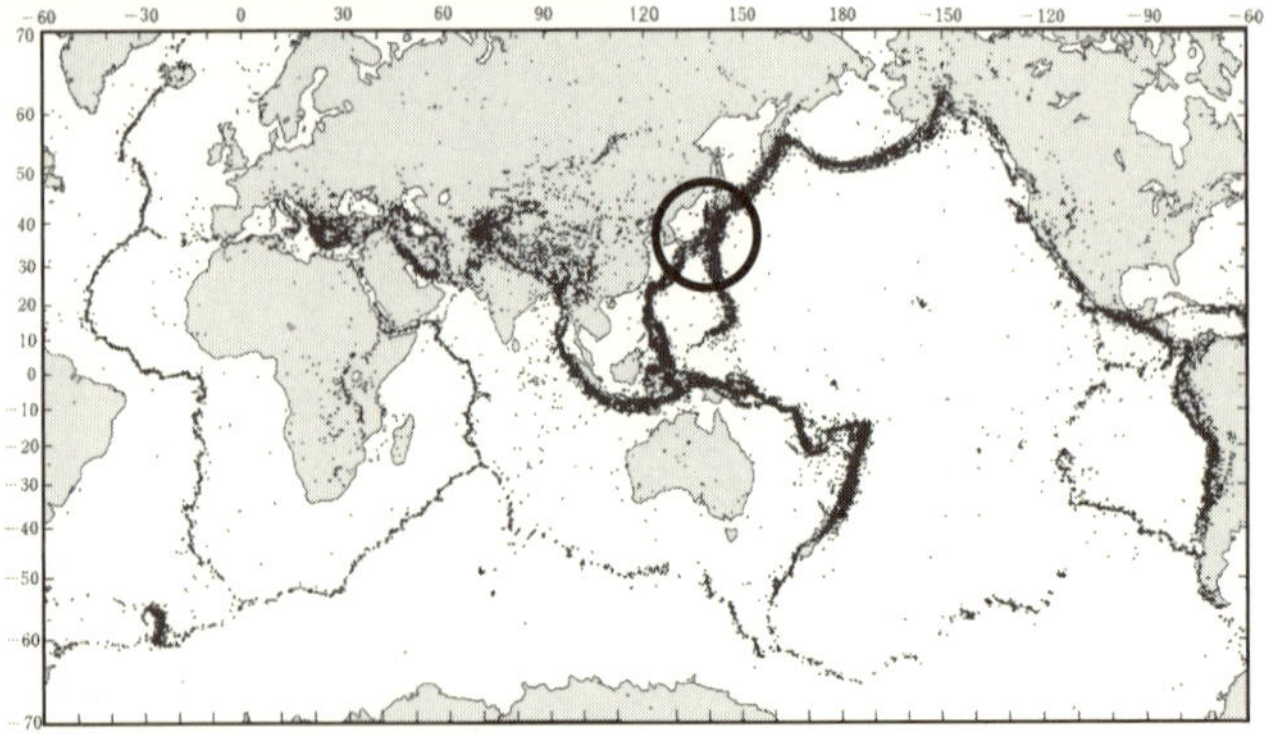

1975〜1994年に発生したマグニチュード4以上、震源深さ100km未満の地震の発生地を示す。

International Seismological Centreのデータ（『理科年表』2003年版、国立天文台編、丸善より）

そのため、外国の原子力保険プールは日本の原発震災をおそれて、賢明にも、地震を含めた損害の再保険を引き受けなかった。また、「日本原子力保険プール」の保険でも、最も起こり得る危険性が高い「地震による原子力災害」を保険の対象外（免責事項）にしてしまったのである。えっ!? 地震で原発に大事故が発生しても、電力会社と保険会社はまったく賠償せず、一切を国民が負担するのか!? そんな馬鹿な話があるか。いや、このことを知らないのは、国民だけなのである。

　三段論法に従ってここまでの説明をまとめると、①原発の大事故は起こり得る。②大事故が起これば日本はほぼ壊滅する。③その可能性が最も高く、こわい原因として大地震が考えられる、という結論になる。原発震災の被害を誰も償えないので、外国の保険会社は日本との契約を放棄した。それなのに、当の被害者になる日本人がそれを知らずに生きているのは、大変不思議なことであると、読者はお考えにならないか。

では日本のどこで、そのような大事故が起こりやすいのだろうか。

本当に原発震災は起こるのだろうか？

原子炉時限爆弾　目次

第一章

浜岡原発を揺るがす東海大地震

2009年、駿河湾地震に直撃された浜岡原発（右端が5号機）

いよいよ迫る東海大地震と、予期される浜岡の原発震災

日本列島のちょうどど真ん中、静岡県の駿河湾に面した御前崎《おまえざき》というところに、トヨタ自動車などの名古屋経済圏のために建設された、中部電力の原子力発電所がある。この浜岡原発には現在、三基の原子炉が稼働している。浜岡原発は、今を去る三四年前の一九七六年三月一七日に、一号機が営業運転を開始した。

その運転開始からわずか五ヶ月後の八月二三日に、当時東京大学理学部助手だった石橋克彦氏が地震予知連絡会で「駿河湾でマグニチュード八クラスの巨大地震が起こる」と、東海地震説に基づく重大な警告を発した。マグニチュード八・〇とは、一〇万人を超える死者を出した関東大震災(地震名・関東地震)の、さらに一・四倍の破壊力を持った大地震ということになる(マグニチュードのエネルギーについては、巻末の資料A2頁を参照されたい)。

一二〇年ほど前の一八九一年(明治二四年)に、ここ浜岡の北西部、岐阜県一帯を震源として起こった濃尾地震が、ちょうどマグニチュード八・〇であった。これが、内陸で発生した直下型地震としてわが国で史上最大の地震である。ただし史上最大とは、近代的な方法で地震が記録されるようになって以来、という意味なので、江戸時代以前に濃尾地震を超える内陸地震があったことは、容易に想像される。私たちの記憶にある大震災では、阪神高速道路をひっくりがえし、神戸市を一瞬で火の海の廃墟にした、あの阪神大震災(地震名・兵庫県南部地震)がマグニチュード七・三であったから、その一一・二倍という猛烈な破壊力が、マグニチュード八・〇である。これほどの大

地震になると、いま生きている私たち日本人には、誰一人まだ体験がないので、想像することができない。

つまり石橋説は、それまで漠然と、浜岡原発の沖にある遠州灘で大地震が起こるという日本の地震学の観念を打ち壊し、浜岡原発の至近の距離にある駿河湾の境界断層が大地震を引き起こす原因である、として重大な警戒を呼びかける衝撃的なものであった。

こうして、石橋氏の警告は、後年に確立されるプレート運動の理論によってその正しさが、次々と実証されてきた。ところが、その警告が発せられて以来すでにこの三四年間にわたって、浜岡原発はこのとてつもない巨大地震の危険性と同居しながら、綱渡りの原子炉運転を続けてきた。石橋氏は東京大学理学部で地球物理学科を学んだ屈指の地震学者であり、神戸大学の教授として、浜岡原発の危険性を裁判で訴え続けてきた。

石橋氏だけではなく、多くの地震学者、地質学者、変動地形学者が、浜岡にある原発は、いつ末期的な大事故を起こすかも知れないと、警告を発している。二〇〇四年には、浜岡原発を止めるために起こされた「原発震災を防ぐ全国署名」の賛同人に、京セラ創業者の稲盛和夫氏が名を連ねた。

「東海地震が今後三〇年間に起こる確率は八七％」というのが、政府の地震調査研究推進本部の判断である。これは、三〇年後に起こるということではない。三〇年後かそれとも明日か、確率は発生時期を教えてくれない。しかし八七％なのだから、必ず起こる、ということは断言できる。

なぜなら、石橋氏の予言的警告には、確たる根拠があった。私たちが乗っている地球の表面が、プレートという岩盤でできていて、それが毎日少しずつではあるが、動いているからである。日本列島が浮かんでいる太平洋を中心に、どのようなプレートが動いているかと、その配置を見ると、【図6】のように「フィリピン海プレート」、巨大な「太平洋プレート」、「北米プレート」、「ユーラシアプレート」がこみあっているところ、図の左上に丸で囲われた日本がある。

さきほど二〇頁に示した【図5】の地震多発地帯と、この【図6】を見比べていただきたい。プレート境界と地震多発地帯は、まったく同じ線である。このプレート四枚がひしめき合って、押し合いしている中心をクローズアップしてみると、【図7】の静岡県御前崎である。「わっしょい、わっしょい」と、祭にかつぐオミコシの上に乗っているような場所だから、大地震が起こって不思議はない場所だということが誰の目にもよく分る。

このようなプレート地図を見て、ジグソーパズルと同じようなものと勘違いしてはいけない。図では、プレートの境界線をはっきり描いてあるので、それぞれのプレートを地球上にピッタリとはめこんだように見えるが、そうではない。これらのプレートは、お互いに上下に重なり合っているのである。一個ずつのジグソーがきれいに切れたジグソーパズルとの違いが、そこにある。

図は、空の上から見た場合のプレート境界線であって、実際には、「ユーラシアプレート」の下に「フィリピン海プレート」が沈みこみ、「フィリピン海プレート」の下に「太平洋プレート」が沈みこんでいる。このように三重の重なりがある危険地域は、世界中でここしかないのである。地下深くでは、どこが切れ目か分らない複雑なからみあいをしているのだ。加えて、太平洋プレート

図6 日本を取り囲むプレートの配置

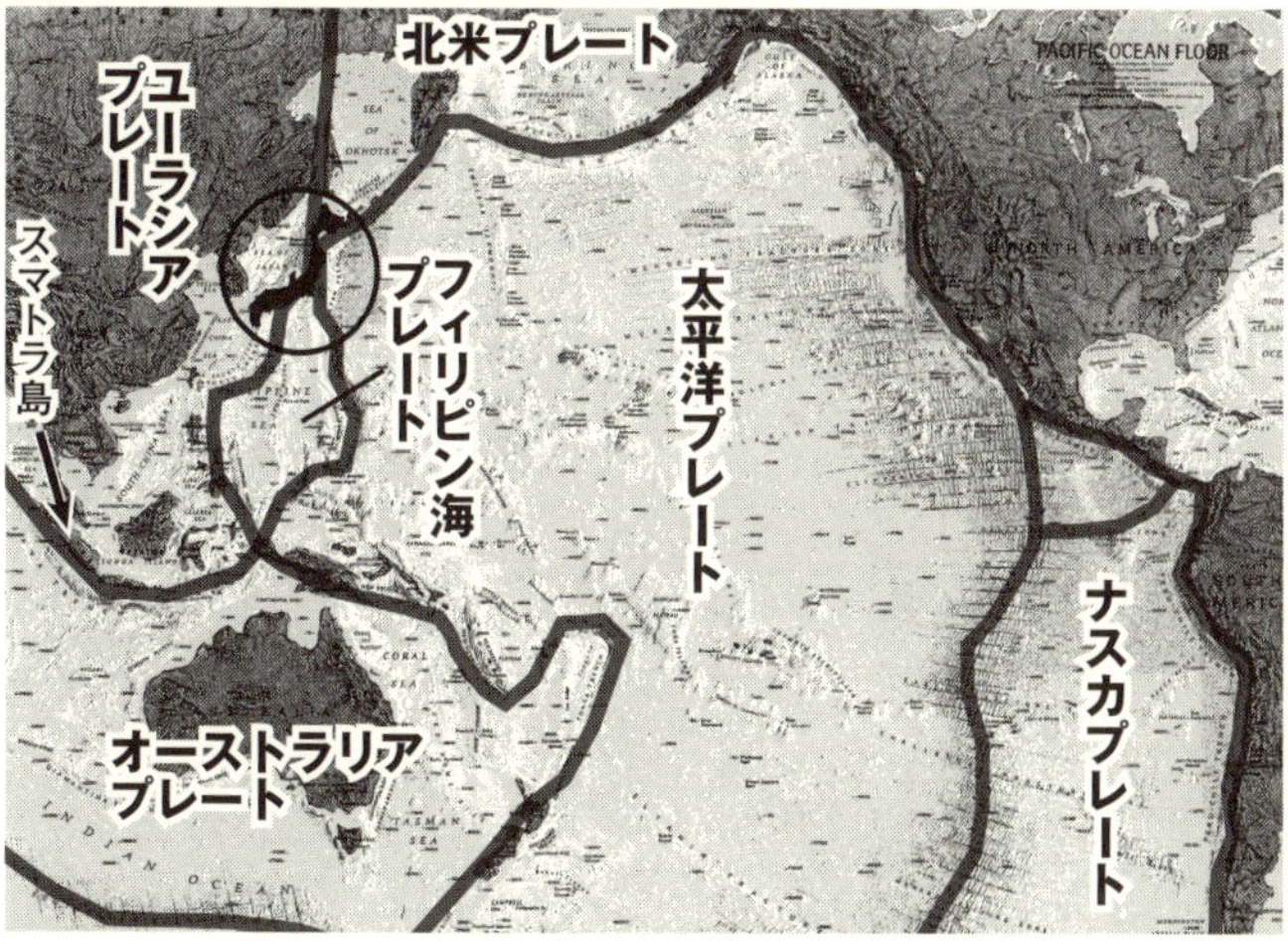

図7 駿河湾を取り囲む4枚のプレート配置

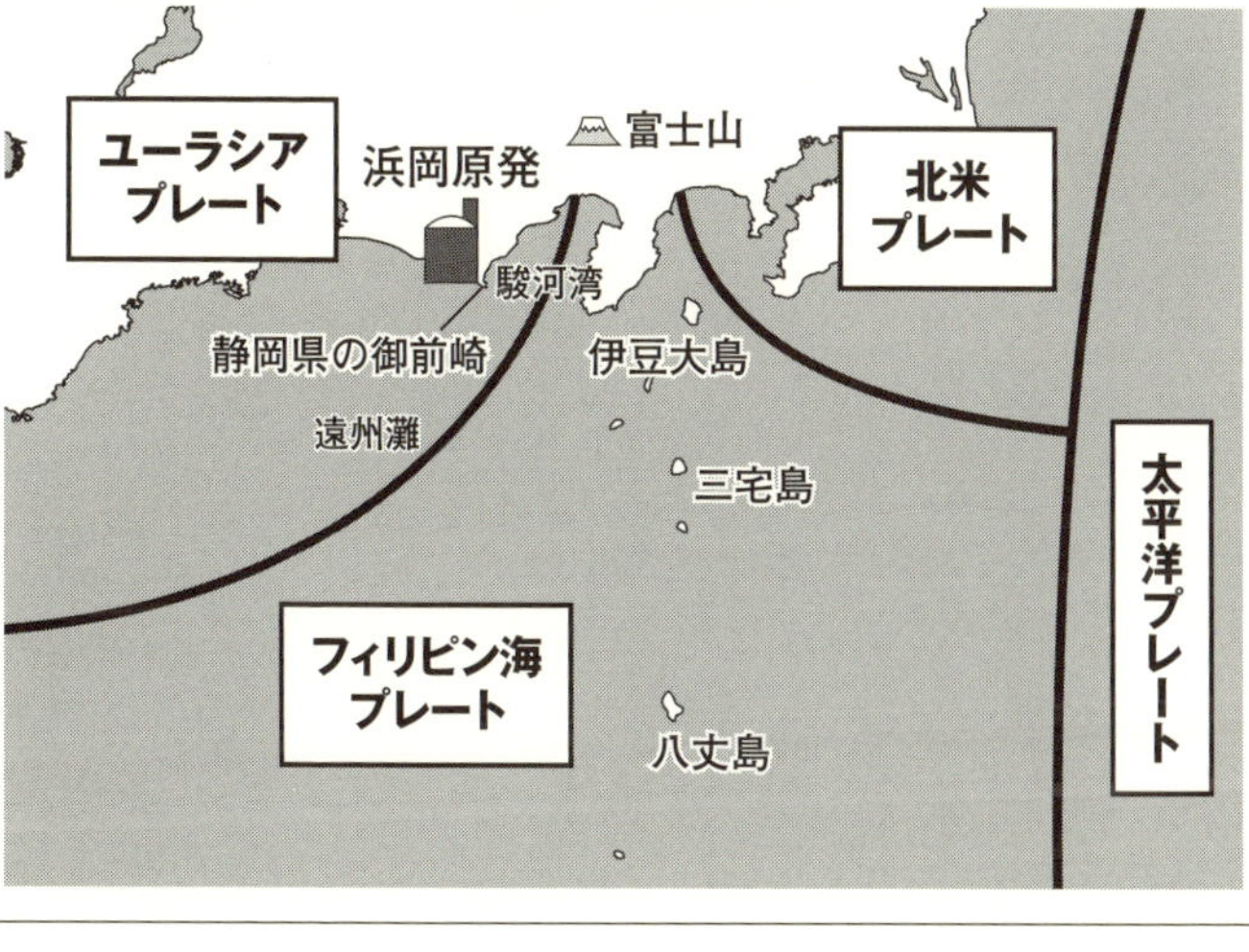

は、日本列島の太平洋岸沖合に八〇〇〇メートルの深さまで沈みこむ日本海溝から、一〇〇〇キロメートル以上の長さにわたって沈みこんでいる。またフィリピン海プレートは、日本列島の下に深くもぐりこんでいるため、浜岡原発は、プレート境界そのものの上に建設されていると言ってよい。したがって、予測される東海大地震では、御前崎一帯が内陸直下型地震と同じような大被害を受ける運命にある。

つまり一つのプレートが動くと、隣のプレートも動かなければならないという、つながりあった関係にある。【図6】の左端にスマトラ島が書きこんであるが、ここが二〇〇四年に二〇万人以上を呑みこむ大津波を起こし、二〇〇九年にも大地震を起こした場所である。その動きが、南のオーストラリアプレートを通じて、御前崎周辺のプレートに力をおよぼし、全部が連動している今、かなり危険な時期に来ていることを日本人が自覚しなければならないわけである。

周期的に起こる二つの巨大地震

浜岡原発に危機感を持つ人たちが、そのおそれを確信しているのは、【図8】のように、日本の太平洋側では、巨大地震の「東海地震」と「南海地震」がほぼ一〇〇年から二五〇年の間隔で、必ず周期的に起こってきた歴史の必然性を知っているからである。

過去の記録を見ると、東海地震が起こると、続いてその直後に（早ければ翌日、遅くとも三年以内に）必ず南海地震が起こる双子地震であった。古くは飛鳥時代から判明しているこれら一連の地

図8 周期的に発生する東海大地震と南海大地震

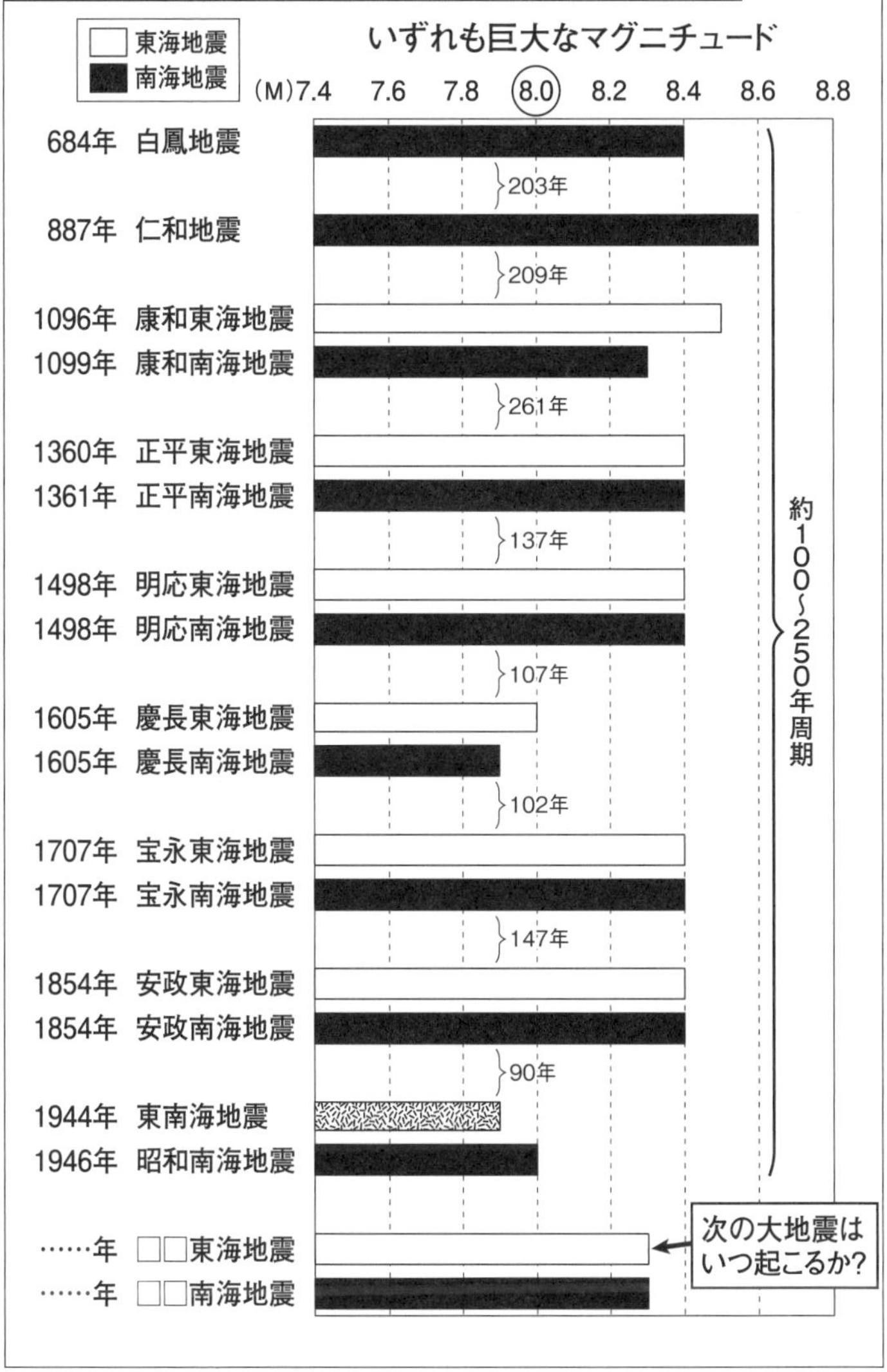
東海地震
南海地震
いずれも巨大なマグニチュード
(M)7.4 7.6 7.8 8.0 8.2 8.4 8.6 8.8
684年 白鳳地震
203年
887年 仁和地震
209年
1096年 康和東海地震
1099年 康和南海地震
261年
1360年 正平東海地震
1361年 正平南海地震
137年
1498年 明応東海地震
1498年 明応南海地震
107年
1605年 慶長東海地震
1605年 慶長南海地震
102年
1707年 宝永東海地震
1707年 宝永南海地震
147年
1854年 安政東海地震
1854年 安政南海地震
90年
1944年 東南海地震
1946年 昭和南海地震
約100〜250年周期
……年 □□東海地震
……年 □□南海地震
次の大地震はいつ起こるか?

震について、地震学者たちが昔からの古文書《こもんじょ》を読み解くと、どれもがマグニチュード八を超える、巨大地震だったのである。「東海地震」は、その名の通り東海道五十三次を壊滅させる大地震で、その破壊の中心はちょうど御前崎あたりの、静岡県の沿岸部にある。「南海地震」はそこから南に下って、紀伊半島から四国・九州まで広大な南日本全域を襲う、これと一対になった大地震の名称である。

ではいまの【図8】で、最後に起こった地震はいつかと見ると、江戸時代の幕末、一八五四年と、もう一つ、日本の敗戦に前後して一九四四年と一九四六年に大地震が起こっている。後者の敗戦前後の場合は、東海地震ではなく、震源域がそれよりやや南にずれた「東南海《とうなんかい》地震」であったので、東海地震を起こすエネルギーはこの時には解放されず、いまだに御前崎一帯は大地震の空白域、つまり地震を待機している地域だとみなされている。

また、この東南海地震と南海地震の間に、一九四五年一月一三日に愛知県の三河湾を震源とする直下型の三河地震が起こって、推定二〇〇〇人前後の死者を出す大惨事となった。ところが、敗戦濃厚な戦時中であるため報道管制が敷かれて、くわしい記録を一切残さなかったので、現在でも詳細が分らないという、まことに理性を欠いた国である。しかしこれら東南海〜三河〜南海は、太平洋岸に連動する三つ子地震であったことはほぼ間違いない。

したがってこれを除外すると、最後の東海地震は、一八五四年の安政東海大地震になる。アメリカのペリー提督に続いて、ロシアのプチャーチン提督が日本に開国を求めて静岡県伊豆の下田に来航したまさにその時、軍艦ディアナ号を襲った有名な地震である。二〇一〇年現在は、それからすでに一五六年後にあたる。したがって、時期的には、東海地震の発生周期のリミットを切って、すでに発生期間内に突入している「地球の時限爆弾」である。百パーセント間違いなく起こる大地震の発生を「今か今か」と待っている不安な状態にある。

江戸時代最後のこの安政東海地震は、嘉永七年一一月四日（一八五四年一二月二三日）に起こったが、翌日の南海地震と合わせて、最大では死者数万人とも推定される大災害となったため、徳川幕府が地の神の怒りをおさめようと直ちに「安政」元年と改元したので、安政大地震と呼ばれるようになった。この時期の江戸時代の日本の全人口は、二八〇〇万人程度だったので、いまはその五倍ぐらいである。このような大災害では、同じ面積の人口密度が五倍になれば、被災者は一〇倍を超えると予想されるので、地震だけの被害で、数十万人の犠牲者が出ても決しておかしくはない。もしその最悪の予想通りになれば、あのすさまじい一九九五年の阪神大震災が一〇〇回くり返された時の死者数、を意味する。

しかしそこに原発の大事故と、東海道新幹線の脱線などが重なれば、一体どれほどの惨事になるか、にわかには答えられない。

沈み続ける静岡県御前崎

では、この周期性は、どのようなメカニズムで起こる自然現象だろうか。

浜岡原発を中心にそれを見ると、平面を見た【図9】と断面を見た【図10】の通り、駿河湾に対して、南海トラフと駿河トラフの海底大断層が切れこんでいる。地質学用語では六〇〇〇メートルより深い海底の窪地を「海溝」と呼び、それより浅いが細長く切れこんでいる海底の窪地を「トラフ」と呼んでいる。つまりトラフは地震を引き起こす海底断層のことである。そして太平洋側から、フィリピン海プレートが、このトラフで絶えず沈みこみ運動を続け、左側のユーラシアプレート（御前崎一帯）がその摩擦力によって引きずられて、毎日少しずつ無理な沈みこみを起こしている。図中にMと書かれているのはマグニチュードで、以後も図中はMで示す。

しかし、ある期間が経つと、その歪《ひず》みの限界を超えて、ユーラシアプレートが巨大な力でドカーンとハネかえる。それが、東海地震・南海地震が周期的に発生する原理である。幕末の安政東海地震は、【図9】に太めの実線で示される範囲を震源域として、このトラフと呼ばれる海底の大断層が引き起こしたマグニチュード八・四というとてつもない巨大地震であった。

そして予測されている次の東海大地震の想定震源域（点線の範囲）の中心（【図9】の×印）に、信じがたいことに浜岡原発がある。浜岡原発の五基のうち二つに×印をつけたのは、一～五号機のうち、古い一・二号機の耐震性に不安があるため、急遽二〇〇九年に廃炉となったからである。この東海地震は、御前崎の前に広がる遠州灘を震源として海側で発生する地震であるが、なお不幸にして、この場合の地震を引き起こす断層面の傾きは、浜岡原発が乗っている駿河湾西岸が断層面の真上に位置しているため、原発にとっては最もおそれるべき「直下型」の地震となる。【図10】の

図9 東海大地震の想定震源域

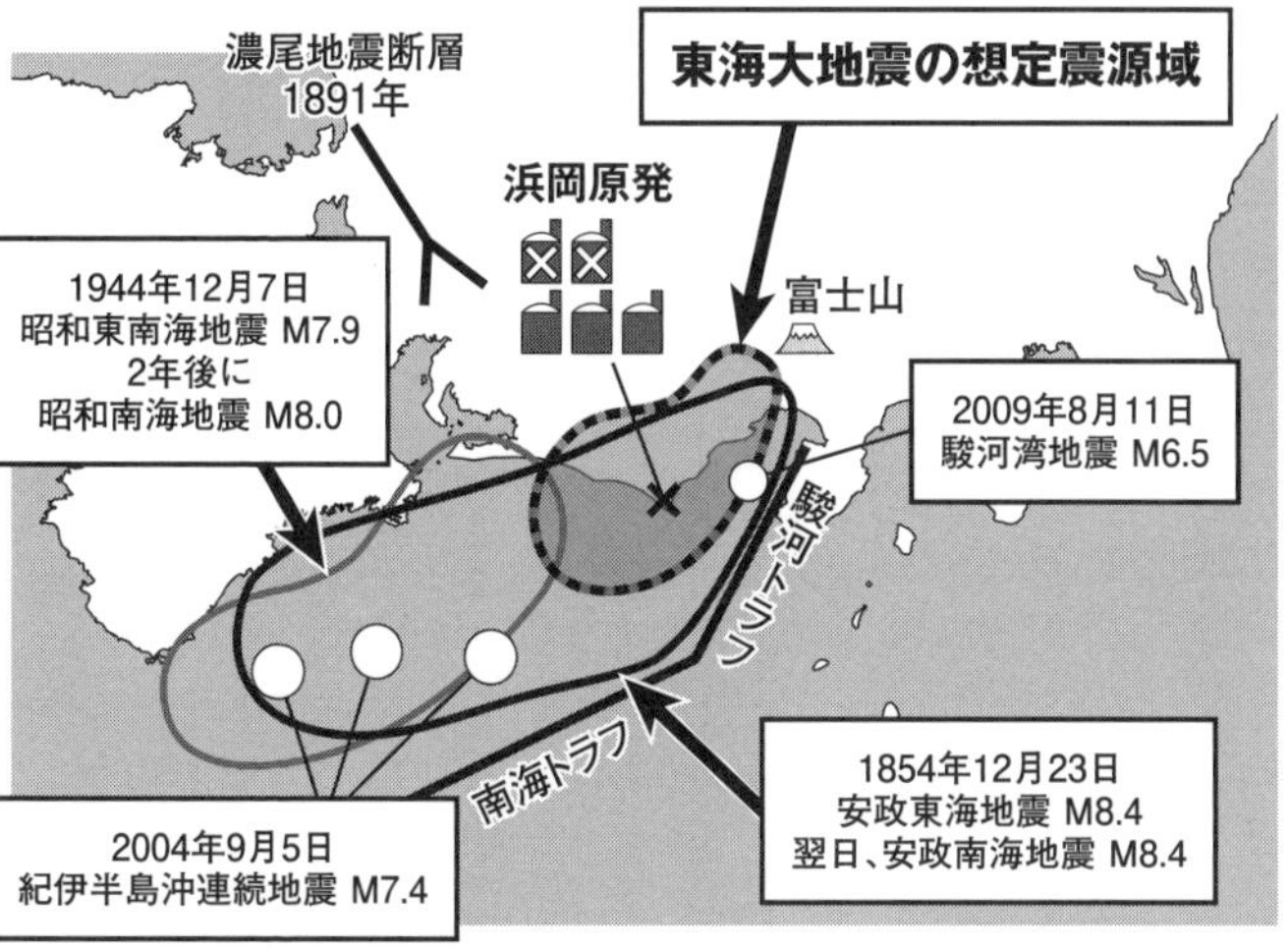

図10 東海大地震が発生する原理

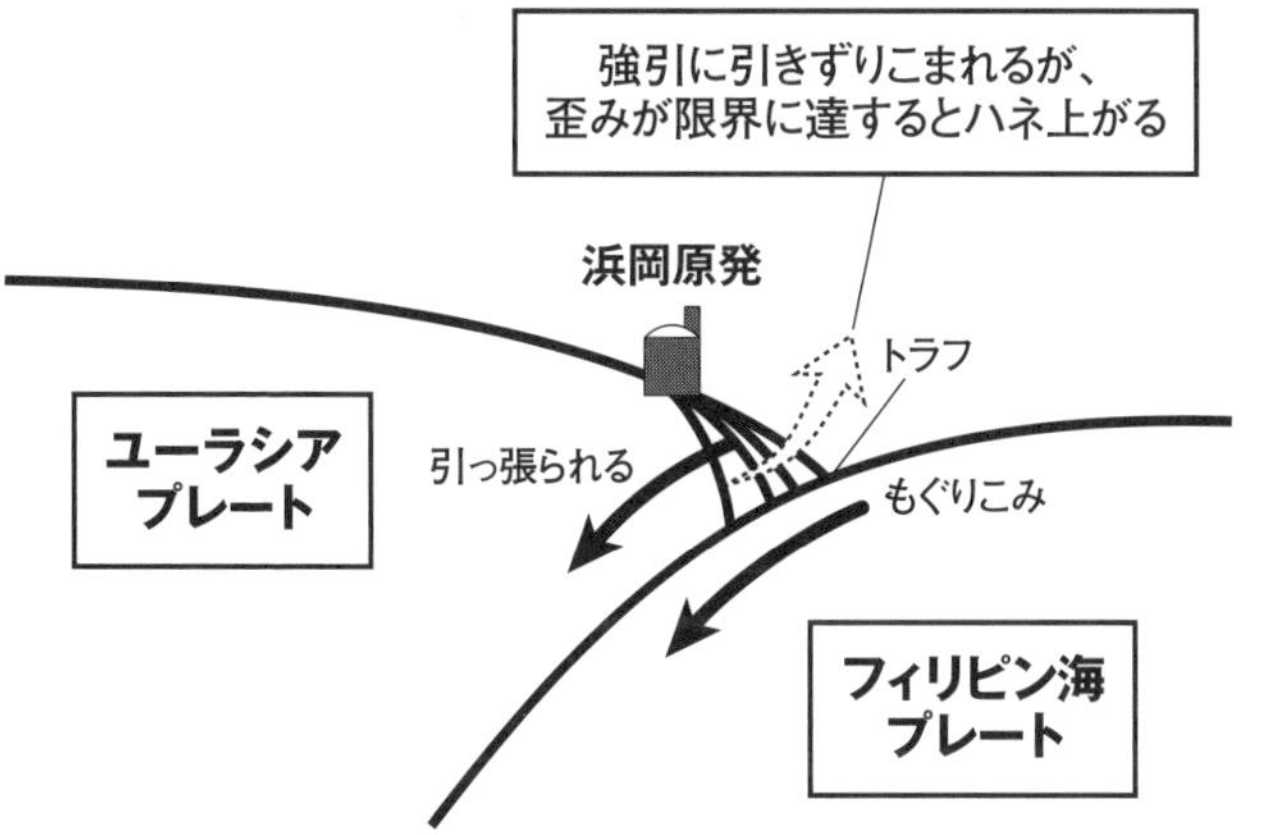

これが、東海地震・南海地震が周期的に発生する原理とされる。

ように原発の真下が動くのだ。

そして御前崎は【図11】のように、今も着実に、一直線に沈降を続けている。毎年五ミリしか沈まないので、大したことはないと感じてしまうが、安政元年から一五六年間このペースが続いてきたとすれば、一メートル近くも沈んだことになる。すさまじい歪みがたまっているはずだ。しかも【図12】のように、海底の音波探査で調べた断面図を見ると、もう三〇年以上も前から御前崎側のユーラシアプレートが、フィリピン海プレートに引きずられて大きくたわんでおり、今にもはねかえりそうな状態になっている。いかにも苦しそうで、ハネあがりそうに見える。

この一帯は、日本列島の中心にあたり、本州の造山運動として有名な、海底だった地帯が三〇〇〇メートル級のアルプスを生み出したフォッサマグナの大地溝帯でもある。フォッサマグナとは、大きな裂け目という意味で、四〇頁の【図13】の点線で囲まれたフォッサマグナは、海底から盛り上がってきた地帯なのだ。フォッサマグナの境界の定義については、いまだに論争が続いているが、この一帯の造山運動については、次の章にくわしく述べる。

そしてこの図にある有名な山々を、じっくり見ていただきたい。南の九州・鹿児島県から長野県の諏訪湖まで続く「世界最大級の活断層・中央構造線」がこのフォッサマグナとぶつかっている。この中央構造線が途切れたところに、それとほぼ直交して、日本海側の新潟県・糸魚川《いといがわ》から太平洋側の静岡県・駿河湾まで、日本列島を真っ二つに横断するもう一つの大断層「糸魚川〜静岡構造線」（糸静線）が走っている。さらに、フォッサマグナを挟んで、糸静線と並行して「柏崎〜千葉

図11 御前崎の沈降速度

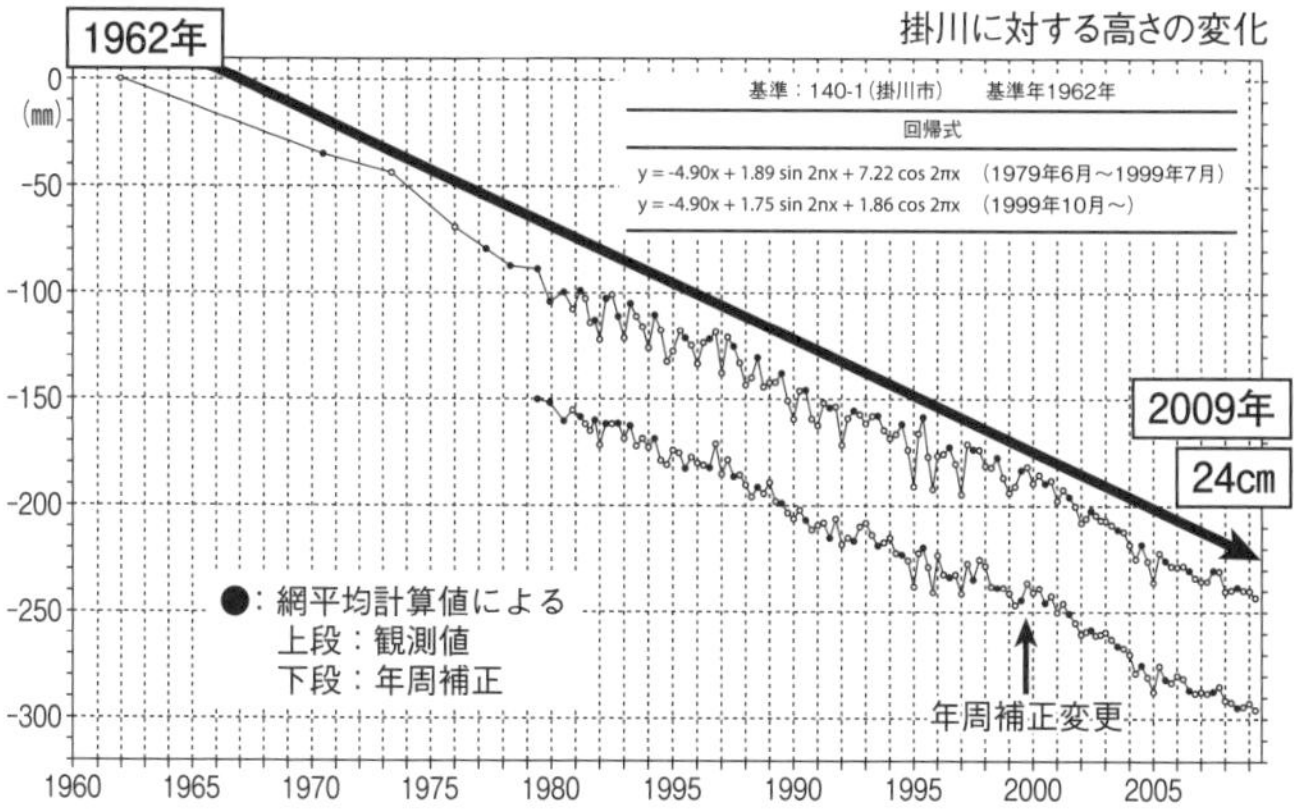

47年間で24cm沈降――毎年5mmの速さで沈み続ける御前崎。

地震調査研究推進本部

図12 御前崎沖合の音波探査図

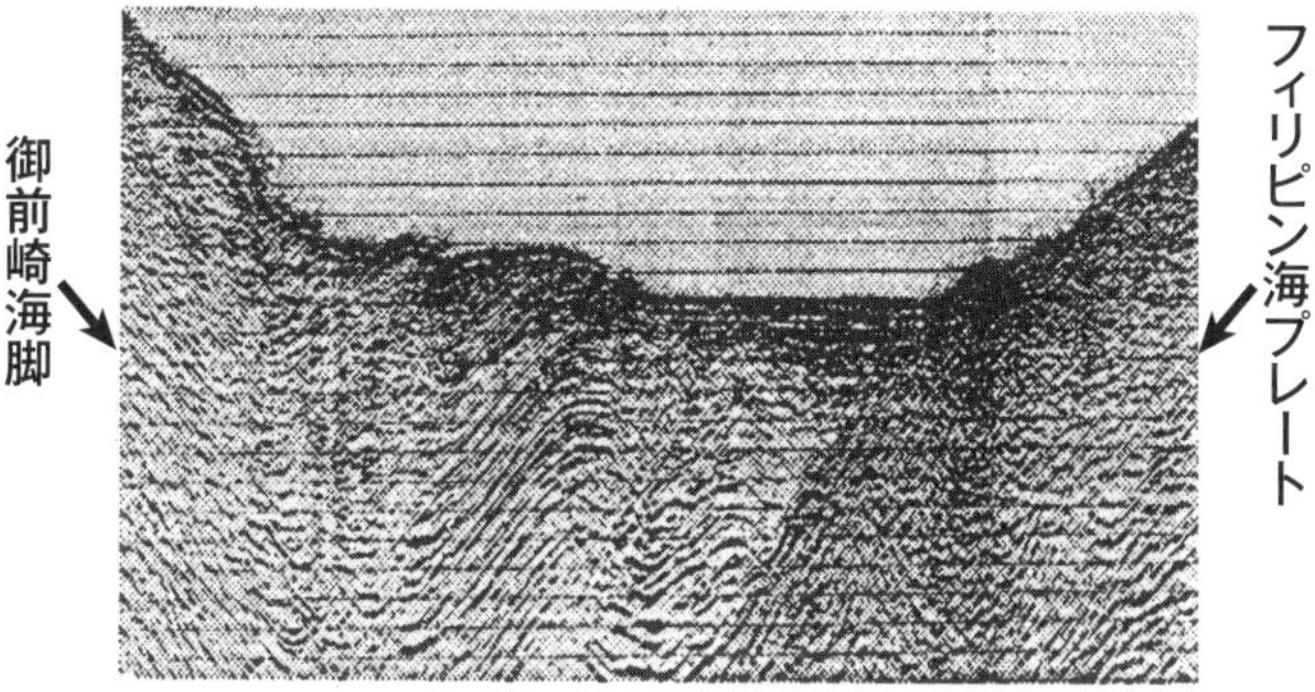

御前崎沖で駿河トラフを横切る音波探査がとらえた地殻構造の垂直断面。右側のフィリピン海プレートが、左側の東海地方の下にもぐりこんでいるため、御前崎側の海底は大きくたわんで、苦しくて今にもはねあがりそうに見える。図は水平方向を縮めて示してある。

海上保安庁水路部

図13 フォッサマグナと3本の巨大活断層

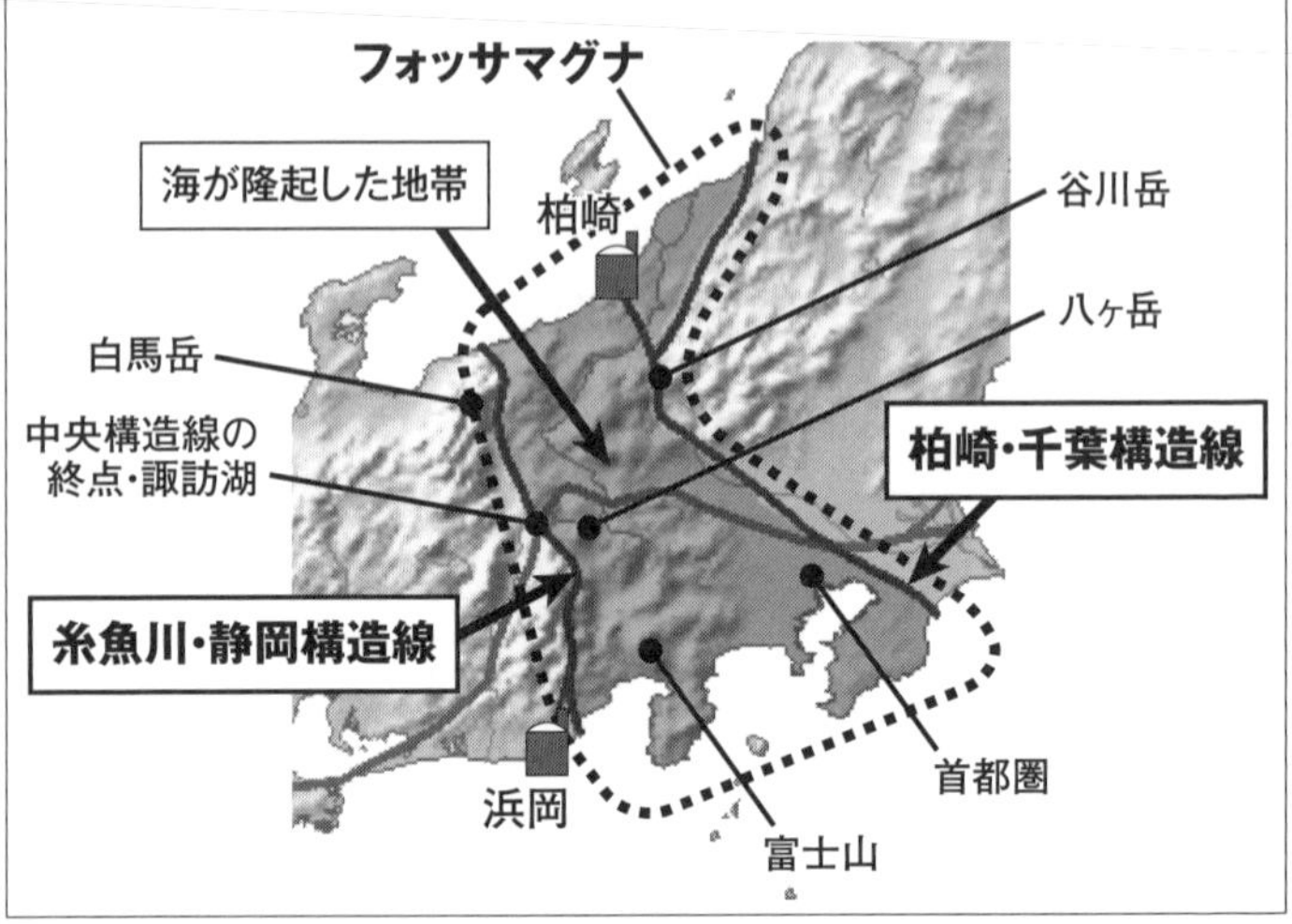

構造線」が走っている。この三つは、不幸にして日本最大の活断層なのである。

山歩きの好きな人は、きっと、この長野県一帯のアルプスの名山に行かれたことがあるだろう。東京の新宿から中央線あるいは中央高速道路に乗って松本方面に向かえば、山梨県の甲府を過ぎてすぐ、韮崎《にらさき》の駅を通る。この駅前に見える長大な断崖の光景を「なんと美しい」と思って眺められる人は幸せだが、読者が今度この景色を見る時には、別の目でも見ていただきたい。

若い頃の私もその幸せな人間だったが、この頃では、自分が糸魚川～静岡構造線に沿って走っているのだと強く感じるようになってきた。そして、あの美しい断崖を見ると、戦国時代に上洛をめざして南下した甲州の武田信玄が越えた道をたどって、韮崎のすぐ南に静岡市がつながっていることが想われ、妙に胸騒ぎを覚える。車窓の風景が緑濃い絶景になればなるほど、まっしぐらに中央構造線の終点、諏訪湖をめざしているのだと、毎年感じるようになってきた。

一方、柏崎〜千葉構造線の終点・柏崎を中心に、二〇〇四年と二〇〇七年に、立て続けに大被害を出した新潟県中越地震と中越沖地震が起こってきたのだ。この新潟県で起こった二度の地震のあと、千葉県ではいずれも地震が起こったことを、首都圏の人はご記憶だろうか。

二〇〇五年の千葉地震では首都圏の電車が全部ストップして、多くの人がディズニーランドから帰宅できなくなったばかりか、たまたまその日に出席を欠かせない会があったため無理をして都心に向かった私は、おそろしい光景を目にした。夕刻ラッシュ時の乗換駅である新宿駅は改札口を出ることもできず、プラットホームから人があふれて落ちそうになるほど身動きできない超大混雑で、青梅街道などの幹線道路でも自動車が完全にストップした。ほんの小さな地震だったにもかかわらずこの通りだから、本物の首都圏大地震の時には、東京・品川・渋谷・新宿・池袋・上野の乗り換え駅にどっと人間が押し寄せて、誰一人身動きできずに、一〇〇万人でも死ぬのではないかと想像させる光景であった。しかしこれが、柏崎〜千葉構造線による、新潟との関連地震であることに気づいた人はほとんどいないだろう。

フォッサマグナを挟んで、柏崎刈羽原発のちょうど対面に位置するのが浜岡原発である。

こうして東海大地震が目前と思われる二〇〇九年八月一一日に、駿河湾の海底が大きく動いて駿河湾地震（静岡地震）が起こった。東名高速道路が大きく崩壊し、お盆の帰省で郷里に向かう人た

図14　3つの巨大活断層と東海地震・南海地震の関係

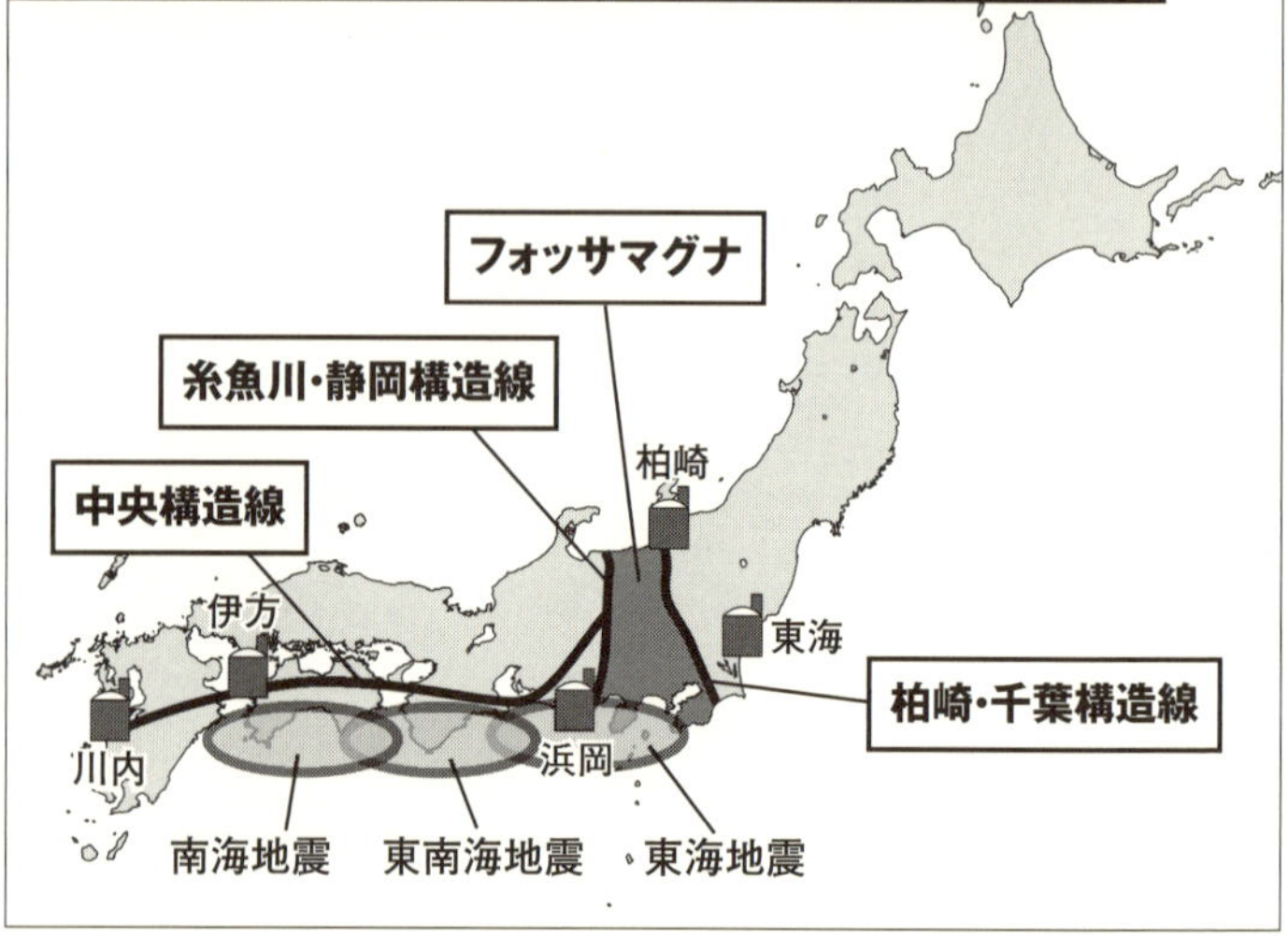

ちの自動車が立ち往生して、静岡を迂回しなければならなかったあの地震である。一体、日本列島全体に何が起こっているのだろうか。

ここ二〇年間の日本の自然現象

【図14】を見ていただきたい。日本最大の断層である「中央構造線」と、フォッサマグナを挟んで並行に走る「糸魚川～静岡構造線」および「柏崎～千葉構造線」と、いま私たちが最も大きな気がかりとなっている「東海地震・東南海地震・南海地震」との関係を描いたのが、この図である。

図には、これらに近い原発のいくつかを書き加えてある。つまり東海地震・南海地震の双子地震は、よく言われるようにユーラシアプレートのはね上がりで起こる現象というだけではなく、構造地質学的な目をもって日本列島を見

1991年雲仙普賢岳で大火砕流

1995年兵庫県南部地震が発生

れば、「中央構造線と平行して起こる現象」であることが分る。なぜなら、海底に深く沈む太平洋岸の「南海トラフ」と、陸側にあって私たちが生きている「日本列島」は、海水を取り除いてみればすぐに分るが、海底から山頂まで傾斜面で続いているから、一体となった同じ構造物なのである。

　では、この図を読者の頭に焼き付けていただいてから、最近の日本で起こってきた出来事を振り返ってみよう。人間は忘れやすい生き物なので、この二〇年間、日本に何が起こってきたかを思い出していただきたい。

　若い人には記憶がないが、一九八九年から長崎県の島原半島にある「雲仙普賢岳《ふげんだけ》」一帯で群発地震が始まると、翌九〇年には噴火が始まり、九一年には溶岩が時速一〇〇キロのスピードで流れ下る大火砕流に巻きこまれて、たくさんの人が亡くなった。この噴火がようやくおさまったのは九五年だが、その九五年には淡路島を震源とする兵庫県南部地震が起こると、燃え上がる阪神大震災となって、一九四八年の福井地震以来というほぼ半世紀ぶりのすさまじい被害が出た。この時から、日本は戦後長く続いた地震の静穏期が終り、いよいよ「地震の活動期」に入ったのである。

一九九七年三月二六日には、鹿児島県北西部の川内《せんだい》・薩摩地方で震度五強という激しい揺れが起こり、川内原発が運転されている川内市内も激しい揺れに見舞われ、ついに初めて原発現地を襲う地震となった【図15】。日本の原子力発電所立地点としては、史上初めての大きな地震であり、鹿児島市と川内市の通信網と道路網が広い範囲にわたって不通になるパニック状態となった。周辺各地で巨大な岩石の落下が起こるなど、かなりの恐怖感を現地に与えたが、九州電力が原子炉の運転を停止しなかったため、不信感は一層高まった。続く五月一三日には、川内市の北東わずか二〇キロメートルを震源として、さらに強い地震が発生し、震度六弱を記録した。

そのあと二〇〇〇年六月から三宅島が大噴火を起こして、三宅島の人たちが大被害を受け、住民の人たちはいまだに苦難の道を歩んでいる。

その二〇〇〇年六月、ちょうど時を同じくして、静岡県の浜松と掛川で顕著な異変が始まった。御前崎一帯での地殻変動を示す【図16】（四六頁）のグラフは、東西方向・南北方向・上下方向とも、現在まで一斉に変位が起こり続けていることを示している。この異常変位は、浜岡原発を中心とする東海地震が起こる予兆だと言われているもので、御前崎一帯が一斉に動き始めたのだ。非常

図15 川内原発を襲った川内地震

川薩で震度5強

M6.2 震源は阿久根付近

22人けが、450人が避難

九州自動車道 JR一時不通

地震による県内主要道路の通行規制
（26日22時現在・全面通行止めのみ）

国道223号	牧園町丸尾（落石）
国道447号	出水市上大川内（〃）
国道504号	[illegible]（崩土）
〃	宮之城町[illegible]（〃）
〃	宮之城町[illegible]（崩土・亀裂）
県道[illegible]	出水市[illegible]（路肩亀裂）
県道鶴田大口線	鶴田町神子（〃）
県道[illegible]	[illegible]（落石）
県道鶴田宮之城線	鶴田町神子橋（橋りょう亀裂）
〃	〃 紫尾上（崩土）
〃	〃 [illegible]（路欠）

1997年3月26日、鹿児島県で強い内陸地震が発生し、日本の原発が初めて地震の強い揺れに直接襲われ、川内原発周辺の住民を恐怖に陥れた。

「南日本新聞」1997年3月27日

図16 御前崎一帯で始まった地殻変動

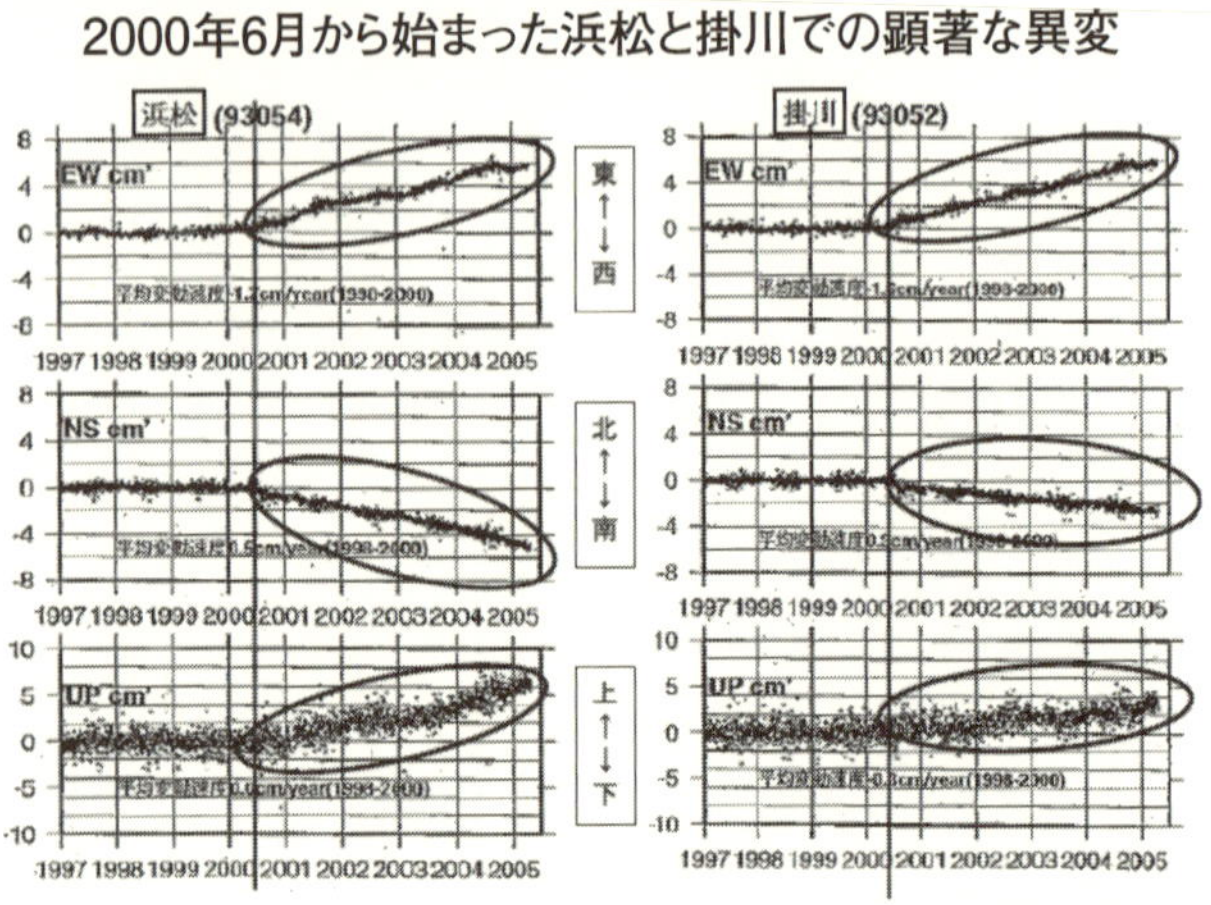

国土地理院資料

にこわい変位が起こり始めて、この時ちょうど、火山活動を観測する人たちが、目の前の富士山で低周波地震が起こり始めたことを報告した。

さらに二〇〇四年には、東南海地震の震源域でかなり大きな紀伊半島沖連続地震が起こって、その直後に新潟県の中越地震が起こった。中越「沖」ではなく、山古志《やまこし》村が大被害を受けた内陸での直下型の中越地震である。

この地震の本質について、日本人はほとんど知らされていないが、一九六四年に開業して以来、運転中の新幹線が初めて脱線し、魚沼トンネルでは、線路の土台となる路盤が数十センチも隆起したのである。そのため土木建設工事の現場関係者からは、「日本の地震工学は一体どうなっているんだ。大地震のたびに深刻な予期せぬ被害が出て、誤りが指摘されるではないか。これでは自分の施工に自信が持てない」との声

噴火を続ける現在の桜島
(2009年4月9日撮影)

1914年の桜島大正大噴火
(1914年1月12日鹿児島港より撮影)

が噴出したのである。川口町では観測史上最大の二五一五ガルの揺れを記録し、これが新幹線の橋脚を破壊した。

そしてその三年後の二〇〇七年に柏崎刈羽原発を大崩壊させる中越沖地震が、今度は海側で起こったのである。この地震については、第三章にくわしく述べる。

一方、浅間山ではこの五年ほどずっと中噴火が続いているなか、二〇〇六年に鹿児島県桜島の昭和火口がなんと約六〇年ぶりに活動を活発化させ、二〇〇九年四月に最大の爆発的噴火を起こした。そして二〇〇九年八月一一日、ついにフィリピン海プレートが駿河湾でマグニチュード六・五の地震を起こして浜岡原発を直撃し、東名高速道路の路肩が崩壊してお盆の帰省客が立ち往生し、伊豆諸島でもこれと連動するように、前後して二度の地震が起こった。

日本は地底の激動期に突入した

ここまで説明した二〇年間の自然の激動を【図17】のように地図上に描いてみた。北から南に順に見てゆくと、新潟県で二度の地震、浅間山の噴火、富士山の異常、三宅島の噴火、東海・伊豆地方を襲った連続地震（駿河湾地震）、浜岡原発近くの浜松・掛川の異常変位、紀伊半島沖連続地震、阪神大震災、雲仙普賢岳の噴火、川内地方の地震、桜島の大噴火である。

九州南端の桜島の噴火は、東の地方と無関係だと思われるだろうが、一九一四年（大正三年）の桜島大正大噴火では、鹿児島湾内に独立した桜島が、前頁の写真のようにすさまじい大噴火となって大隅《おおすみ》半島とつながってしまい、その九年後に関東大震災が起こっている。このように地図に並べて、中央構造線とフォッサマグナと一緒に見てゆくと、これらが無関係に起こった出来事であるはずはない。というのは、江戸時代にこれとそっくり同じような記録が残っているからである。【図18】を見ていただきたい。一七〇〇年代の江戸時代に、元禄大地震が起こると川崎から小田原までの宿場がほぼ全滅し、死者一万人を出した。続いて東海地震・南海地震で死者は数万人とも推定されるが、この大地震の恐怖がさめやらぬわずか四九日後に富士山の宝永大噴火が始まって、火山灰のため昼間が闇夜となった。当時の駿河国（静岡県）では三メートルもの灰に埋もれた村々が壊滅し、風下となった東側では、火山灰が相模国から江戸、房総半島まで広がった。美しい日本の象徴である富士山が噴火するとは、現代人の誰も思っていないが、この宝永大噴火は、ほんの三〇〇年前の出来事なので、今いつ大噴火が起こっても不思議ではない。

図17 中央構造線とフォッサマグナを中心とする異変

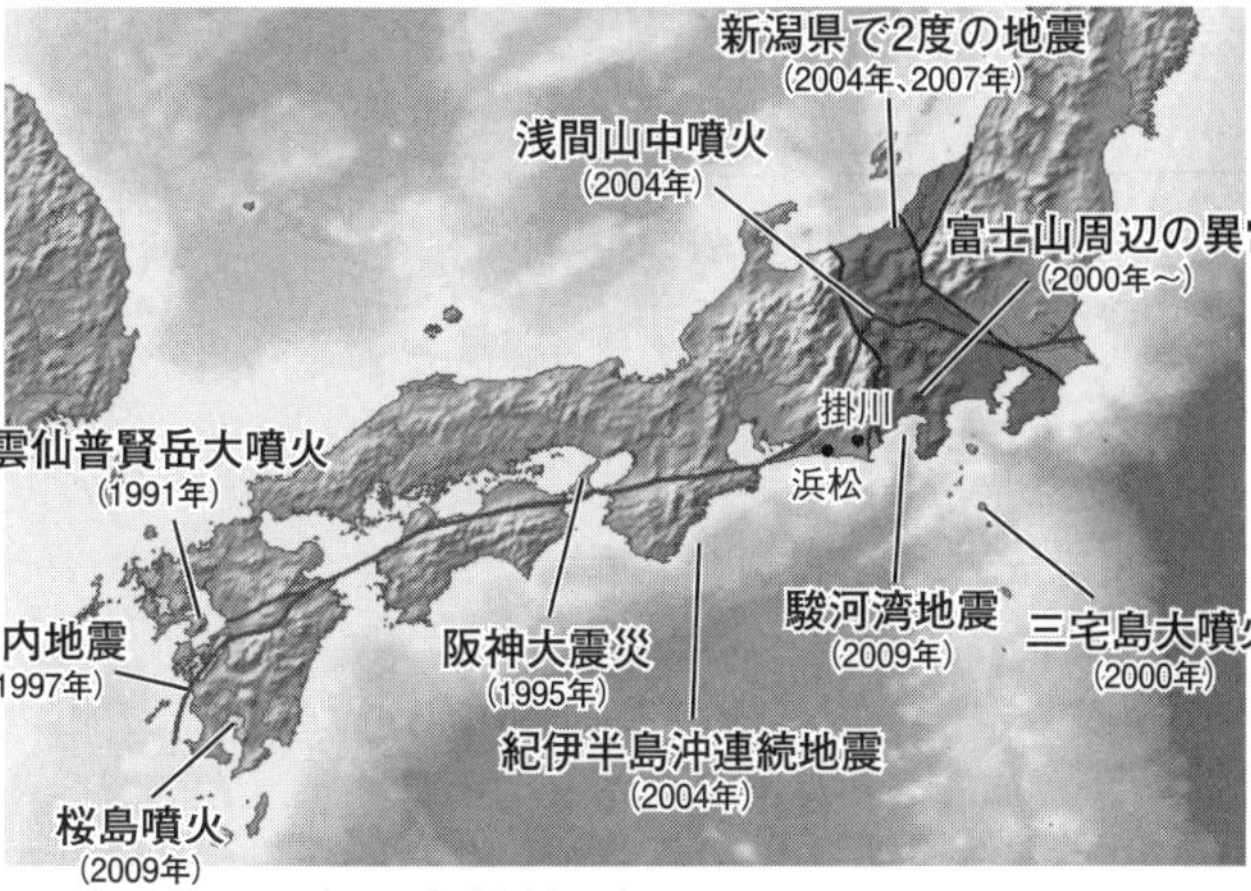

これらは、無関係に起こっているのか？

図18 江戸時代に続発した大地震と大噴火の記録

江戸時代に現在とそっくりの記録がある

1703年12月31日（元禄16年）　**元禄大地震 M8.1**
川崎から小田原までの宿場がほぼ全滅

⬇

1707年10月28日（宝永4年）　**東海地震・南海地震 M8.4**
死者は数万人とも…

⬇

1707年12月16日（宝永4年）　**富士山宝永大噴火**
一帯が壊滅

⬇

1779年11月8日（安永8年）　**桜島大噴火**

⬇

1783年5月9日（天明3年）　**浅間山大噴火⇨天明の大飢饉**

⬇

1792年5月21日（寛政4年）　**雲仙普賢岳大噴火**
死者1万5000人

注：日付は西暦

さらにこのあと、西で鹿児島の桜島が大噴火すると、東で浅間山の大噴火が起こって、折からの長雨と冷夏の寒さにこの火山灰が重なって、天明の大飢饉が七年間も続いた。全国至るところ餓死者が続出し、江戸・大坂をはじめ全国諸都市で打ちこわしが起こった凄惨な時代である。

最後には、雲仙普賢岳の大噴火が起こって山体が崩壊したため、大津波が発生して肥後国(熊本県)まで甚大な被害を受け、これまた死者一万五〇〇〇人という有史以来わが国最大の火山災害となって、のちのちまで「島原大変肥後迷惑」と呼ばれる歴史的大事件となった。

これだけのおそろしい自然災害が、立て続けに起こって、それぞれ死者が数えきれないほどの大惨事が続いた。東と西とで、遠く離れたように思われる場所で火山の大噴火と地震がほぼ同時に起こったこの一事こそ、中央構造線が結ぶ一本の線上に頻発した出来事である。日本列島の成り立ちから考えて、当然の連鎖的な変動であったことは明らかである。こういうとてつもない天災が一七〇〇年代の一〇〇年間ほどに起こって、そこに死者二万人を超え、マグニチュード八・四と推定される問題の東海大地震・南海大地震が入っているのだ。われわれの時代に、浜岡は大丈夫なのだろうかと、考えるべき時期に来ているはずだ。

一〇〇年間は人間にとって一生の長さを考える尺度だが、地球という惑星の年齢からは、数千万分の一というほんの一瞬でしかない歴史的な短い時間であるということも、私たちは頭に入れて、この史実を見なければならない。

地球は、内部にマグマを抱えて、生きているのだ。そして時折、大きく伸びをしたくなったり、

図19 関東大震災前の40年間に発生した小地震と中地震

1883年9月1日～1923年9月1日

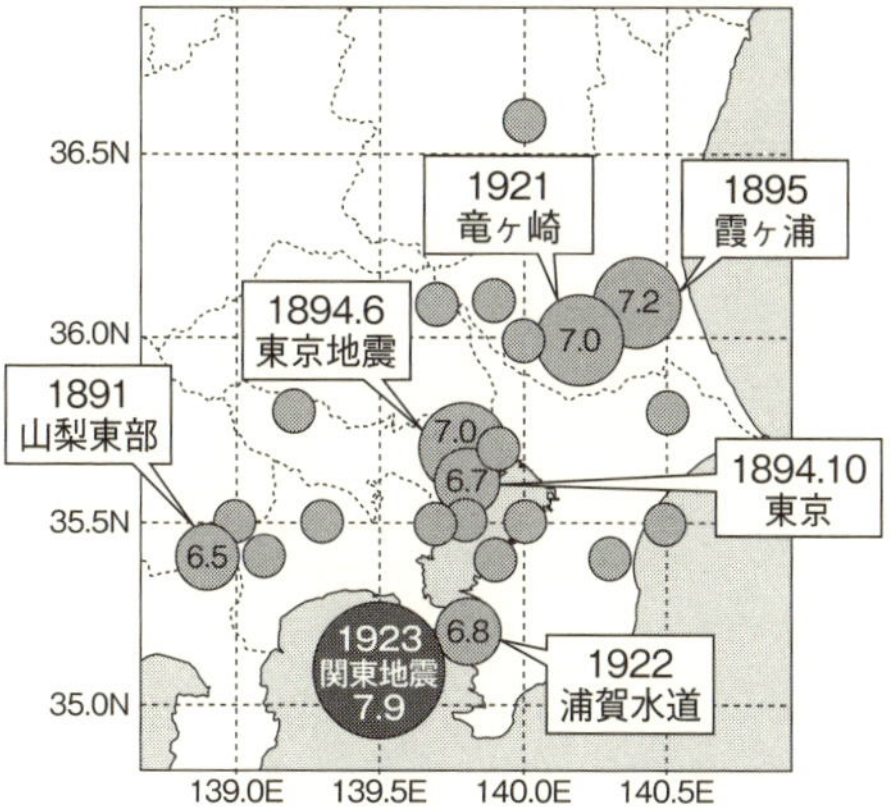

『日本の地震地図』（防災科学技術研究所・岡田義光著、東京書籍）

腕を振り回したり、むやみに動きたくなる生き物だ。

このように周期的に襲いかかる地底の激動期に、一九九五年の阪神大震災から、すでに日本は突入しているのである。

駿河湾地震（静岡地震）は何を警告しているか

さきほど中央構造線を中心とした過去二〇年間の異変の連続を見てきたが、江戸時代の連続災害に比べると、ひどく小さなスケールに思われるはずだ。しかしそれは、逆に大災害の予告なのである。なぜなら、大地震はいきなり起こる現象ではないからだ。

一九二三年の関東大震災では、【図19】のように、発生前の四〇年間に関東地方全域で小地震と中地震が多数発生してから、一九二二年の浦賀水道地震が最後の引き金となって、翌一九

図20 安政東海大地震の前後11年間に発生した地震

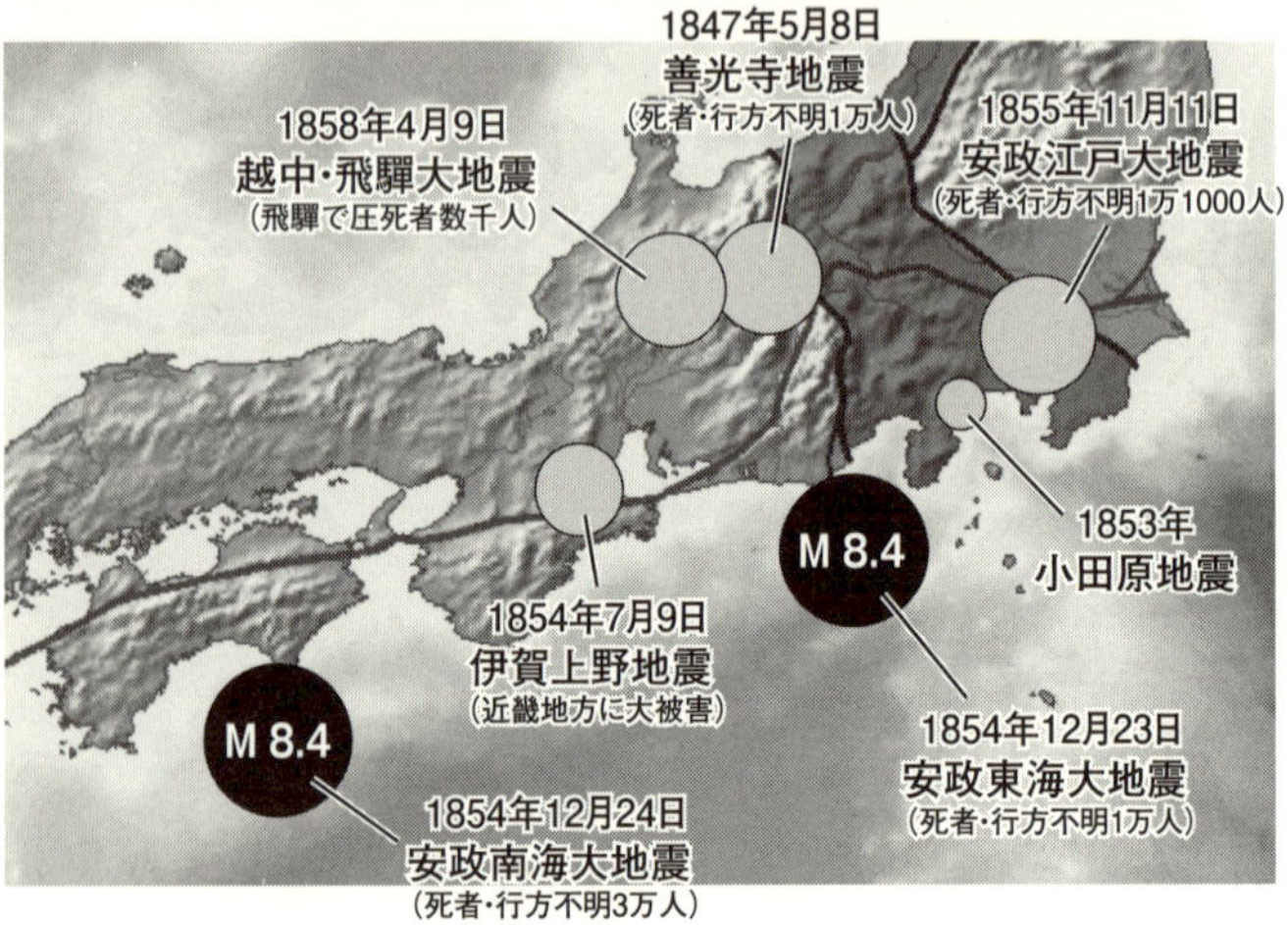

二三年の関東地震（関東大震災）を起こしたのである。つまり小地震と中地震が多発したあとは、やがて大地震が間違いなくくると予想しなければならない。これは、ほかの大地震の場合も同じである。小地震と中地震は、揺れはするが、地底の歪みを解放しないままなので、むしろ人間に対して「次にはたまりにたまったエネルギーを解き放って大地震を起こす」と警告する現象なのである。

安政東海地震の場合を見れば、【図20】のようになる。前後のわずか一一年間に、善光寺地震、小田原地震、伊賀上野地震に続いて、安政東海大地震・安政南海大地震が起こり、さらに安政江戸大地震、越中・飛騨大地震が、中央構造線とフォッサマグナを中心に続発したのである。

善光寺地震は、折から善光寺如来の開帳の期間にあたっていたため、諸国から参詣客が群集し、当日の市中は最も混雑していた。その夜八時を過ぎたころ、阪神大震災を上回るマグニチュードの地震が発生して、参詣客が宿泊していた旅籠《はたご》街を中心に数ヶ所から火の手が上がり、市中では家屋が二〇〇〇軒以上も倒壊・焼失して、震災を免れた家屋はわずかに一四二軒という惨害となった。死者は市中だけで二四八六人に達し、全震災地を通じて死者総数八六〇〇人を超えたとされる。この地震で生じた断層は、今も長野市西部に残っている。

このあとの小田原地震は、歴史的には相模地方を震源としてほぼ七〇年周期で起こる地震として、江戸時代の初めから大正時代の関東大震災に至るまで、連綿と続く記録がある。関東大震災が一九二三年なので、七〇年を加えると一九九三年だが、それが起こっていないので、この地方でも異常なエネルギーがたまっているため、首都圏大地震のおそれを指摘する声が高い。小田原地震に続いた伊賀上野地震は、その翌年に起こった地震で、さながら生き地獄と化したと伝えられる。そしてその五ヶ月後に、浜岡で問題となっている東海地震・南海地震の双子地震がやってきたのである。

ここで改元して「安政」な世の中になるよう幕府は祈ったが、年が明けると、安政江戸大地震はその願いをあざ笑っただけであった。安政二年一〇月二日に大地震が江戸を襲うと、相模（神奈川県）、武蔵（埼玉県）、上総《かずさ》・安房《あわ》・下総《しもうさ》・常陸《ひたち》（千葉県〜茨城県）まですさまじい被害が広がり、江戸では隅田川河口付近が最大の被害地域となり、火災発生で死者七〇〇〇人余り、大名屋敷の死者二〇〇〇人余りという大惨事となった。祈りは、地球に通じないし、「平成」も安政と似たような元号ではある。とどめの越中・飛驒大地震では、圧死者数千人という記録がある。

これだけの地震が、わずか一一年間に起こったのだ。

このように、大地震は、それ単発で起こる出来事ではない。そして、これら時期的に連続した地震の震源を地図上に描いて、地球の割れ目をたどってゆくと、間違いなく地底でつながった出来事である、という確信を持つことになる。

世界各地の大地震は何の予兆か

では、いよいよ私たちの時代、ごく最近の出来事に戻ってみよう。

二〇〇九年八月一一日に起こった駿河湾地震の場合は、【図21】のように、その二日前と二日後に、いずれも伊豆諸島を軸にして、駿河湾地震より大きなマグニチュードの地震が起こって、三度の地震が続発していたのである。このことを記憶している読者は、少ないだろうと思う。前後の地震が本州から遠かったため被害がなかっただけで、地球の動きとしては、三つ子地震だったのである。

ニュース報道は、被災地の被害をたびたび伝えるが、地震の本質をほとんど教えてくれないものである。したがって私たちは、多少の科学的（地理学的・地震学的）な知識をもって報道で欠けたものを見ていなければ、地震の予感をほとんど持てないことになる。ニュースに登場した専門家のコメントを聞いていると、多くの学者たちは、地震の細かい差異を論じ、地球の力の作用から考え

図21 2009年8月に続発したM6以上の地震の震源

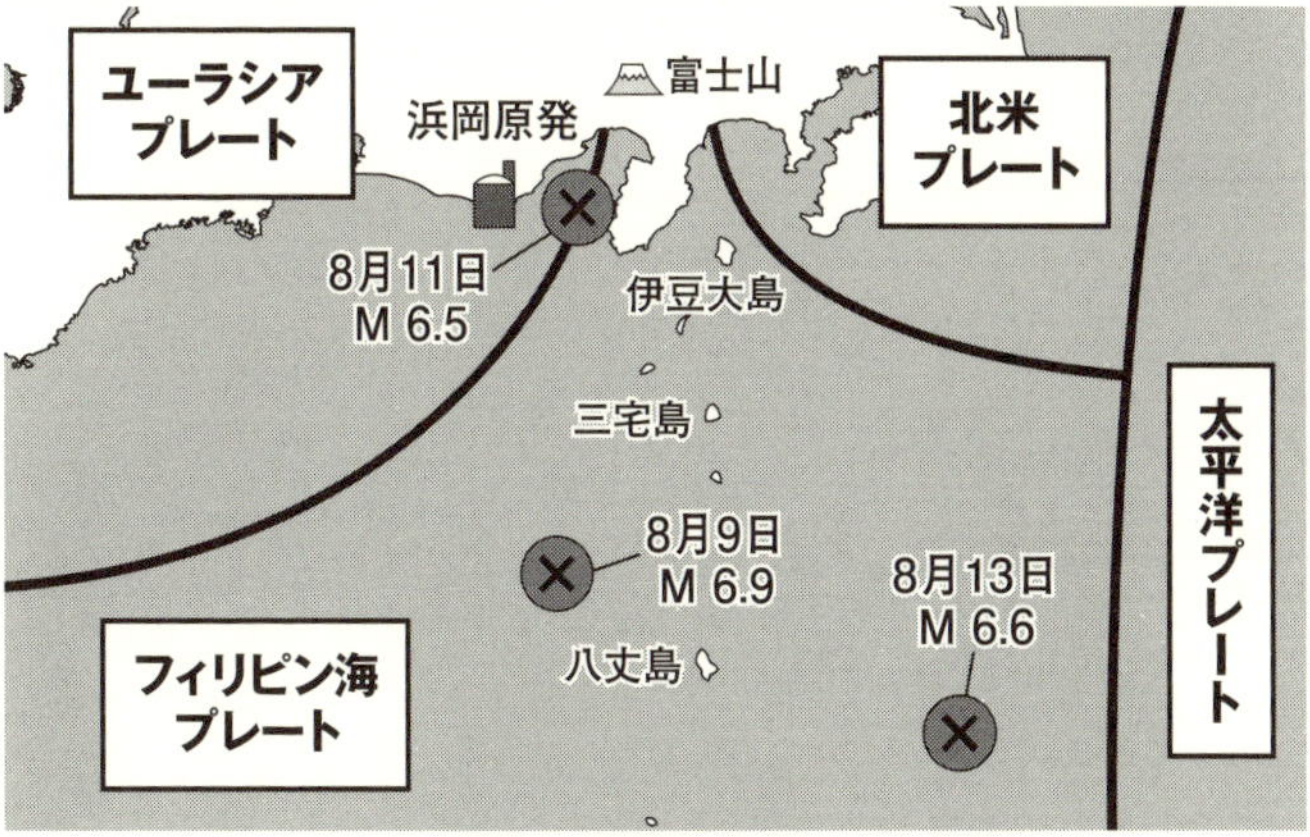

わずか5日間で3度も地震が発生して「無関係」とは、
まともな感覚ではない。

られる相互の構造関係を無視して、東海地震との関連を否定するという、信じがたい言動に終始した。「東海地震とは無関係」だと強調するような専門家が、まともな人間の感覚を持っているとは思えない。

　この時にわずか五日間で三度も地震が発生して「無関係」だと語られていたが、この伊豆諸島を周辺とした日本の地震の直後に、何が起こったかを考えてみればよい。私は、太平洋プレートが大きく動いているので、世界的に地震が続発するだろうと予感していたが、その予感の通り、翌九〜一〇月にかけて、サモア諸島沖地震、スマトラ島沖地震、バヌアツ近海地震がいずれもマグニチュード七・六〜八・〇の大地震として起こったのである。

　これらの地震についても、わが国では、その発生はニュースに載ったが、遠い場所での出来

図22 2009〜2010年の太平洋中心の主な地震発生地

事であるかのように報道されただけで、日本の地震との関連も、この三大地震の相互の関連性も、一切語られなかった。実は、これを地図上に描くと【図22】のようになる。

いずれも震源地はプレート境界にあり、しかも主役が、真ん中の太平洋プレートであることは明白である。この巨大な板が動けば、つながって隣接するプレートも動かざるを得ないのだ。まさに地球の巨大な動きが連動していることの証左である。

地球の表面はつながって互いに押し合っているから、一つのプレートだけが動くことはないので、翌二〇一〇年に起こったハイチ大地震とチリ巨大地震もその流れの中で起こったと見て間違いない。この図は太平洋をクローズアップしたのでハイチは描かれていないが、ハイチ地震の震源地も、太平洋プレート〜ココスプレートに押されたカリブプレート境界線上で発生している。二〇一〇年五月二八日にもバヌアツ沖でマグニチュード七・二の地震が続いている。

東海地震のエネルギーがたまっている駿河湾にとっては、非常にこわい時期に入っていると私は感じる。ところが、ニュースに見る限り多くの地震学者は、まったくこの関連性に警告を発しないばかりか、ごく小さい地域的な地震解析に終始して、地球全体の動きを眺めることさえ怠って、「無関係である」という信じがたい判断を下している。

この人たちは、地球の成り立ちを学んだことがあるのだろうか、という疑いさえ持ってしまう。

駿河湾地震の実害

二〇〇九年の駿河湾地震では、幸いにも住民にほとんど犠牲者は出なかったが、浜岡原発では、それまでの予想をはるかに超える数々の被害が出た。そこで以下に駿河湾地震の実害を見る前に、この地震がどれほど「小さな」地震であったかを、頭に入れていただきたい。この地震は、駿河湾地震や静岡地震とまちまちに呼ばれているが、それは、気象庁が地震名をつけないほど小さな規模の地震だったということである。

地震の破壊エネルギーを比較すると次頁の【図23】のようになり、駿河湾地震を「1」とした場合、柏崎刈羽原発を破壊した新潟県中越沖地震はほぼその三倍で、二〇〇八年の岩手・宮城内陸地震は一一倍、阪神大震災をもたらした兵庫県南部地震は一六倍、関東大震災は一二六倍、濃尾地震

図23 駿河湾地震とほかの地震とのエネルギー比較

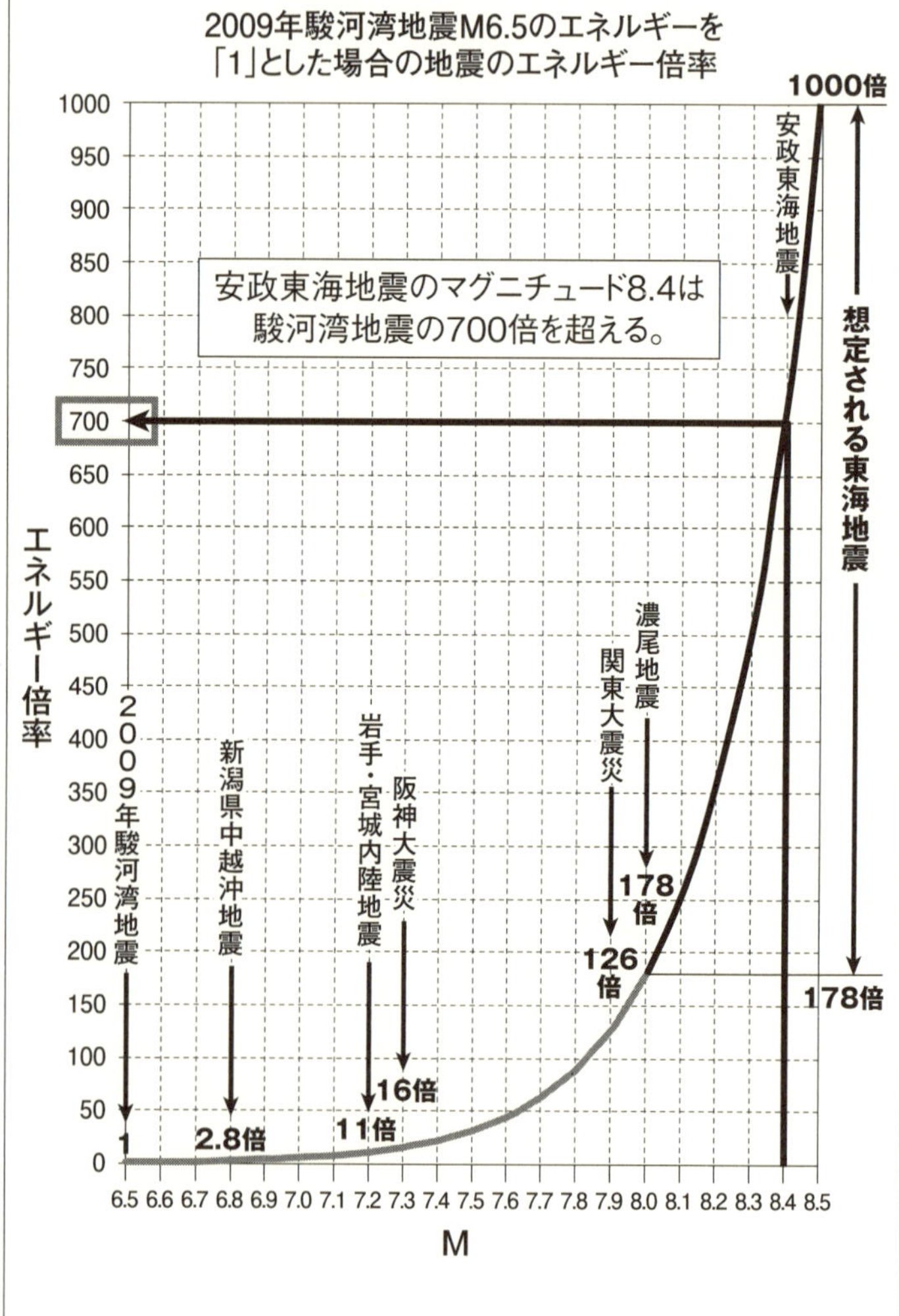

は一七八倍、そして安政東海地震はその七〇〇倍である。つまり二〇〇九年の駿河湾地震は、地球がクシャミをした程度の小さな地震でしかなかった。次に起こる東海地震の規模は、マグニチュード八・〇~八・五と予想されているので、この駿河湾地震の一七八倍から一〇〇〇倍の揺れの地震が、これから間違いなく起こると予想されているのである。

駿河湾地震が起こった時、テレビの報道番組に出てくる人間がほとんど、「予測される東海地震は、今回の地震の二〇〇倍ぐらいである」と発言していたが、二〇〇倍は最も小さな予測である。現実に最後に起こった安政東海大地震は、その前の宝永東海大地震から一四七年後でマグニチュード八・四だったという記録から考えれば、安政から現在まで一五六年間にたまったエネルギーはそれより大きく、七〇〇倍を超えると推算するのが自然であろう。このような二〇〇倍の数字は、テレビ局のデスクが指示して小さく言わせた文言だろうと推測するが、小さく言って、日本の視聴者にとって何の利益があるのか。東海地震について知っている人たちはみな、報道に対して強い不信感と疑念を抱いた。

コメンテーターたちが浜岡原発の危険性を必死になって過小に語ろうとしていた態度から歴然とする事実だが、どうやら日本では、原発震災が本当に起こった時に、テレビ局はＮＨＫも民放も、政府や電力会社からの圧力を受けて、現地住民や国民に正しくその危険性を伝えないだろう、と確信させる出来事であった。

さてこのように小さな、わずかマグニチュード六・五の駿河湾地震で、日本の大動脈である東名

図24 震度6弱の揺れに襲われた浜岡原発

緊迫の原子炉停止

浜岡、激震と初対峙

5号機加速度 なぜ突出

震度6弱の爪痕 8・11駿河湾地震

5完

地震発生後に設置された緊急時対策所で、各プラントの情報を収集する中電職員＝11日、御前崎市の浜岡原発

警報音がけたたましく鳴り響いた。プラントの作動状況を示す幅約10㍍の大型表示板に無数のランプが一斉に点灯した。駿河湾で強い地震が発生した11日早朝、中部電力浜岡原発5号機（御前崎市佐倉）の中央制御室で、古知章宏発電指令課長（○○）は「…

に一報を入れたこの間わずか1分だった。

緊急時に求められる「止める」「冷やす」「閉じ込める」―は、いずれも正常に機能したが、外の様子は分からない。「当面は現有勢力で乗り切らなければならない」覚悟した」。

静岡で震度6弱

浜岡原発 緊張走る

稼働以来最大の揺れ 全所員を動員

浜岡原発が1976年に稼働以来、33年目にして最大の揺れに襲われ、およそ700人の全所員が動員、第三次非常体制が発令された。運転中の浜岡原発4・5号機が緊急自動停止。

「静岡新聞」2009年8月16日（上）、「中日新聞」2009年8月11日（下）

浜岡原発5号機タービン建屋の屋外東側では、外壁に沿った15メートル四方にわたって、地盤沈下が確認された。中電社員の示す高さから最大10センチ沈んだ。700倍の安政クラスの東海地震であれば、1～2メートルも隆起して配管が折れ、たちまち大惨事になる。

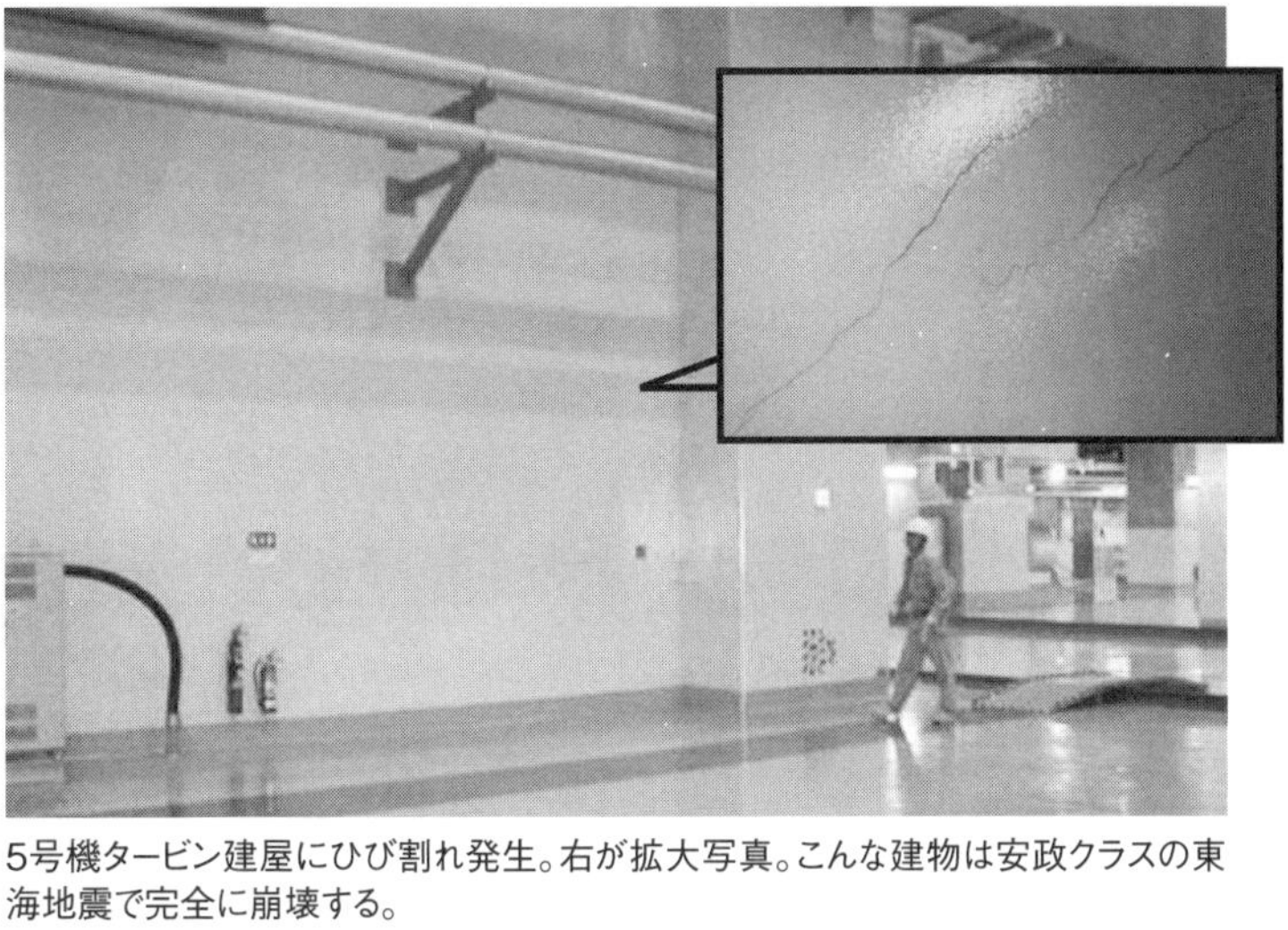

5号機タービン建屋にひび割れ発生。右が拡大写真。こんな建物は安政クラスの東海地震で完全に崩壊する。

高速道路の路肩が大崩落したのだが、それだけではない。浜岡原発が一九七六年に稼働以来、三三年目にして最大の揺れに襲われ、運転中だった浜岡原発四号機と五号機が緊急自動停止し、およそ七〇〇人の全所員が動員され、第三次非常体制が発令された。

地震発生から一週間後の八月一八日までに報告された浜岡原発のトラブルは、驚くべきことに、地球がクシャミをした程度のこの地震で実に四六件を数えた。しかもうち半数を超える二五件が、五号機で発生した。これは、最新鋭の改良型沸騰水型（ABWR型）で、運転を始めてまだ四年あまりしか経っていない、一三八万キロワットの出力を持つ、日本最大の原子炉であった。何が起こったのだろう？

原発災害は構造上避けられない

原発の事故を起こす原因は、「チャイナ・シンドローム」の言葉が言い表わしたように、ウランの燃料が灼熱状態になって融け落ちるところにある。正常な運転状態で、ウランの燃料が灼熱状態にならないのは、水が冷却して熱を奪っているからである。つまり事故の原因は、この熱にある。そこで、原子力発電所における熱の流れを頭に入れれば、どのようにして大事故が起こるかを理解できる。

熱は【図25】のように、左端の「熱源」から右に伝わってゆく。日本で使われている原子炉には、主に東日本で使われている沸騰水型と、主に西日本で使われている加圧水型の二種類があるが、熱

図25 原子力発電における熱の流れ

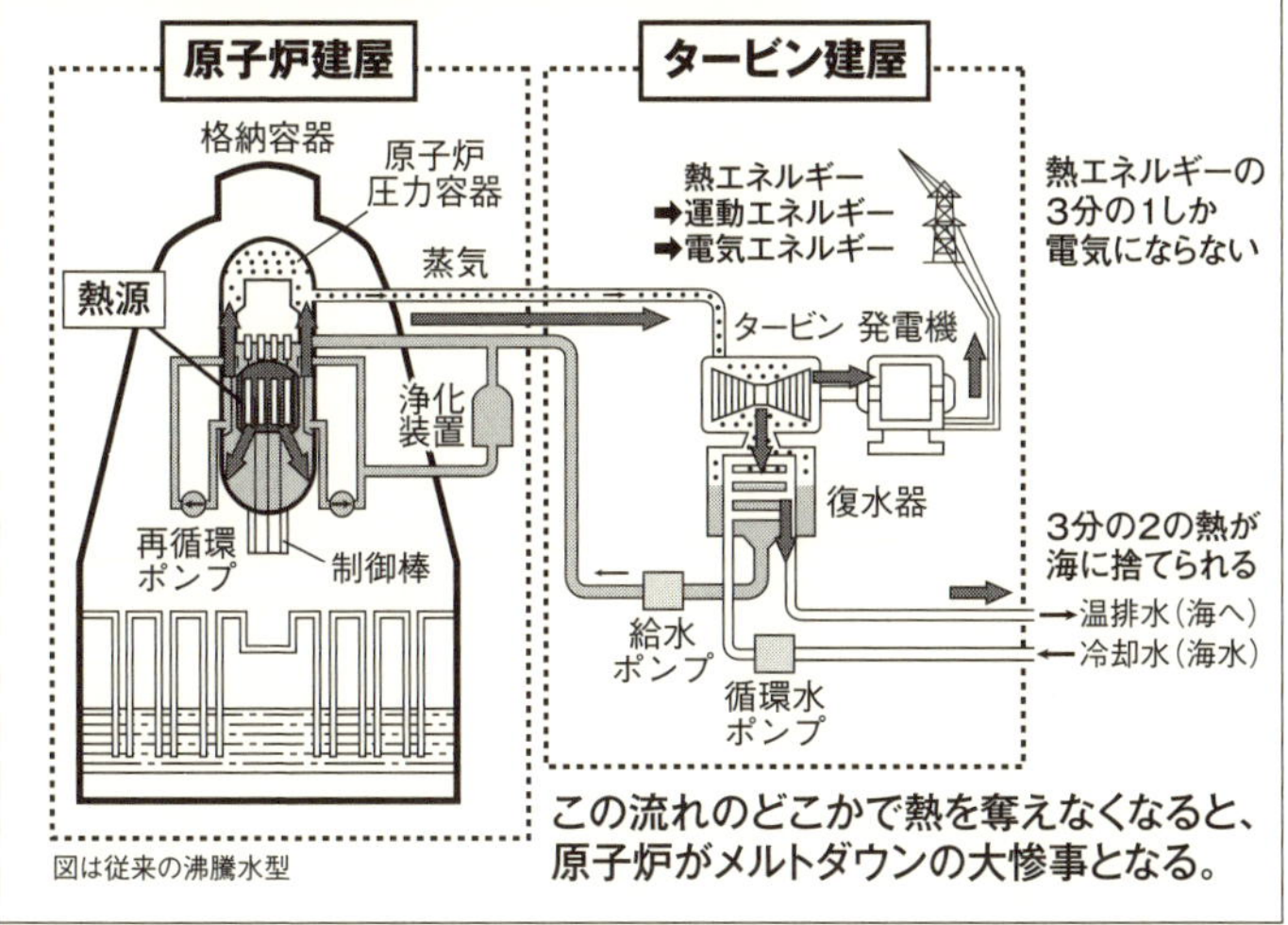

を伝える基本的なメカニズムはどちらも同じなので、ここでは、従来の沸騰水型の原発（浜岡原発のタイプ）で説明する。左側にある原子炉でウラン燃料が核分裂をして猛烈な熱を発生すると、それが熱源となって、燃料のまわりに流れている水が熱を奪って沸騰する。こうしてできた高温の水蒸気が、パイプを通して右側に送られる。この蒸気をタービンの羽根にぶつけることによって、その運動エネルギーが発電機を回して、電気エネルギーに生まれ変わり、そこから送電線に電気が送られる。

ところがこのように熱エネルギーを運動エネルギーに変え、さらに電気エネルギーに変えて、エネルギー変換をするたびにロスが生まれるため、熱エネルギーの三分の一しか電気にならない不細工な発電機が原発なのである。さきほど東海原発の出力を一六・六万キロワットと書き、浜岡原発五号機の出力を一三八万キロワットと書いたのは、この最後の電気出力のことである。したがって、初めに原子炉で生まれる熱出力は、その三倍、つまり東海一号では五〇万キロワット、浜岡五号では四一四万キロワットという膨大な熱量である。

実に勿体ないことだが、電気にならなかった熱は、図の右側にある復水器と呼ばれる熱交換機で、引きこんだ海水に熱を与えて、すべて捨てている。浜岡五号では二七六万キロワットという膨大な熱量を熱水として捨てている。これが温排水と呼ばれて、日本全土の海を加熱し続け、同時に沿岸の生物を根絶やしにしている。そもそもこのように重大な欠陥を持つ装置が日本全土で五四基、四九一一万キロワットもある。したがってその排熱すべてを合計すると二倍のほぼ一億キロワット、つまり毎日、広島原爆一〇〇発分の熱を海に捨てている発電所が原発だ。こんなものが地球温暖化防止であるとか、環境保護の切り札になるはずはないのだが、まことしやかな大嘘が、何も知らずに無知をきわめる新聞やテレビの記者によって広められてきたのである。この実態については、近著『二酸化炭素温暖化説の崩壊』（集英社新書）にくわしく説明したので、ぜひ読まれたい。

さて、こうして蒸気が海水で冷やされて水になると、再び原子炉のほうに戻されてゆく。この全体の熱の流れで大切なことは、危険な放射能の塊である原子炉が事故を起こさないことである。メルトダウンと呼ばれる「原子炉の熔融」は最もこわいが、それを起こさないためには、この図を見て分るように、絶えず右端の海水で熱を奪っていなければならないわけである。しかもこの水蒸気と水が流れるパイプの中の熱は、すべて一本の回路でつながっているのだから、どこが切れても、熱を奪えなくなることは、誰でもお分りだろう。

したがって、地震があった時に、原子炉そのものはかなり頑丈につくられているが、もし原子炉が無事であっても、事故を防げるかどうかという議論になれば、原子炉の頑丈さにはほとんど意味はないのである。水が流れる回路のすべて、どこにも破壊が起こらないということが保証されなければ、大事故は防げないことになる。

ところが不都合なことに、原子力発電所は、【図25】の点線で囲んだように、原子炉建屋とタービン建屋という別々の建物から成っている。タービン建屋の強度は、原子炉建屋と比較にならないほど弱い。このどちらの建屋に破壊が起こっても、原子炉の沸騰水が一本の配管でつながっているので、その熱を奪えなくなり、メルトダウンという最大の惨事を引き起こすおそれが出てくる。「すわ大地震だ！　原子炉の運転を止めろ！」と言って、制御棒を挿入して、ウランの核分裂反応を止めても、核分裂によって生まれた大量の死の灰（放射性物質）は放射性崩壊を続け、そのあと大量の崩壊熱を発生するので、その熱を取り除く作業を続けない限り、原子炉の水はすぐに沸騰してメルトダウンしてしまう。スリーマイル島の原発事故では、制御棒を突っこんで核分裂を止めたあとに、炉心熔融が起こった事実が、それを実証している。

原子炉建屋とタービン建屋は、まったく別の施工によって建てられ、基礎工事からすべて異なる建物で、この図とは違ってやや離れた場所にあるから、東海地震で予測されるような大地震では、地震の揺れが襲った時には、それぞれがまったく異なる揺れ方をする。大きめの地震で、家の中の家具がバラバラに揺れるのと同じである。この時、原子炉とタービンのあいだがちょうど二つの離れたビルの回廊のように金属パイプで接続され、そのなかに高温度の熱水や水蒸気が激しい勢いで流れている。このパイプには、それぞれ左右から、原子炉とタービンの大きな重力が作用しているため、大地震のときには、バラバラの大きな機械的ショックを受ける。一方が上に向かって動いている時に、他方が下に向かって動くということが起こる。二〇〇九年の駿河湾地震では、五号機タービン建屋にひび割れが発生した。こんな建物は、七〇〇〇倍の東海地震で完全に崩壊する。

阪神大震災では、山陽新幹線や高速道路が破壊された要因として、耐震性以前の「材料欠陥」や「製造時のミス」にあったことが数々指摘されてきたことをご存知であろう。かねてから言われていたことだが、高架橋のコンクリート工事で、大量の海砂を使っていたのである。

これによって、コンクリートの塩害として、鉄筋の腐食が起こり、コンクリートにひび割れが発生する。海砂を使わなくても、アルカリ成分の多いセメントを使った場合には、化学作用によって砂利などの骨材がふくれあがってゆくアルカリ骨材反応を起こす。新幹線や高速道路の橋脚、原子力発電所などは、セメントと石と砂を使って建設されるが、セメントのアルカリ成分と水がある種の石と反応してケイ酸ソーダが生まれると、次第に膨張してゆき、大地震などの衝撃に対する強度が大幅に落ちる。阪神大震災の破壊現場で、コンクリート内部に生成していたシリカゲルがその証拠であった。内側からすでに弱くなっていたのである。それがさらに進行すると、コンクリートが自らひび割れてゆく。

日本の原発は、冷却水として海水を使うため海岸線に建設されており、特有の塩害と、海砂を使っていた塩害と、このアルカリ骨材反応のひび割れという三つの複合作用によって、コンクリートのひび割れが進行してきた。二〇〇〇年二月には、さらに耳を疑う不正工事が発覚した。美浜原発三号機の建設に従事したミキサー車運転手らの膨大な証言が、朝日新聞に大々的にスクープされた。「夏場は生コンが固まりやすいので、作業がはかどらなくなる。そのため、コンクリート強度が落ちることを承知で、不正に水を加えることは日常茶飯事だった。炉心部でも関係なく、水をじゃぶじゃぶ入れていた。それを現場では、シャブコンと呼び合っていた」というのである。これら建設工事関係者は、全国共通であり、ついに浜岡原発でも、内部告発によってコンクリート工事の不正が明らかになった。原発は、何が起こってもおかしくない建築物なのである。

また駿河湾地震では、浜岡一号機（廃炉準備中）と五号機（運転中）の周辺で、一〇〜一五センチもの地盤の隆起と沈降が記録された。これはさきほどのグラフで示したように、ごくごく小さな地震だったから大事に至らなかったが、小地震でこれほど地盤が動いたことは、浜岡では決定的である。なぜなら東海地震では、御前崎で一〜二メートルの隆起が起こることが、安政東海大地震の記録から分っているからである。

熱い水蒸気を送っているパイプが激震している姿を想像してみればよい。二メートルは、バスケットボール選手の身長を超えるだろう。これだけの段差ができて、なお長時間にわたって激震しながら、パイプが正常な状態を保つと考える配管業者がいれば、私は会ってみたいと思う。安政東海大地震のマグニチュード八規模の地震では、その揺れが一分から二分も続くことが分っている。つまり熱を伝える配管は簡単に破断してしまうのだ。

巨大な配管が破断すれば、原子炉の水蒸気がそのまま噴出するので、もはや打つ手はない。最近は、パイプが一瞬で破壊されるギロチン破断事故についてほとんど論じなくなっているが、原発事故で起こりやすく、世界的な原発論争で最大の論点となってきたのは、この大口径配管の「冷却材喪失事故」だったのである。ギロチン破断があった場合、緊急炉心冷却装置（ＥＣＣＳ）が作動して、冷たい水を炉心に送りこむことになっているが、その装置もまた、金属パイプによって接続されている。ＥＣＣＳのパイプだけがギロチン破断をまぬがれる、という大地震は考えられない。パイプは、それぞれが溶接によってつながれているので、地震のショックで破壊する可能性が最も高いのは、欠陥を含む溶接箇所である。

ステーション・ブラックアウトの恐怖

さてもう一つ、原子炉建屋とタービン建屋が違う建物であることから、誰にも想像できる危険性があるはずだ。一〜二メートルもの隆起と激震が長い時間続いて、発電所内の電気の配線が切れてしまわないか、ということである。

原発震災を防ぐすべての鍵を握っているのは、コントロールルーム（中央制御室）にいる発電所の職員である。彼らが地震に気づいていても、立っていられないほどの揺れに襲われて、何もできない光景が想像されるが、もしテーブルにしがみつきながら揺れに対して何とか持ちこたえて、ただちに非常用のボタンを押すことができたとしても、電気系統が切れていればどうなるだろう。配線が寸断され、発電所内が完全停電となる恐怖を、ステーション・ブラックアウトと呼んでいる。アメリカの原子力規制委員会（ＮＲＣ）が長大なレポート「五基の原子炉における重大事故の危険性」(Nuclear Regulatory Commission NUREG-1150, Second Draft, "Severe Accident Risks: An Assessment for Five U.S. Nuclear Power Plants") を出しているが、そこで解析され、特に警告されているのが、ステーション・ブラックアウトなのである。

原子炉や再処理工場などの原子力プラントについての耐震性の数字は、主として原子力施設内で最も強固に建設されている部分に議論が集中しやすいが、所内完全停電を誘発する可能性が高いのは、送電系統やタービンなどを含めて、その周囲に接続する部分であり、これらの耐震性は、一般建造物とさして変らないものを多数含んでいるからである。所内が完全停電になった場合には、原子炉が暴走していると分っても、緊急事態に対して、ボタンを押しても何も作動しないのだから、何も手を打てなくなる。時間がたてばたつほど原子炉の暴走は、そのまま最悪の事態へ突入してゆく。

実はこの最終原稿を書いている最中の二〇一〇年六月一七日に、東京電力の福島第一原子力発電所二号機で、電源喪失事故が起こり、あわやメルトダウンに突入かという重大事故が発生したのだ。日本のマスコミは、二〇年前であれば、すべての新聞とテレビが大々的に報道しただろうが、この時は南アフリカのワールドカップ一色で、報道人として国民を守る責務を放棄して、この深刻な事故についてほとんど無報道だった。ショックを受けた東京電力がくわしい経過を隠し、それを追及すべきメディアもないとは、実におそろしい時代になった。そもそもは、外部から発電所に送る電気系統が四つとも切れてしまったことが原因であった。勿論、発電機も原子炉も緊急停止したが、原子炉内部の沸騰が激しく続いて、内部の水がみるみる減ってゆき、ぎりぎりで炉心熔融を免れたのだ。おそろしいことに、この発端となった完全電源喪失の原因さえ特定できないのである。この四日前の六月一三日に福島県沖を震源とするかなり強い地震が原発一帯を襲っていたが、それが遠因なのか？　いずれにしろ、事故当日には地震が起こっていないのに、このような重大事故が起こったのだから、大地震がくればどうなるか。

地震があれば、まずウランの核分裂を止めることが第一だが、浜岡や福島のような沸騰水型原子炉では、原子炉を緊急停止する時、制御棒を駆動装置によって下から挿入するようになっている。激しい揺れがあった場合に、簡単に落下しやすい構造である。しかも沸騰水型の制御棒は、【図26】のように、四つのブレードを持つ十字形であり、大地震では縦揺れと横揺れが同時に襲ってくるので、これが周囲にぶつかって正常に挿入されないおそれが高いことはすぐに分る。しかも浜岡では、過去に地震がない時に、制御棒脱落事故が二度起こった前科がある。

二〇〇九年の駿河湾地震では、運転中の五号機で、わずかマグニチュード六・五の地震でこの制御棒およそ二五〇本のうち三〇本で、駆動装置が故障したと報道されている。小地震でこのような

図26　沸騰水型の制御棒の形状　(4つのブレードを持つ十字形)

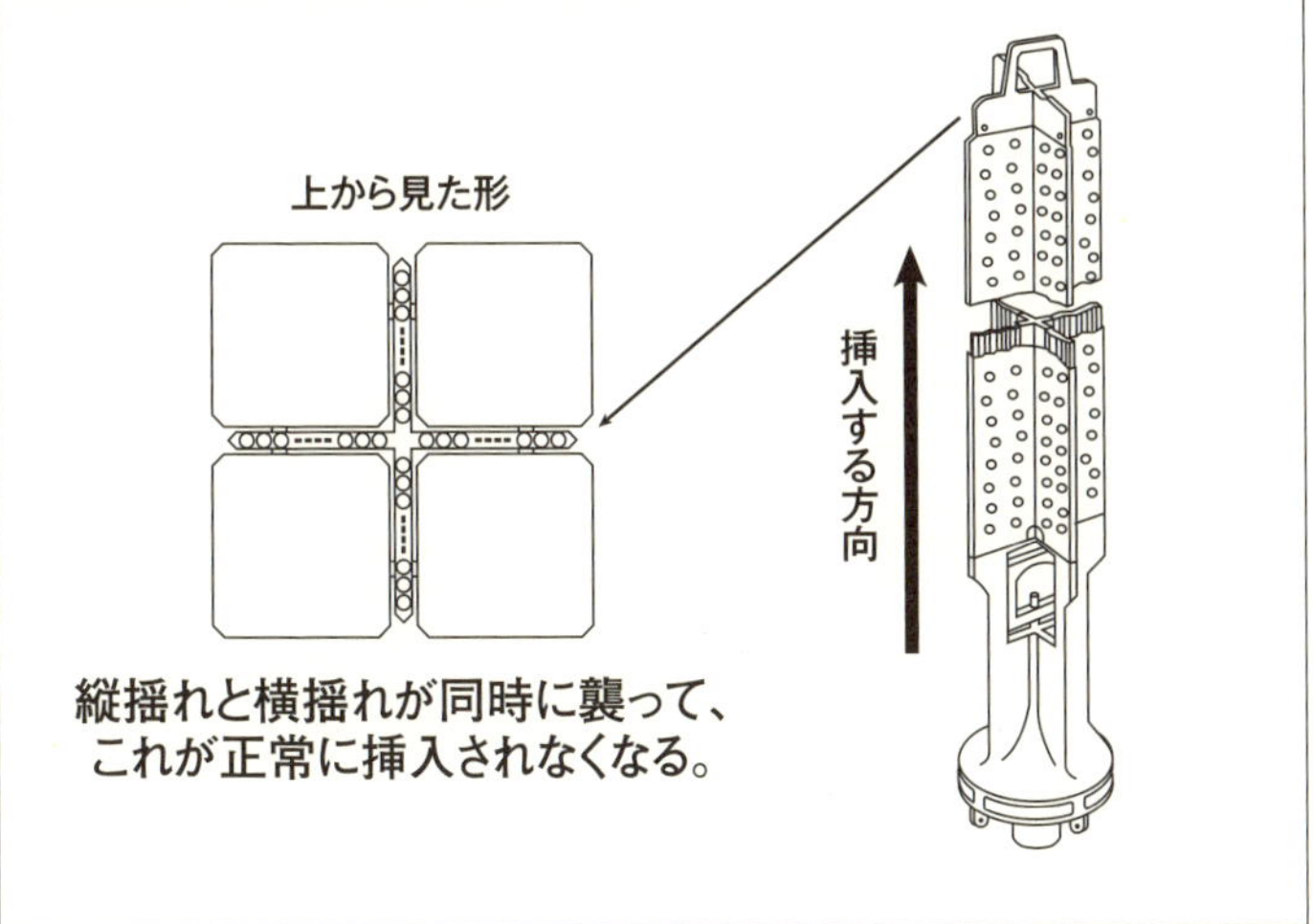
上から見た形
挿入する方向
縦揺れと横揺れが同時に襲って、
これが正常に挿入されなくなる。

状態になったのだから、マグニチュード八を超える東海地震では一体どうなるかを想像してみれば、まともに原子炉を停止できるとは思えない。

地震の振動は、一瞬で原子炉に襲いかかる。コンピューターが作動する時間もなく、制御室にいる人間が床にはいつくばりながら、ボタンを押すことは事実上、不可能である。大地震のなかで、配線のどこも吹き飛ぶこともなくコンピューターが作動することも、過去の大地震の体験からあり得ない。回路の一ヶ所が切れれば、コンピューターではなくなってしまうのである。

浜岡五号機が記録した大きな揺れ

そして今、浜岡現地で最大の問題となっているのは、最新鋭の五号機が、ごく小さな二〇〇九年の駿河湾地震で記録した異常に大きな揺れである【図27】。このグラフにある揺れの単位は、ガリレオに因《ちな》んで名付けられたガルで、一ガルとは、一グラムの物体に作用して一 cm/sec² の加速度を生ずる力、つまり一秒間に動く速さが毎秒一センチずつ速くなってゆく加速状態を示す。地震では、この加速度が、人や建物にかかる瞬間的な力を示す指標となる。

五号機は、一〜四号機と同じ敷地の地盤にありながら、これらより三倍から四倍も揺れたのである。しかも一階の東西方向では、絶対に超えてはならない設計用最強地震S1をあっさり超える四八八ガルを記録してしまった。原子炉は三階にまで達しているが、ここでは五四八ガルもの揺れを記録した。従来の日本の全原発で「浜岡原発の耐震性六〇〇ガル」は図抜けて大きな耐震性を持っていたので、中部電力がそれを誇らしく宣伝し、多くの人がその数字を信頼してきたが、この小地震で、ほとんどそれを超えるかどうかという、ぎりぎりの揺れを記録したわけである。つまり日本全土の原子炉で、「最強であった浜岡」の耐震性が小地震で崩れたのだから、ほかの原発は全滅することが明らかになった。

耐震性に求められる設計用最強地震S1とは、何であろうか。これは、原発が建てられている敷地内で起こり得ると想定される「最大の地震の揺れ」のことである。地震に襲われる機械の側から見れば、その揺れに耐えられる強度を持っていなければならない、という意味で、設計上の最大値のことである。そしてその強度は、機器の重要性に応じて、どの程度まで耐えられればよいかというランクが定められている。さきほど述べたように、原発はどこが壊れても熱を奪えなくなるのだか

図27 駿河湾地震の加速度記録

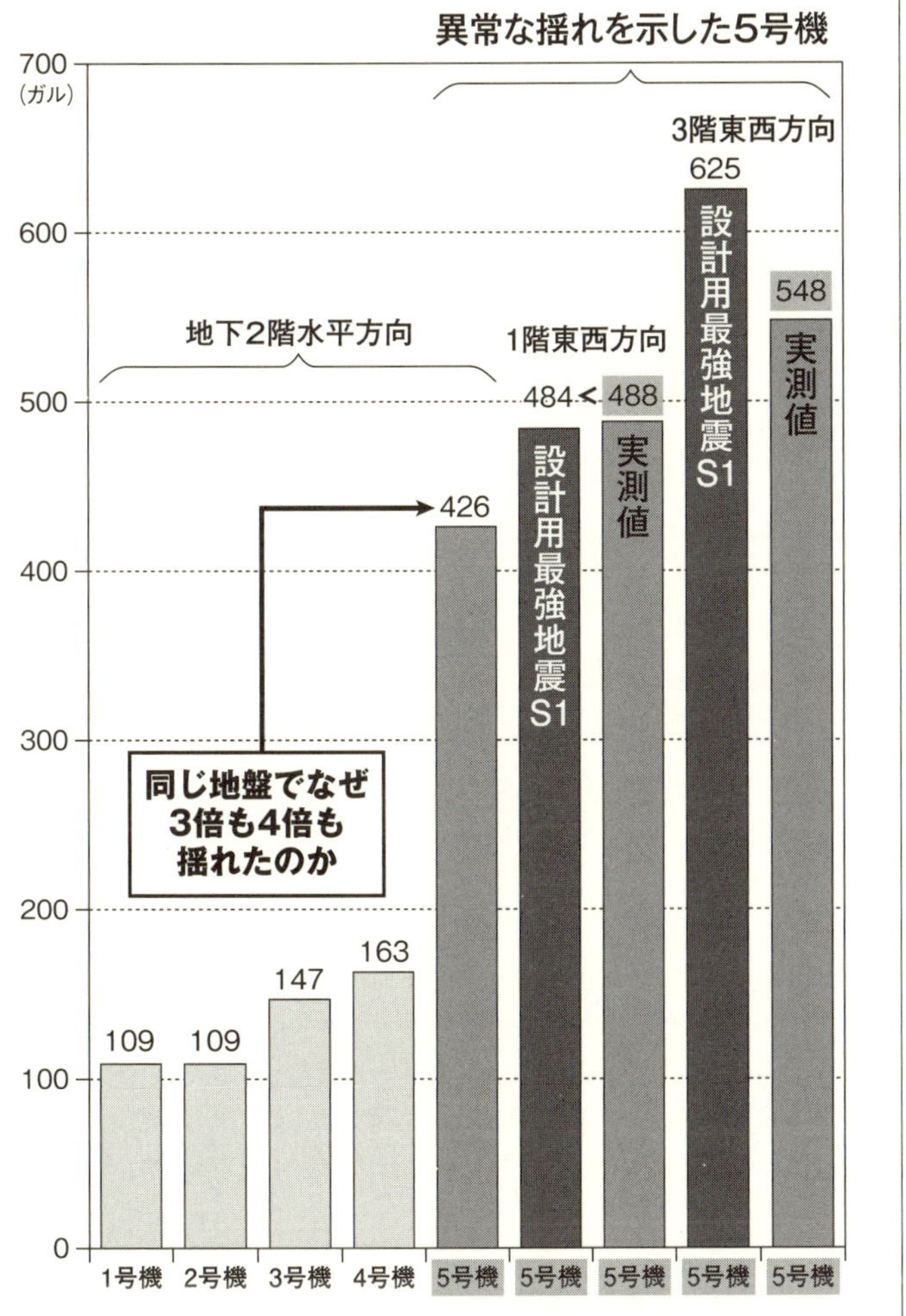

ら、本来はランクなどあってはならないが、それでは莫大な金がかかるので、タービン建屋側は、小さな耐震性でもよいという手抜きを認めている。

さきほど原子炉建屋とタービン建屋は別々に建設されていると説明したが、原子炉建屋側にあって、ウラン燃料が核分裂をする圧力容器（原子炉）そのものや、緊急事態に対処するための制御棒システムや、原子炉を包む格納容器など、危険な大事故に直結するものは「最も重要なAsクラス」とされ、次いで大事故を防ぐために緊急事態で冷却水を送りこむ緊急炉心冷却装置（ＥＣＣＳ）などは「Ａクラスの機器」に分類されてきた。設計用最強地震とは、分りやすく言えば、こうしたAクラス以上の重要機器が受ける可能性のある最大の破壊力のことである。そして当然その破壊力に対して、重要な機器や施設は、「弾性限界にとどまらなければならない」のである。その耐えられる限界を保証するのが、この数値であった（この耐震性の指針は二〇〇六年九月に改訂されたので、その経過はのちに述べる）。

弾性限界？　このS1を超えるとどうなるか？

物体に力（応力）を加えると、どのようなものでも変形する。その力（応力）と歪《ひず》みの関係を、模式的に描くと、【図28】のようになる。力が大きくなると、それにつれて歪みが大きくなってゆく。初めの右肩上がりの直線部分は、ものに力を加えても、ちょうど輪ゴムを伸ばしても切れないように、破壊されずに変形する範囲である。輪ゴムは、手を離すと、元通りになる。このように元に戻る性質を、弾性があるとか、弾力性があると呼んでいるが、風船を同じようにふくらませると、

図28 応力〜歪み線図

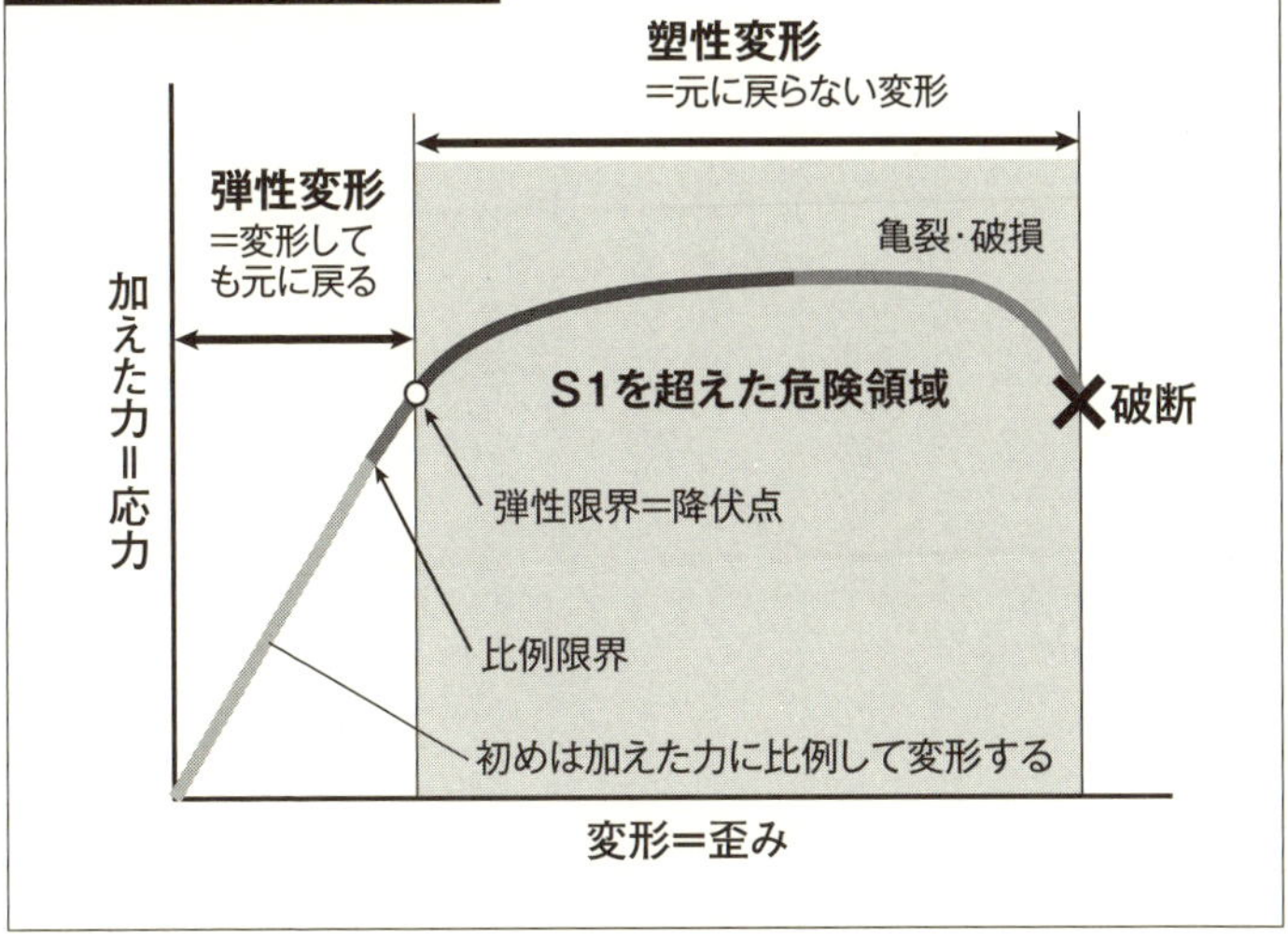

どこまでもふくらんではくれない。空気を入れ続ければ、あるところで風船は、ポンといって破裂してしまう。

　これはたとえ話であるので、輪ゴムや風船と、金属材料の変形はまったく違うが、このような変化を機械工学的にみると、初めは加えた力に比例して変形するので、そこまでを比例限界という。その先は、まだ弾性をもって少しずつ変形し続けるので、この範囲までの変化を弾性変形と呼ぶ。ところが、力が弾性限界というある一点（降伏点）を超えると、完全には元に戻らない変形を始める。

　ここから先を、塑性《そせい》変形と呼ぶ。このように力を加えると形を変えて加工できることを、「可塑《かそ》性（plasticity）」があるという。私たちが日常使っているプラスチックとは、可塑性樹脂、つまり加工できる化学合成物質という意味から出た言葉である。したがって図に灰色で示されている塑性変形とは、金属などの材料の結晶が、元の形に戻らない変形を受ける領域である。外見はこわれていないように見えても、内部の金属結晶が変形してしまっているのである。

このように、一定の限界を超えると、二度と元に戻らない変形を起こしているので、最初に製造した時と強度が違っているし、内部にどのような欠陥ができているかは外観を目で見ても分らないので、その機器を使うことはきわめて危険である。さらに力を加えてこの塑性変形が進行すると、ついにバリバリと亀裂や破損が起こり、最後に破断して物体はぶっこわれる。

原発の耐震性では「設計用最強地震S1」という目標を定めて、機器の強度を、予想される最大の地震があっても絶対にこわれてはならないと定めてきたわけである。それを機械工学的に言えば、この灰色の危険領域に入ってはならないということになる。ところが五号機は、小地震であっさりその危険領域に突入してしまったのだ。中部電力の技術者が大きなショックを受けて、不安のあまり、この原子炉の運転を取りやめてしまったのは当然である。なぜなら、駿河湾地震は小さく、この危険領域に入ったのがごく一瞬だったので重大な塑性変形が起こったとは考えられないが、これから襲ってくる本物の東海大地震では、間違いなく破壊領域に入ることが明らかになったからである。

この問題が深刻な現実となったのが、二〇〇七年の新潟県中越沖地震で直撃された柏崎刈羽原発であり、第三章にくわしく述べるので、塑性変形の言葉を記憶されたい。

こうして二〇一〇年八月現在も、浜岡原発五号機は死んだままだったが……

専門知識を持たない原発関係者

ところが中部電力は、五号機の運転再開を強行しようとしてきたのはなぜだろうか。また原子炉を製造してきた大手メーカーが、それを容認するのはなぜだろうか。

読者は、彼らが原子力発電所を建設してきたのだから、沸騰水型の原子炉であれば、メーカーの東芝と日立製作所は機械工学の専門家であると判断しているだろうが、その信頼感には大きな落し穴がある。これは、現場の技術者でなければ分らないことだが、私も過去には材料メーカーの技術者だったので、体験からこの社会的な構造を知っている。この分野は、機械工学より前に、金属製品をつくる材料工学の専門家が判断するべきことで、大手の東芝や日立は、材料メーカーに発注して材料を買い入れ、それを組み立てる側の技術者である。納入する側の材料屋と呼ばれる技術者は、金属の欠陥のおそろしさをよく知っているが、発注者の東芝や日立はお得意さんなので、絶対に彼らに楯突くことが許されず、業界では発注者を「天皇」と呼ぶ。販売部からタイトな納期を指示されれば、材料屋は内心に不安があっても、どうしても良好な成績を誇示してしまう。

ブランド品を製造して販売している大手メーカーは、材料の組み立て屋であるため、それが事故を起こすまで気づかないし、ごく小さな金属の欠陥が巨大な機器を破壊するこわさを知らないのである。勿論、すぐれた設計者であれば材料の性格を知っているが、運転再開を強行するのは、知らないということの証左である。電力会社に至っては、さらに大手メーカーから原子炉と機器を購入して、発電所の建設を監督し、運転しているだけである。経済産業省の原子力安全・保安院に至っては、電力会社から聞いた通りに検査しているだけである。新聞とテレビに登場する原子力産業お抱えの御用学者は、このような材料工場の現場で働いたこともない、私から見れば素人集団の大学教授ばかりである。こうして日本中で事故が起こっているのである。

浜岡原発の危険性について、運転停止を求める住民訴訟が起こされ、機械工学者の立場から住民側の証人として立ち、中部電力の耐震性についての弁明を、「機械工学・材料工学が何も分っていない」として批判してきた元原子炉設計者の田中三彦氏が、駿河湾地震が起こったあと、「もう分ったはずだ。まともな人間であれば、やめるはずだ」と静かにつぶやいた言葉が、私には最もおそろしく感じられた。電力会社は、まともな人間の感覚を持っていないために、三・四号機と次々に運転を再開したのである。

じき起ころうとしている東海地震は、駿河湾地震の七〇〇倍の破壊力と予想されるのである。言い換えれば、この七〇〇倍の東海地震であれば、浜岡原発は百パーセント、原子炉、配管などが破壊されて、大惨事を起こしていたのである。その揺れを起こした最大の原因は、かねてから地元民にたびたび指摘されていたように、五号機の地盤の弱さにある。

加えてこの地震が起こる前年、二〇〇八年に中部電力は、新たにさらに大型の六号機の建設計画を打ち出して、地元民から「一体何を考えているのだ」と批判を浴び続けてきた。五号機に隣接して増設しようとしている六号機の地盤は、さらに軟弱であるため、一層危険な地帯であることが、駿河湾地震によって明々白々となったというのが、現在の状況である。

防災予測はすべて外れた

これほどひどく予想を間違えたのは、中部電力だけだろうか？

東海地震の七〇〇分の一の駿河湾地震で、浜岡原発のある御前崎市では、震度六弱という大きな揺れが観測された。地震のたびに気象庁が発表するこの「震度」とは何であろうか？　地震が起こり、それを地震計で測定して、震源地で生じたエネルギーの大きさを表わすのが、マグニチュードである。それに対して、その地震が起こって揺れが各地に伝わり、それぞれの土地でどれほど揺れたかを示す尺度が、震度である。

この震度の評価は、阪神大震災が起こってから、気象庁が定義を変えたので、それ以前の尺度と違っている。それぞれの市町村でどの程度揺れたかということなので、気象庁では震度計を使って判定している。それを、主観的な人間の判断に当てておおまかな目安を紹介すると、現在の基準では、最大の揺れが震度七で、「人間が自分の意志で行動できない」ほどの揺れとされている。その次が震度六強で、「人間は立っていることができず、這《は》わないと動くことができない」ほどの揺れである。その次にくるのが、駿河湾地震の御前崎で観測された震度六弱で、「人間は立っていることが困難になる」ほどの揺れである。

さて、東海大地震は、地震の専門家にとって「間違いなく起こる巨大地震」であることに誰も異論はないので、中央防災会議がその被害予測を立てて、警戒を呼びかけてきた。そして二〇〇三年三月の中央防災会議・東海地震対策専門調査会が出した「東海地震に係る被害想定結果」では、「本物の東海地震」で、浜岡の震度が六弱になると予測していたのである【図29】。

えっ？　実際に起こった駿河湾地震は、その七〇〇分の一の小地震だったのに、浜岡のある御前崎市が震度六弱だったのだよ。この七〇〇倍の地震が起こっても、同じ揺れですむのか？　安政東海大地震では、浜岡は震度（旧震度階）七の最大の揺れがあったと記録されているではないか。『実録　安政大地震』（阪神大震災直後の一九九五年再版、静岡新聞社発行）でも、想定される東海地震における浜岡の想定震度は七であると、理学博士・松田磐余《いわれ》氏が書いている。二〇〇九年に政府の地震調査研究推進本部が公表した「全国地震動予測地図」の最新版では、浜岡は震度七の地震に見舞われやすい地域に含まれているが、それが正しいのである。

中央防災会議に臨んだ地震の専門家たちが、「住民に一片の危機感も与えないよう冷静な配慮をしてきた」大変立派な人たちだと尊敬しなければならないと、読者は思うかも知れないが、実は専門家でもなんでもなく、当時の総理大臣・小泉純一郎を筆頭として、無知をきわめる政治家ばかりがその大半のメンバーだったのである。

中央防災会議の被害予測の二年前、二〇〇一年五月には、静岡県も独自に「東海地震の第三次地震被害想定」を出していた。こちらは被害当事者なので、東海大地震が起これば、静岡県内の道路

図29 中央防災会議の東海地震被害想定図

本物の東海地震でも浜岡の震度は6弱ですむ?

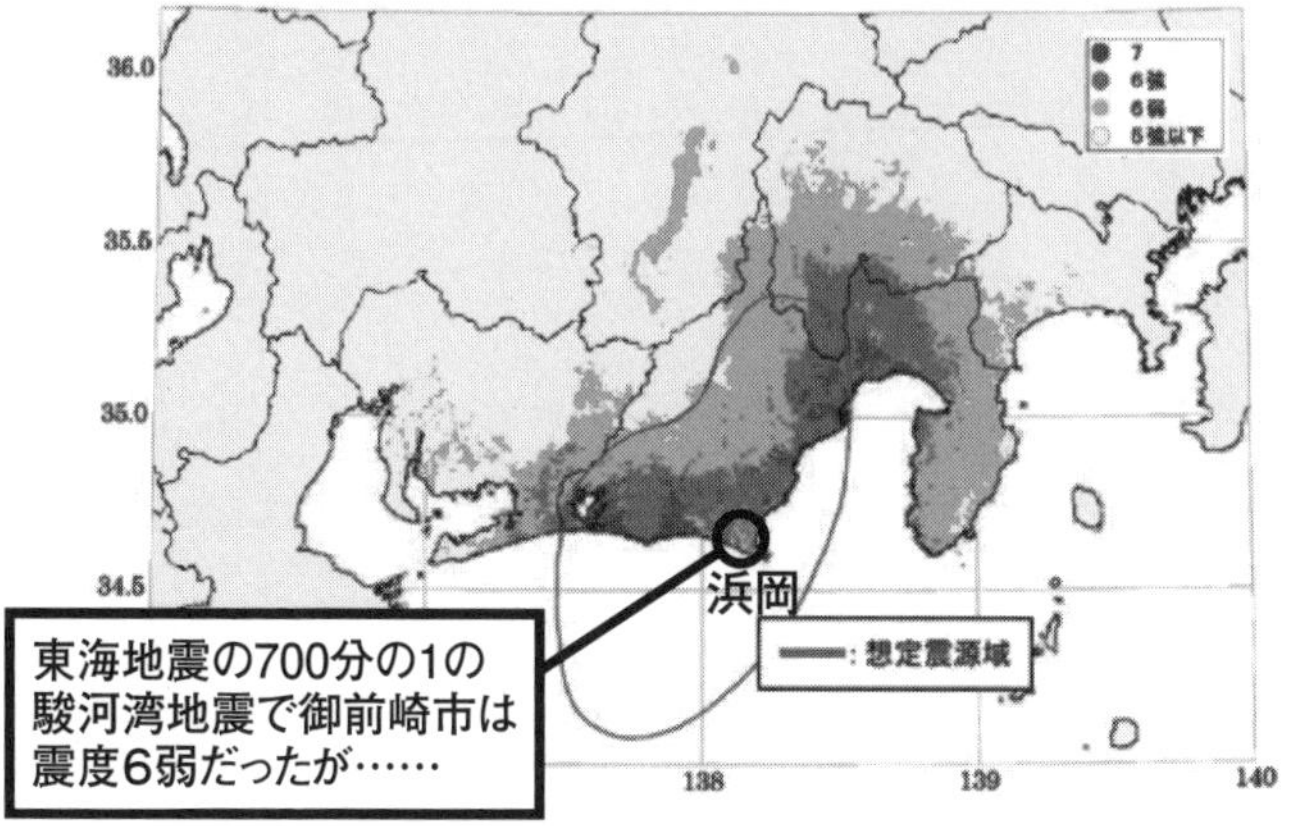

中央防災会議・東海地震対策専門調査会による「東海地震に係る被害想定結果」(2003年3月)

図30 静岡県の東海地震被害想定図

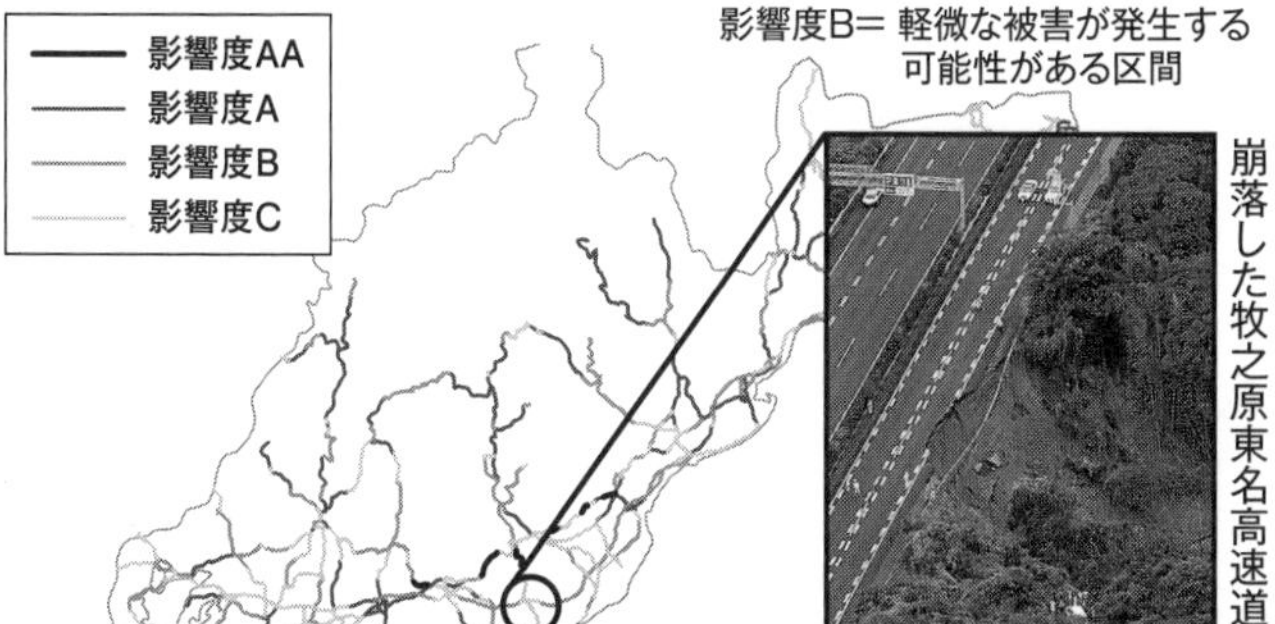

2001年5月の静岡県による「東海地震の第3次地震被害想定」における緊急輸送路の被害予測では、2009年8月11日の駿河湾地震で崩落した牧之原東名高速道路は「軽微な被害または被害なし」、「浜岡は被害なし」と予測。

がどのように破壊されて、住民が逃げられるかどうかが真剣に検討されたのである。その被害想定の【図30】(前頁)を見ると、逃げるための緊急輸送路の被害予測では、牧之原東名高速道路は「ごく軽微な被害、またはまれにしか被害が発生しない幹線道路」と予測されているのである。えっ? 実際に起こったその七〇〇分の一の駿河湾地震で、そこは大崩落して、お盆の帰省客を足止めしたのではなかったのか? おそれいったことに、この静岡県予測では、「浜岡は被害なし」になっているのだ。

やはり自治体の長たるもの、「住民の安心・安全を第一に行政をおこなう」ことが職務なので、まず安心してもらうという職務を忠実に実行しているわけだから、到底まともな人間にはつとまらない仕事だと思う。これら一連の悪質な被害予測を実際に執筆させるよう誘導したのは、中部電力に違いないとは思うが。

その上、日本では、関東大震災が起こった九月一日には、全国で「防災の日」として、必ずNHKのニュースが「住民も参加した防災訓練がおこなわれました」と真剣に報じてくれるわけである。あの「まじめそうな」訓練を見て、「まじめそうな」ニュースの語り口を聞いて、本当に逃げられると思っている住民はまずいるまい。だが、二〇〇九年八月一一日に駿河湾地震が起こって、その直後の九月一日も、例年とどこも変らず、中央防災会議の予測や静岡県の予測が批判されたり、見直されたという話は、まったく聞いていない。日本民族というのは、「すべての予測が大嘘であることが実証された。全部デタラメだったではないか」などと、口角泡を飛ばして他人を非難するよ

図31 2009年の駿河湾地震による損壊住宅の分布

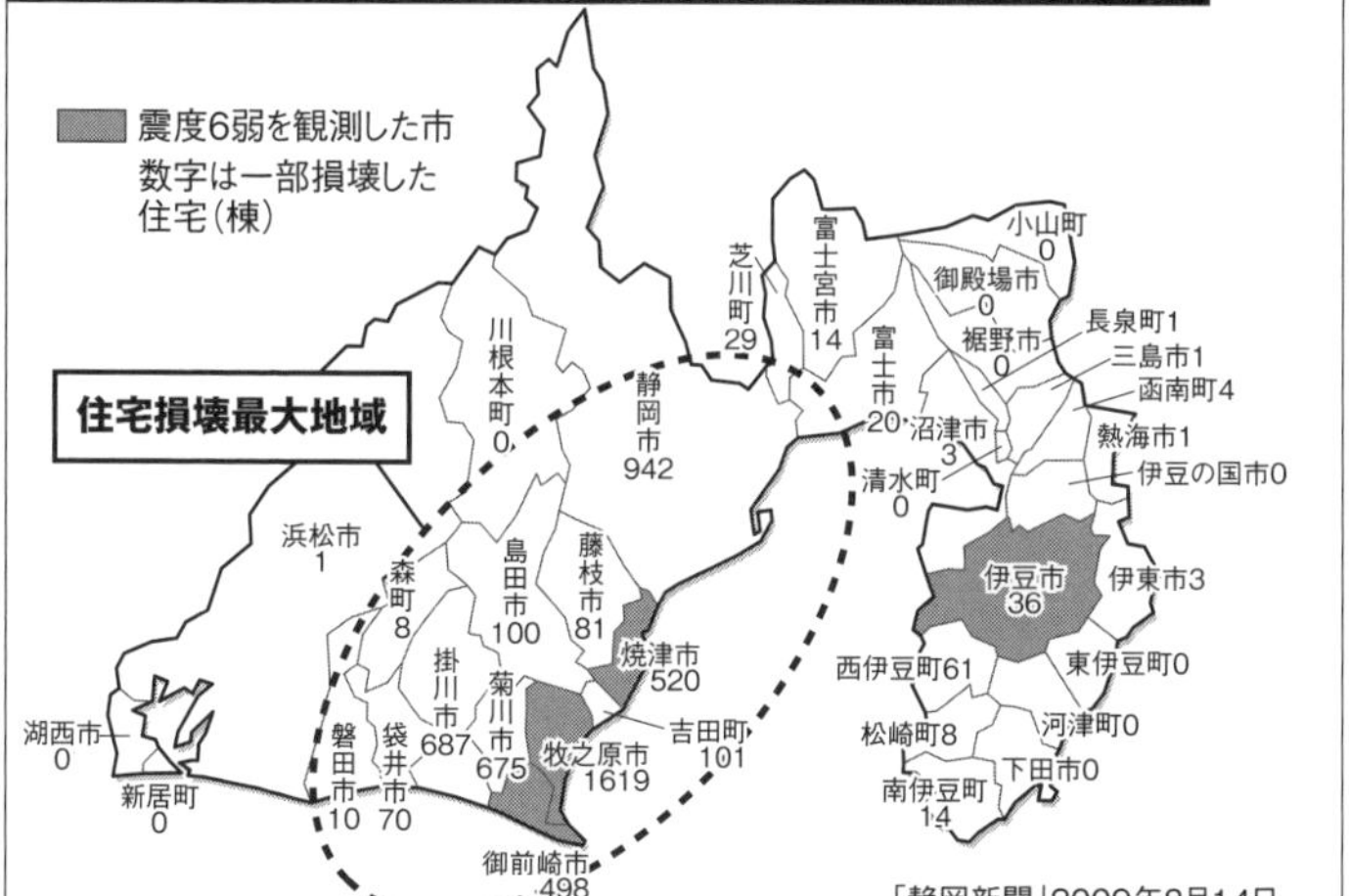

「静岡新聞」2009年8月14日

うなことは絶対にしない節度を守って、ひたすら避難の訓練をするのだから、私はとても立派で、愛情深く、知性的な民族だと思う。ただ、「××と天才は紙一重である」とも言う。日本人とテレビキャスターたちは、知性が高すぎるのだ。

安政東海大地震はどのような地震だったか

二〇〇九年の駿河湾地震の被災地を見ると、【図31】の通り、震度六弱を記録したのは、灰色で示される御前崎市、牧之原市、焼津市と、対岸の伊豆半島側で伊豆市、この四ヶ所であった。住宅損壊地域は、主に点線で示した楕円形の範囲に集中していた。つまり駿河湾に面した西側で、浜岡のある御前崎先端から沿岸に北上した部分である。

これに対して、江戸時代の安政東海大地震の

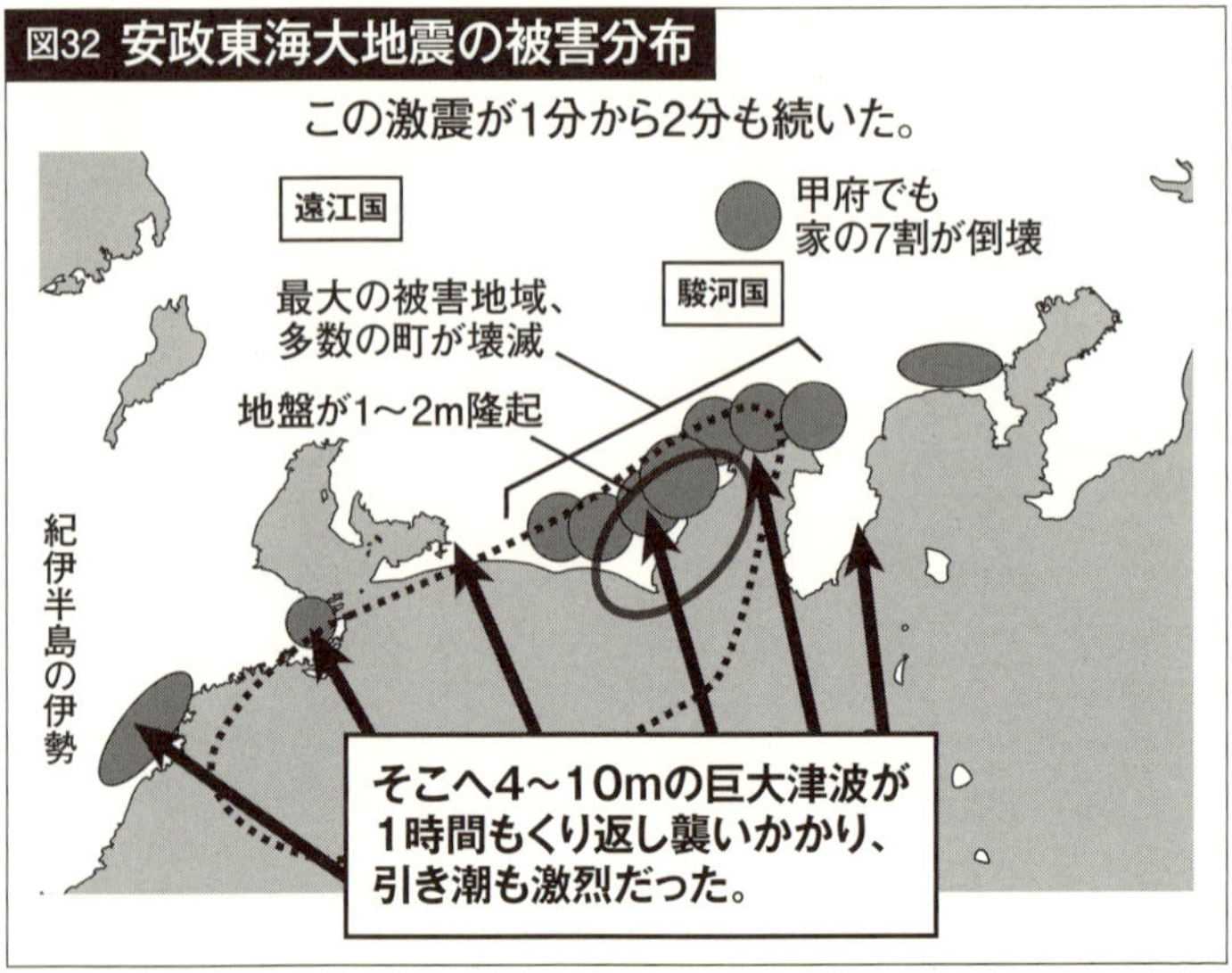

図32 安政東海大地震の被害分布
この激震が1分から2分も続いた。
遠江国
甲府でも
家の7割が倒壊
駿河国
最大の被害地域、
多数の町が壊滅
地盤が1～2m隆起

そこへ4～10mの巨大津波が
1時間もくり返し襲いかかり、
引き潮も激烈だった。

記録を読んで、被害を地図上に再現すると、【図32】のようになる。いま駿河湾地震で示した最大の住宅損壊地域とまったく同じ場所に、同じ楕円形があるが、これが、安政大地震で地盤が一メートルから二メートルも隆起した最大の激震地を示している。江戸時代も、図中にいくつかの丸印で示したように、まったく同じように浜岡のある御前崎先端から沿岸に北上した部分が、最大の破壊を受けた地域だったのである。

そして勿論、揺れのスケールが駿河湾地震と比較にならないほど大きかったので、破壊は東で江戸（東京）までおよび、北は山梨県の甲府で家の七割が倒壊し、西は紀伊半島の伊勢におよぶ広大な地方が壊滅状態となった。静岡大学の小山真人教授が「東海地震、正しくイメージを」と題して静岡新聞（二〇〇七年五月一〇日）に寄稿した一文【図33】は、この大地震がどれほどの恐怖であったかを教えてくれる。

東海地震はマグニチュード（Ｍ）８の巨大地震とよく言われるが、Ｍ８級の地震に伴う現象を正しくイメージできる人は、いまだに少ないだろう。

Ｍ８級の地震は、さしわたし百キロメートルに及ぶ長大な震源断層面が破壊して生じるため、静岡県内が破壊的な揺れに襲われる時間は一分半から、場合によっては二分を超える。Ｍ８の本当の怖さは揺れの長さなのである。しかもＭ８級特有の長周期震動をたっぷり含むから、超高層ビルや石油タンクなどの巨大建築物はさらに長い時間揺れ続けることになる。

阪神・淡路大震災を起こした地震（Ｍ７・３）の揺れが、たった十数秒で終わったことを思えば、永遠にも思われる恐怖の時間であろう。まずこの過酷な長い時間を生き延びなければならない。駿河湾沿岸では、この揺れが収まらないうちに津波に襲われる場所もある。文字通り這《は》ってでも高い場所に上がらなければならない。

そして、この長い本震が終わった後、世界は一変したかのようになる。間髪を入れずに余震が数限りなく続くのである。……余震と言いながらも、そのひとつひとつが横綱級の内陸地震に匹敵する規模をもつのである。……本震の揺れだけを考えた対策は、ほとんど役に立たないと言い切れるだろう。……一八五四年安政東海地震の最大余震（Ｍ７・０）は、本震から約十カ月という長い時間を経た一八五五年十一月七日の日没後に生じた。その結果、本震からの復興途上にあ

図33 静岡大学・小山真人教授の寄稿文

時評

小山　真人　静岡大学教育学部教授

東海地震はマグニチュード（M）8の巨大地震とよく言われるが、M8級の地震に伴う現象を正しくイメージできる人は、いまだに少ないだろう。

M8級の地震は、さしわたし百㌔㍍に及ぶ長大な震源断層面が破壊して生じるため、静岡県内が破壊的な揺れに襲われる時間は一分半から、場合によっては二分を超える。M8の本当の怖さは揺れの長さなのである。しかもM8級特有の長周期震動をたっぷりと含むから、超高層ビルや石油タンクなどの巨大建築物はさらに長い時間揺れ続けることになる。

阪神・淡路大震災を起こした地震（M7・3）の揺れが、たった十数秒で終わったことを思えば、永遠にも思われる恐怖の時間であろう。まずこの過酷な長い時間を生き延びなければならない。駿河湾沿岸では、この揺れが収まらないうちに津波に襲われる場所もある。文字通り這ってでも高い場所に上がらなければならない。

2分続く本震、1年続く余震

東海地震、正しくイメージを

そして、この長い本震が終わった後、世界は一変したかのようになる。間髪を入れずに余震が数限りなく続くのである。大地震は、たまりきった巨大な歪みを解放しつつも、逆に震源域の地殻のあちこちに解消しきれなかった大小の歪みをため込む事件でもある。そのような局在化した歪みが、本震の後、長い時間をかけて少しずつ解消されていく現象、それが余震である。

そうは言ってもM8級の本震ともなれば、M7級の余震を何発も伴うのが普通である。つまり、余震と言いながらも、そのひとつひとつが横綱級の内陸地震に匹敵する規模をもつのである。こうした余震が、本震で被災した地域のあちこちでゲリラ的に発生していくのだから、たまったものではない。本震の揺れだけを考えた対策は、ほとんど役に立たないと言い切れるだろう。

「数刻を経ても震なお止まず」、これは八八七年仁和《にんな》東海地震の発生直後の京都の様子を描いた記録である。震源域から遠く離れた京都でも、余震の揺れが何時間も感じられた様子がうかがわれる。

こうした余震の数は、時間とともに急速に減少する。しかし、一年ほどは油断禁物である。一八五四年安政東海地震の最大余震（M7・0）は、本震から約十カ月という長い時間を経た一八五五年十一月七日の日没後に生じた。その結果、本震からの復興途上にあった静岡県西部の広い範囲に大きな被害がもたらされ、とくに袋井と掛川では震度7で家屋はほぼ全壊という惨状を呈した。

東海地震は、その揺れ方だけをとってみても、あなたが考えているより、ずっと長く過酷な現象なのである。

執筆者略歴

◇こやま・まさと氏　浜松市出身。東京大学大学院博士課程修了、同大理学博士。火山噴火予知連絡会臨時委員、富士山ハザードマップ検討委員会委員などを歴任。専門は火山学、歴史地震学。

「静岡新聞」2007年5月10日

った静岡県西部の広い範囲に大きな被害がもたらされ、とくに袋井と掛川では震度7で家屋はほぼ全壊という惨状を呈した。

東海地震は、その揺れ方だけをとってみても、あなたが考えているより、ずっと長く過酷な現象なのである。

読者が東海道新幹線に乗った時、日本一の雄大な富士山の姿を目で楽しみ、カメラのシャッターを切りながら、浜岡を目の前にした掛川を正しくイメージできただろうか。さてこの文中にある気がかりは、津波である。

津波はどれほどこわいか

激震が一分から二分も続いて、地盤が一〜二メートルも隆起した驚天動地の被災者の上に、四メートルから一〇メートルの高さにおよぶ巨大津波が一時間もくり返し襲いかかり、さらに激烈な引き潮が、地上にあるあらゆるものを海にさらっていったのが、安政東海大地震であった。

東海大地震における津波発生のメカニズムを描くと、次頁【図34】のようになる。フィリピン海プレートがもぐりこんで、ユーラシアプレートがはね上がるために東海大地震が発生するのだから、そのはね上がるプレートの上に乗っている大量の海水が盛り上がるのは、自然の原理である。

津波は、英語でもTsunamiと呼ばれる国際的な地震学用語で、津とは、港のことである。湾内

図34 東海大地震における津波発生のメカニズム

地震と共に、地殻の隆起と変動により海面が急上昇し、
波動の周期が重なって、巨大津波を生み出す。

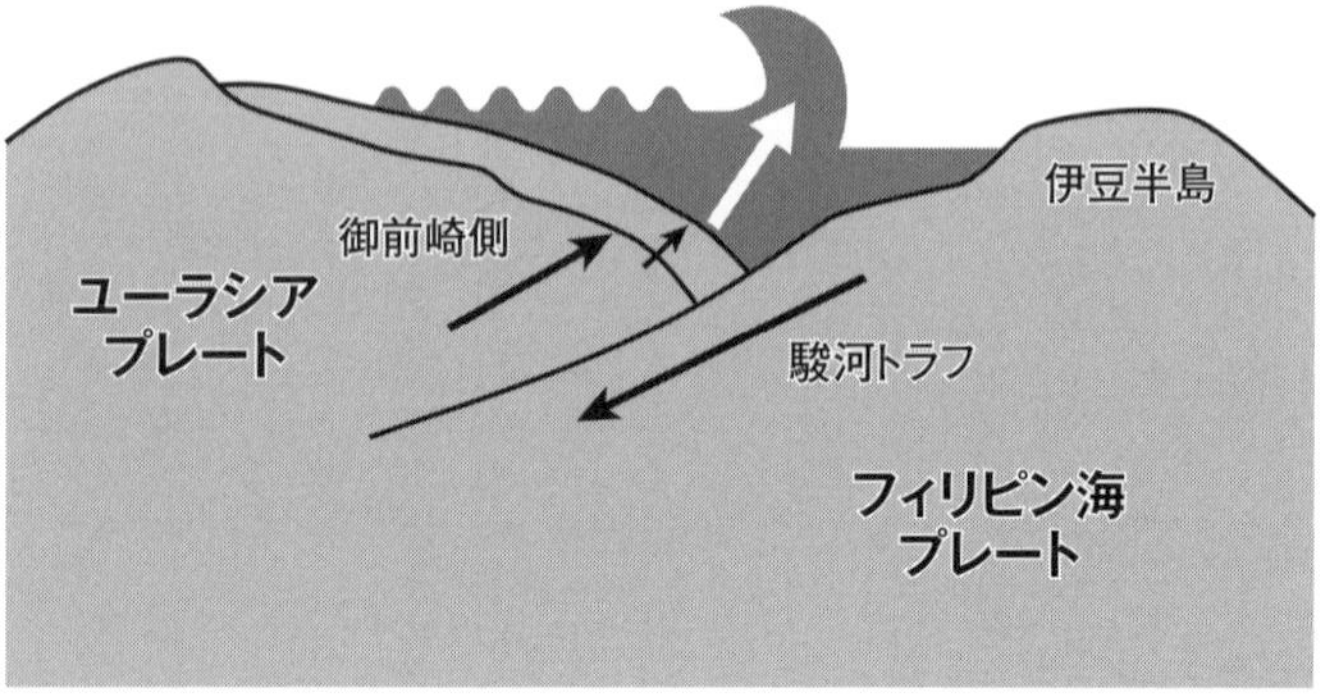

に入りこんだ場所に押し寄せる波が盛り上がってこわいことから、津波と呼ばれた。過去の津波の大被害地の多くが、海水がどっと押し寄せた時に行き場のない湾内であることは、ご存知であろう。しかも東海大地震では、駿河湾そのものが震源で、その海底が二分間も上下左右に激動を続けるのだから、巨大津波が一時間もくり返し襲いかかったという記録は、おそろしいことだが理解できる。一〇メートル高さの津波が一時間？　これは、一時間という長い間、目をつぶってしばらくその情景を瞑想しなければ、とても想像できる出来事ではない。

二〇〇四年のインドネシアのスマトラ島沖巨大津波は、ジェット旅客機並みの平均時速七〇〇キロメートルの猛スピードでインド洋を伝わり、横浜国立大学の柴山知也教授（海岸工学）たちの測定によれば、見上げるほどの高さ、

四九メートルまで津波が達したという。

日本の沿岸地震では、ほんの一〇〇年前ほどの一八九六年（明治二九年）の明治三陸地震津波がこわい記録としてある。北海道から宮城県にわたる広い範囲が津波に襲われ、三万人近い死者・行方不明者という史上最大の津波被害を出したのだ。東北の太平洋側は、陸奥《むつ》・陸中・陸前を合わせて三陸海岸と呼ばれ、岩手県から宮城県にかけて、山が沈降して海水が入りこんだリアス式海岸であるため、岩手県の沿岸ではいずれも湾内の、綾里《りょうり》での三八・二メートルを筆頭に、吉浜《よしはま》二四・四メートル、田老《たろう》一四・六メートルという大きな高さが記録として残っている。

これらの数字は押し寄せた波の高さだが、津波は陸に上がると、そこからさらに傾斜地を駆け上がってゆく性質がある。一九九三年の北海道南西沖地震では、奥尻島で波高一七メートルだったが、そこから傾斜地を這い上がった遡上《そじょう》高さでは三〇メートルを記録して、大惨事をもたらした。

リアス式の海岸でなければ津波は大したことがない、という常識も、一九八三年五月二六日の秋田県能代《のしろ》沖で発生した日本海中部地震で、完全にくつがえされた。「秋田には津波がまったくない」と誰もが信じていたが、このマグニチュード七・七の遠い沖合の地震では、山形県・秋田県・青森県の直線的な日本海側の海岸に一〇メートルを超える津波が押し寄せ、秋田県の小学校の児童が多数巻きこまれ、死者一〇〇人の犠牲者を出したのである。

私はこれまで、津波の脅威として、主にこの海水の高さだけを考えてきたが、スマトラ島沖巨大津波で記録されたすさまじい映像を見て初めて、こわいのは、水の高さだけではなく、物体が激突してくるその破壊力であることを認識して、ショックを受けた。津波で押し寄せてくるのは、私たちが知っている「自由に形を変える水」というものではなく、硬さと重さを持った巨大な物体だったのである。岩石と同じなのだ。それが、大津波の正体であった。また物をさらってゆく引き波のエネルギーがどれほど大きいかということも知って、津波に対する考え方がまったく変った。

東海大地震で予測される大津波は、浜岡原発にどのような影響を与えるのだろうか。

中部電力は、浜岡原発の前の海岸には、一〇メートル高さの浜岡砂丘があるので大丈夫だと主張しているが、先に紹介した『実録　安政大地震』によれば、現・御前崎市で浜岡原発のある「佐倉の海岸では、安政東海大地震によって、南西方から津波が海岸に打ち上げ、およそ六〇〇メートル内陸まで押し上げた。波高は海岸で五〜六メートルあったと推定されている」と理学博士・門村浩氏が書いている。江戸時代についてのことを現在から推定しているので、高さの数字は確かではないと考えられるが、津波が遡上して砂丘を乗り越えてきたことは事実であるから、砂丘は役に立たないのだ。しかもこの砂丘は、すでに長い歳月にわたって侵食されたものであるから、それが津波の一撃で破壊されることは、充分に予想される（二七頁の章扉の写真参照）。

二〇〇四年の新潟県中越地震は、その三ヶ月前に台風の大被害を受けたばかりの新潟県に襲いかかった二重の被害だったことが思い起こされる。台風で海面の気圧が変化して発生する高潮は、数メートルから一〇メートル近くに達することも稀ではない。このような高潮に、地震の津波が重なって共鳴すれば、どれほどの高さに達するだろうか。二〇〇九年の駿河湾地震の時も、ちょうど台

図35 東海大地震の大津波が浜岡原発におよぼす危険性

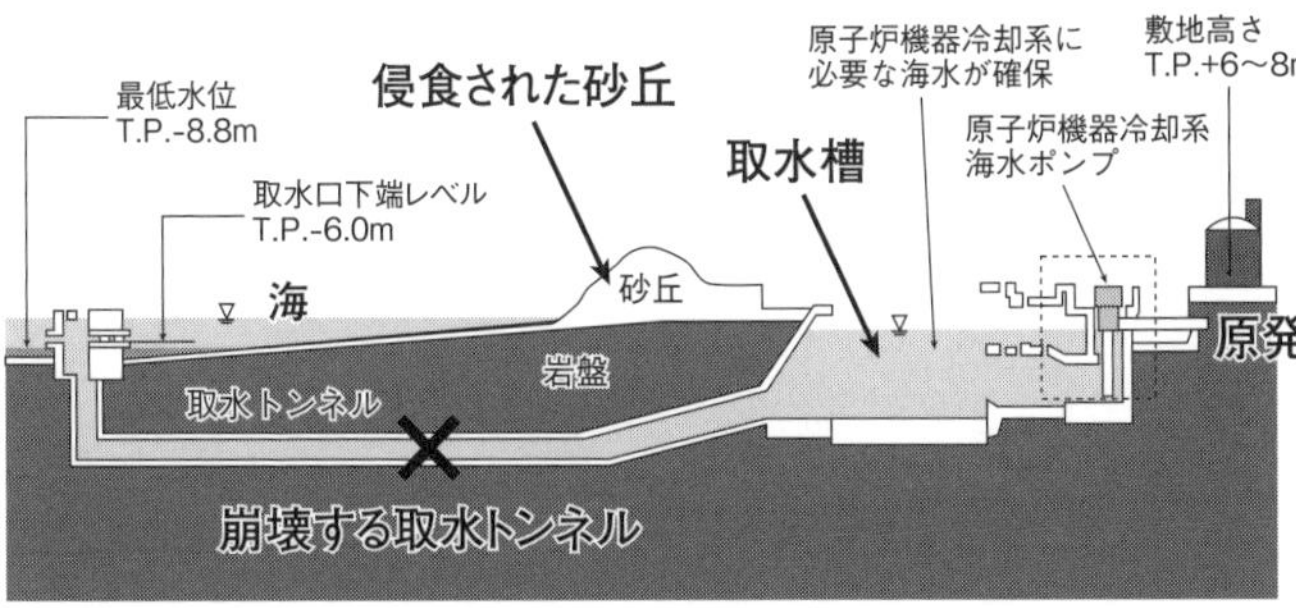

浜岡原発における津波の引き波による原子炉空だき対策は、取水槽に確保した冷却水による20分だけである。大地震で取水トンネルが崩壊すれば、取水槽の水が熱湯になってしまう。

原図は中部電力。一部筆者加筆

風九号が関東・東海に接近していたことを忘れたのだろうか。このような脆い防壁が原発を守ると信ずる、思慮の足りない人間がまだいるわけである。

津波のおそろしさは、もう一つある。すでに六三頁の【図25】を使って説明したように、原子力発電の大事故は、熱を奪えなくなることによって起こる。その原子炉の熱を冷やすのは、いまここで注目している海水なのである。

津波によって、とてつもないエネルギーで引き波が起こることも、分っている。海水がなくなってしまうのだから、原子炉を冷やせなくなる。中部電力もそのことを予測して対策を打ってあるというが、その安全対策図【図35】を見ると、原子炉の水蒸気を冷やす復水器の前には、取水槽という大きなプールがつくってある。海水は、取水トンネルを通じてこの取水槽に引かれているので、地震が起こった時には、この取水槽にためた海水を使って冷却できる、としている。

しかしその時間は、わずか二〇分間であるという。東海大地震では、一時間も津波が続くのに、である。いや、先の『実録　安政大地震』によれば、「安政大地震の津波は午前九時の地震発生から昼過ぎまで何十回と繰り返した」とあるから、三時間を超える長時間であった。勿論、このあいだに地盤が一～二メートルも隆起するのだから、取水トンネルは間違いなく崩壊している。取水槽の水は二〇分間ずっと冷たいわけではなく、時間がたてばたつほど熱水になってゆくので、その時には冷却できなくなる。加えて津波は、波だけでなく大量の土砂を運びこむので、取水トンネルが土砂で埋まり、まったく機能しなくなる。

いや、その前に、浜岡原発の敷地内を、海岸線に並行して走っている断層の分布【図36】を見ておきたい。これだけたくさんの断層がある。東海地震で動くのは、ユーラシアプレートだけではない。多くの地震学者・地質学者によれば、プレートの内部で大破壊が起こるため、海底から数限りない分岐断層が発生して、地上めがけて亀裂を拡大させてゆくと予想されているので、これら敷地内の断層が、いっせいに大きく動く。これで分るように、津波の引き波が起こって、「太平洋」が「大平原」に一変した頃には、これらの原子炉と海をつなぐ配管が断層運動のために至るところで破壊していると考えられる。つまり、原子炉の熱を奪う流れは、海と完全に切れてしまう。よくもこのような断層だらけの土地に、原発を建設したものだと、電力会社の蛮勇に驚く。

三〇〇年前に起こった富士山宝永大噴火の火山灰が、江戸の町をおおいつくした史実を思い起こ

図36 浜岡原発の敷地内にある断層

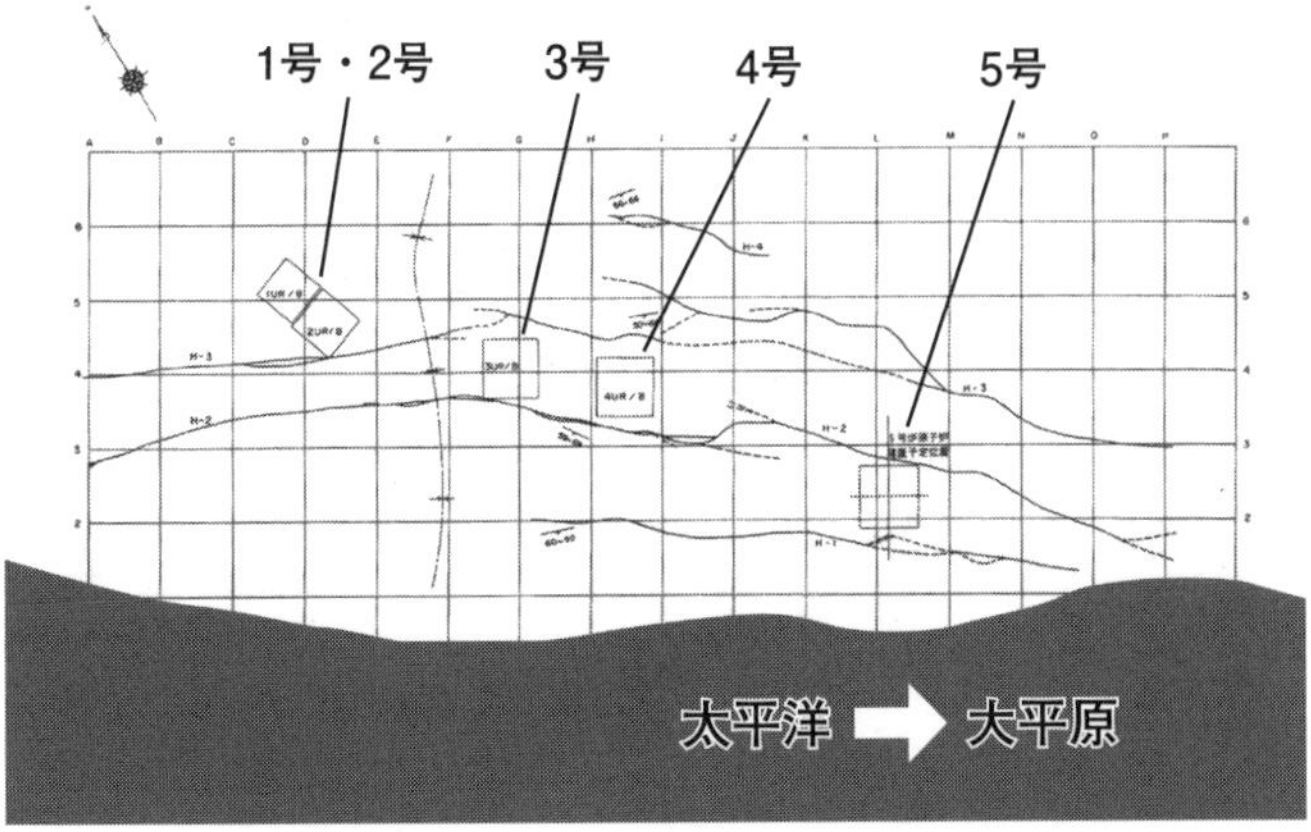

配管が至るところで大破壊して海と切れてしまう。

浜岡原発の原子炉設置許可申請書の図による

せば、浜岡原発が崩壊した時、放射能がただちに首都圏をおおうことは間違いないわけである。それでも生き延びたい私たちがたった一つ希望を探すとすれば、「その前に砂丘が崩れるから大丈夫——中部電力」というブラックジョークを信ずることだけになる。砂丘を乗り越えてきた海水で直接「原子炉を冷やす」つもりなのだ。

ここまで個人的な私の意見は極力避けて、事実だけを示してきた。したがって、科学的・論理的に考えれば、周期的に到来する東海大地震は間違いなく起こることであり、これを否定する人間は、電力会社にも一人もいない。その時に、浜岡原発が破壊され、取り返しのつかない末期的な大事故が起こる可能性は、ほぼ百パーセントと言ってよい。これは、時限爆弾の爆発を待っている、ということになる。私たちに分らないのは、その時限爆弾が、いつ爆発するようセットされているか、その時刻だけなのである。

「運を天に任せる」という言葉がある。だが、それはこのような場合に使う文句ではない。阪神大震災が起こるまで、日本中で誰が、あのような大惨事が起こると予想していたか？　ごく一部の識者が、関西でも大地震が起こると警戒を呼びかけていたが、関西地方の人は誰一人それを信じなかったではないか。

東海大地震が発生した時に、一体、どのような惨事が日本に起こるのだろうか。

原発震災で何が起こるか――大都市圏の崩壊

その日、東名高速道路を走行していた車の運転手たちは、道路が大きく波うったかとみるまに、下からドンと突き上げるような衝撃を受けた。橋げたがピストン運動をはじめると、そのあと一気に横倒しになり、自動車はみな側壁に激突したり、横転したり、遠くにはねとばされた。一般国道は、数メートルも陥没し、川にかかる橋梁は、至るところで落下したり、折れ曲がったりしていた。

東海道新幹線は、掛川駅を通過した〝のぞみ〟が、トンネルに突入しようとしたところで脱線し、トンネル入り口に激突して一三〇〇人余りの乗客は全員がほとんど即死状態であった。走行中だったこのほかの新幹線も、みな静岡県内で脱線し、大惨事を引き起こしていた。かろうじて脱線を免れた列車はことごとく停止して、乗客は車内にとじこめられた。予期された出来事ではあったが、東海大地震がこれほど早く現実に起ころうとは、誰一人思っていなかった。

静岡県の焼津、浜松、富士、御殿場、愛知県の小牧、神奈川県の横須賀などの自衛隊基地から、大地震を知った偵察用ヘリコプターが次々に飛び立ち、上空から御前崎一帯を偵察したところ、地上でそちこちに火の手があがり、すさまじい被害が出ている様子が報告された。

民間の鉄道や役所では、携帯電話の回線がパンクしたり、電話局の電源が切れて電話がまったく不通になったため、〝緊急事態〟を伝えることができなくなっていた。しかし無線による直接通信設備を備えていたところでは、これを使って、被害の状況が全国に伝えられていった。

病院の災害は、特に悲しむべきものだった。病院は、野戦病院と化し、特に高齢者と子供の命が次々と消えてゆくなか、多くの人は、この世の終りかと思っていた。誰もが、悪夢を見ていると思った。薬がなく、水がなく、消毒ができない状態であった。病院そのものが被害者であり、さらにそこへ大量に運び込まれてくる被害者の骨折治療のための添え木も、手術のための麻酔薬もない状態のまま、治療をおこなわなければならなかった。治療の場所さえなかった。遺体と病人が、並んで寝ていた。病人に与える食べ物はどこにもなかった。被災者同士が必死で助け合い、家族を探して泣きながら走り回っていた。

しかし最悪の事故が発生した場所は、静岡県の浜岡原子力発電所であった。原子炉はウランの核分裂を停止しようとしたが、制御棒の駆動装置はまったく間に合わなかった。溶接部分が数万ヶ所もある原子炉は、いきなりドカンときた衝撃で、厚さ二センチの金属の溶接部分にバリバリと全周に亀裂が入ると、原子炉の大口径パイプが破断して、高温の水蒸気が爆発状態で猛烈な勢いで噴出し始め、大事故に向かった。このような原子炉の空焚きに備えていた緊急炉心冷却装置（ＥＣＣＳ）も、やはり冷却水を送り込むためのパイプが同時破壊して、まったく用をなさなかった。すさまじい熱で空焚き状態に突入してゆき、メルトダウンの破局が目の前に迫った。

中央制御室にいた運転員たちは、何もできなかった。オペレーターたちはボタンを押そうにも、床に這いつくばって、大振動のなかで、立ち上がることもできなかった。コンピューターは、配線が吹き飛んだため、こうした事故に対処して作動する機能をまったく持っていなかった。安全対策は二重だ三重だと言っていたが、フェイル・セーフも何もなかった。一瞬で、すべての安全装置が吹き飛んでいた。すでに巨大な津波が、ゴーっと空を揺るがす音を立てながら、浜岡の海岸に次々と押し寄せては引き、引いては押し寄せる、とてつもない波動で襲いかかっていた。

巨大地震からほどなく、突然の大音響とともに五号原子炉が吹き飛び、続いて三号、四号と次々に吹き飛び、猛然たる火災が発電所の至るところで発生した。発電所の職員はいっせいに逃げ出そうとしたが、内部は手もつけられない状態が続いて、発電所関係者の多くは死亡したか、急性放射線障害のために倒れたようであった。

報道機関のヘリコプターは、当初は、新幹線の脱線と高速道路の崩壊、さらにすべての道路の大渋滞を刻々と現地から伝えていたが、原子炉の爆発に気づいてからは、報道が浜岡原発の事故一色に変った。しかしまだ、事態の正確な状況はつかめていなかった。号外が発行され、大量の放射能が首都圏に向かって流れてくるという異常事態の深刻さについて、かなり悲観的な予測を伝えていた。初めニュースは「放射能の拡散を防ぐため、静岡県を中心に自衛隊による道路封鎖が始まった」と伝えたが、この道路封鎖は、至るところで避難者である運転手の烈しい怒りを招いて封鎖ゲートが突破され、封鎖ができなくなった。

その頃、放射能を運ぶ気流は、北上する風が富士山に遮られたためか、熱気をもってやや上昇したあと、東西に大きく拡散しながら地を這うように流れ、ちょうど東海道新幹線の線路上をたどる形で横方向に広がりつつあった。地震でレールが折れ曲がって停車中だった列車はこの放射能雲に包まれ、車内の空調は一切が止められ、電気も止まったままとなった。放射能雲は、西に、大量の人口を抱える名古屋から大阪に、東は神奈川と東京、千葉に向かって、急速に足を早めて流れていた。この危険な気団が中部経済圏と首都圏に到達するには、さほど時間を要しなかった。数時間以内には、全住民が避難していなければならなかったが、日本人口の三分の一から二分の一を超えるこの全員が動こうとしても、交通マヒのため脱出はほとんど絶望的であった。

交通と輸送機関は、陸も空も、原発事故を知ってパニック状態の群衆のため、各地で立ち往生になっていた。ことに首都圏では、海外への脱出をはかる人びとの波が、成田、羽田の両空港に押し寄せたが、海外向けの旅客便は離着陸を見合わせ、急ぎ航路を変更したり、欠航するなど、海外への脱出者にとっては最悪の事態となっていた。

大事故の発生地点が、東京、名古屋、大阪の三大人口密集地帯の中心ともいうべき静岡県であったため、早くも通常の一〇万倍を超える異常放射能を名古屋で検出し、東京、大阪でも一万倍近い数値を記録し始めた。

発電用の原子炉は、この緊急事態によって、日本全土のすべてが運転停止となったが、火力発電に切り替えたため、一般電力の供給には支障が出なかった。銀行には、キャッシュカードで現金を引き出そうとする群衆が殺到したため、政府の指示で、取り付けが起こらないよう金融機関はすべて閉鎖を命じられた。そのため郵便局や銀行の各支店では、警察官を待機させて打ち壊しなどに備えたが、半狂乱になった人びとが押しかけて、事態は予断を許さない緊迫した空気に包まれてきた。

日本列島のほぼ半分の地域で、すでに商店のシャッターがおろされて閉店するところが続出したが、食料品店やスーパーマーケットでは、多数の店で破壊行為が続発し、狂ったように人びとが食料品をあさる、痛ましい光景が展開していた。

この混乱の最大の原因は、電話回線が日本全土で完全にパンク状態になり、報道関係者にまでその余波が及んでいることにあった。海外の円相場は、全取引所ですでに大暴落を示し、ほとんど歯止めのない投げ売り状態になっていた。深刻な暴落と恐慌に突入していった。

わずか数時間前に発生した浜岡原子炉の大事故によって、日本人の生活は一瞬にして悪夢のドン底に突き落とされ、放射能の雲は、わずか一日のうちに、東京・名古屋・大阪の空をおおっていた。すでに一〇〇万人をはるかに超える人びとが肉体的な被害を受け始めた。

そればかりでなく、放射能に汚染されていない食料を、この狭い島国で緊急に一億二〇〇〇万人分も確保しなければならないという最も重要な対策が求められた。
技術によって成り立ってきた国家が、その技術のためにもろくも一瞬にして崩れ去り、誰もが泣き叫び、後悔の念に唇を噛んでいた。しかし、これから一体どうすればよいのか、誰にも分からなかった。時間がたつにつれて、状況は悪化するばかりだった。超危険状態にさらされている近畿・中部・関東・甲信越一円では、この数週間が、人々の命の鍵を握っているようであった。特に危険な数ヶ月をいかに乗り切るか、それを大至急、一人ずつが考えて行動しなければならなかった……

このような事実を知った読者はすでに、近いうちに日本が破滅するかも知れないというこの可能性を否定したい気分になっていると思われる。そこでなぜこのようなことが本当に言えるのかという疑問に立ち返って、もう一度、科学の世界に戻って、地球の成り立ちと、日本列島がどのようにしてつくられたかを、読者と共に考えてみたいと思う。これは誰にでも理解できる科学だからである。原因を探る科学は、好奇心をかきたてる興味深い思索の道であるはずだ。

第二章
地震と地球の基礎知識

地球は生きている

地球は生きている

この章で、読者の心に記憶していただきたい最大のことは、地球は生きているということである。言い換えれば、日本は生きている。そして四六億年前に地球が誕生してから、今日までどのように地球が生きてきたかという歴史が分らないと、それぞれの土地で起こる地震のこわさが、具体的にまったく理解できないのである。いきなり活断層の分布や、プレートの配置や、マグニチュードや震度など、いくら地震学を勉強しても、それは科学的に地震を理解したことにはならない。そのことは、これからの説明を聞いていただくうちに、次第にご理解されるはずだ。

地上にあるものを、動物・植物・鉱物のいずれかに分類することが私たちの習いになっている。そして動物と植物は生き物である、と誰でも考えるが、鉱物を生き物であるとは考えない。しかしそれがおかしな考えであることは、毎日のように大地を鳴動させている地震と火山の活動を見ればすぐに分るはずである。地球は生きているのだ。

地動説を唱えて断罪されたガリレオ・ガリレイは、「それでも地球は動いている」とつぶやいたが、その場合の地球の動きは、天体としての地球の運動であった。それに対してここで言う生物としての地球の活動は、内部のエネルギーによるものである。

地球の内部構造を、おおまかに図解すると【図37】のようになる。距離が書きこんであるが、場所によって数字が違うので、これは目安の数字である。ざっと日本を縦に七つ並べたぐらいの直径を持つ地球は、このように、中心には、液体状の鉄やニッケルからできていると推定される核（コ

図37 地球の内部構造（物質による区分）

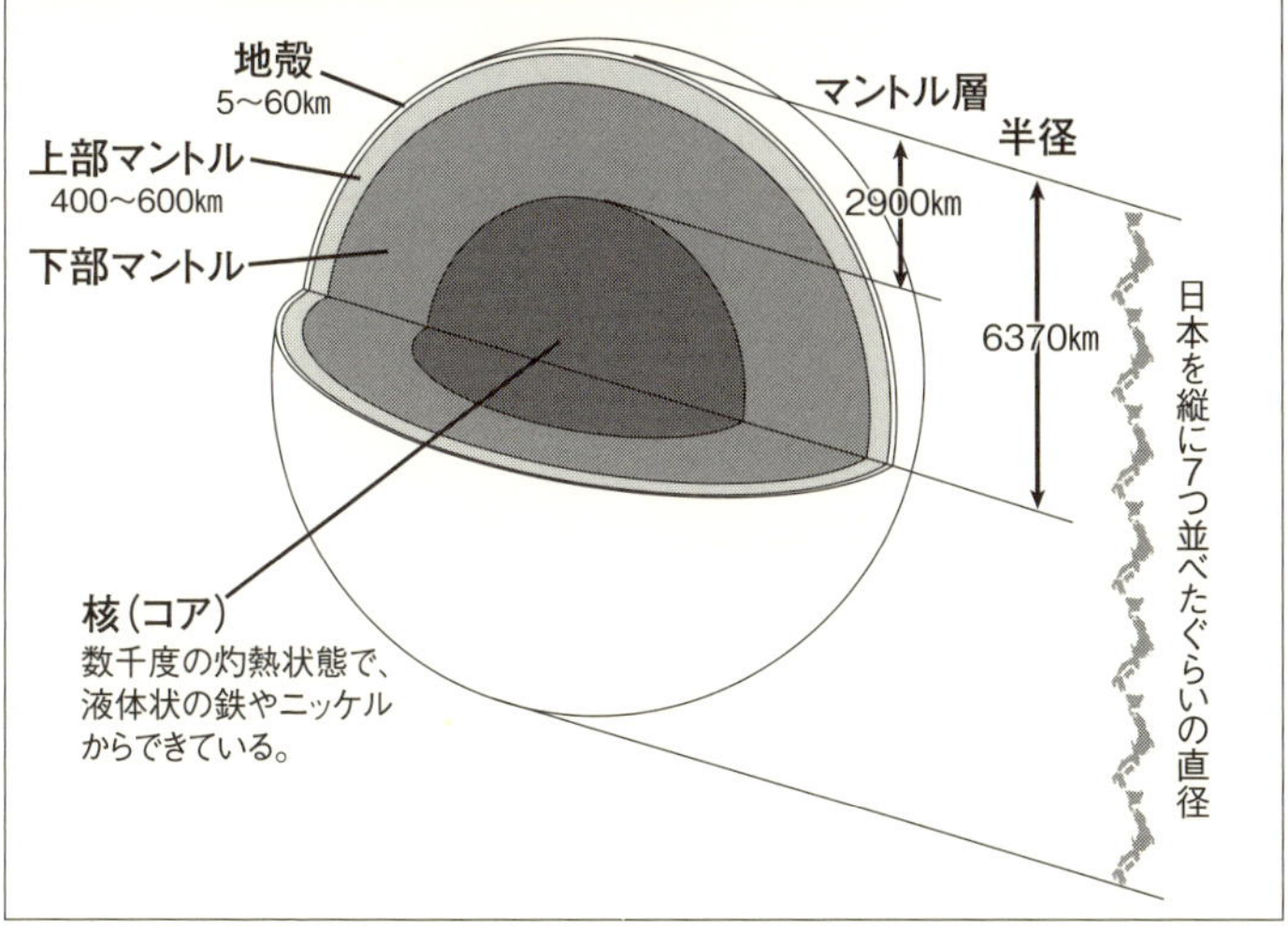

ア）が数千度の灼熱状態で存在している。その上にマントル層があって、この層は、上部マントルと下部マントルの、二層から成っている。マントルとはマントや外套を意味する言葉である。さらにその上に、五〜六〇キロメートルの地殻《ちかく》が卵の殻のようにかぶっていて、その地殻の上に生きているのが、私たち人類と生物である。

　地殻のことを英語でクラストと言うが、これは皮のことであり、英語のほうが地球物理学的には正しい。なぜなら、最も厚いところでも地球の半径の一〇〇分の一、薄いところでは一〇〇〇分の一なのだから、卵の殻とは比較にならないほど薄い皮である。この図のように厚くなく、きわめて薄い、まるで紙の厚さほどもない、見えないような頼りない地殻が、私たちの頼りとする地盤なのである。それでも、地殻の皮より何千分の一、何万分の一の大きさしかない私たち人間にとっては、これが「大地だ」ということになる。この距離の桁違いという途方もない感覚を実感することは、私たちには無理だが、地球物理学的には常にこれを知っていなければならない。

地球の生命を発する源は、地球を卵にたとえた場合、卵の黄身にあたるコアにある。地球の半径のほぼ半分ぐらいを占めているのが、灼熱のコアなので、これが大量の熱を発するのである。熱は、高い方から低い方に流れる性質があるので、コアの上を包んでいるマントル層に対流を起こす。

そしてここで記憶しておかなければならないことがある。このマントルの対流によって電流が発生するため、磁力線が南極から北極に向かい、そのため地球に磁場が生まれることである。地磁気が地震の話と何の関係があるかと思われるだろうが、大地震が起こる前に、色々な動物の異常な行動が観察されたり、空に無気味な地震雲が現われたり、そう、ナマズが地電流を感知して地震を予知するという話は、まったく迷信ではなく、自然界が知っている科学的事実である。その一方で、この地磁気が人類にとって、のちに地震のメカニズムを解明する決定打となるのである。

もう一つの地球の生命は、マントルやコアという物質が持っているとてつもない重さである。重さは重力と呼ばれるように、万有引力の法則によって計算される「力」であるから、やはり運動エネルギーの源になる。地球の質量は6×10の21乗トンある。つまり一兆トンの一〇億倍の重さである。そのため万有引力によって、地表の物質には九八〇 cm/sec^2 の重力加速度が作用している。この単位 cm/sec^2 が、物体落下の法則を発見したガリレオに因んで使われている地震の加速度ガルのことである。私たちが宇宙の彼方に飛んでゆかずに、地上に立っていられるのも、絶えずお月さまが地球のまわりを回ってくれるのも、この地球の引力によるわけだ。

プレート運動とは何か

次に、このように対流と重力が作用することによって、地球の表面がどのように動いているかを考えてみよう。

いま見た【図37】は、地球内部を表面から「地殻」、「マントル層」、「コア」と分類したが、これは物質による区分であった。これを物質ではなく、硬さによって区分すると、次頁の【図38上】のように表面から「リソスフェア（硬い岩石圏）」、「アセノスフェア（軟らかい岩流圏）」、「メソスフェア（硬い中間圏）」という構造になっている。なぜこのようにややこしい二種類の区分をするかと言えば、地震学でプレートと呼んでいるのは、地殻だけではなく、マントル層の上の部分も含めた硬い層、つまり岩石圏と呼ばれるところまでを指しているからである。石版画をリトグラフというが、そのリト（石・岩石）が、リソスフェア（lithosphere）のリソの語源である。英語の辞書でlithosphereを引くと「地殻」と書いてある辞書も見るが、間違いである。

このように硬い層が動くことを、プレート運動と呼び、それを模式的に描いたのが、【図38下】である。灰色の部分が、上部マントルの上の方である。ここは、比較的軟らかい層（アセノスフェア）の上に、硬い層が乗っていて、その上に、黒で示した地殻が乗っている。この硬い層と地殻は、

図38 地球の力学的構造

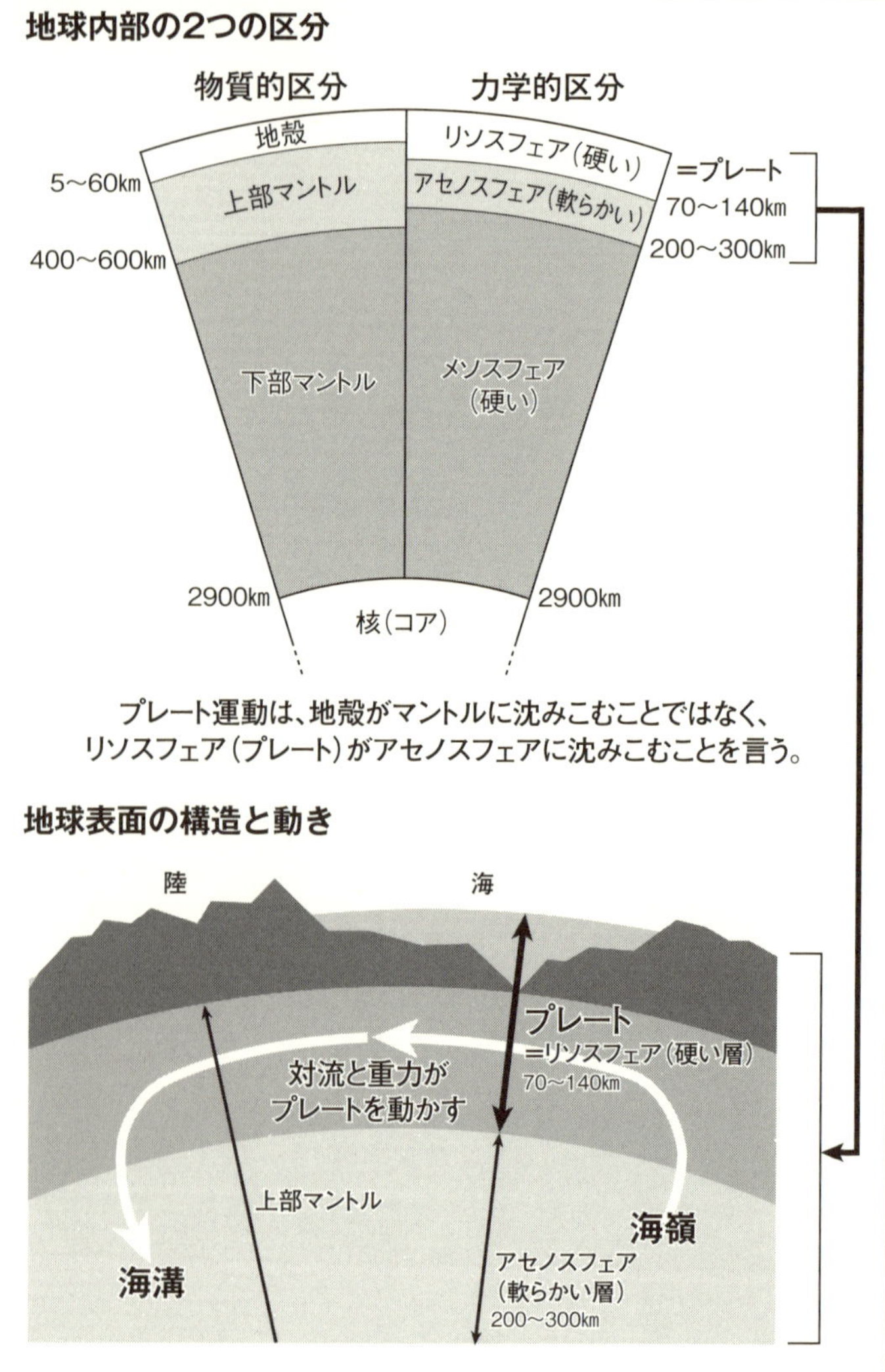

地球内部の2つの区分
物質的区分
力学的区分
地殻
上部マントル
下部マントル
5〜60km
400〜600km
2900km
リソスフェア(硬い)
アセノスフェア(軟らかい)
メソスフェア(硬い)
=プレート
70〜140km
200〜300km
2900km
核(コア)
プレート運動は、地殻がマントルに沈みこむことではなく、
リソスフェア(プレート)がアセノスフェアに沈みこむことを言う。
地球表面の構造と動き
陸
海
プレート
=リソスフェア(硬い層)
70〜140km
対流と重力が
プレートを動かす
上部マントル
海嶺
海溝
アセノスフェア
(軟らかい層)
200〜300km

硬さで見れば切れ目がなく、両者を合わせた部分のリソスフェアが、岩石圏と呼ばれる岩盤つまりプレートになる。

実は人間には見えないし、調査もできない深い地底を、地震波の測定、地磁気、火山活動、岩石学などから推測して、このように定義しているのだから、想像するほかはない。人間は、実際にはこのように深い地底まで穴を掘って調べることができないので、自分が乗っている地面について、宇宙についてよりも知らない生物なのである。一方、これだけ見えない世界を解き明かした人間の推理力も大したものである。

はっきり分っていることは、マントル層の上の方から溶岩のプレートが湧き出して、ごくゆっくりとだが地球の表面を動いていることである。そしてまた深いマントル層に戻って、沈みこんでいる。この海底で溶岩が湧き出す部分を、山になぞらえて海嶺《かいれい》と呼び、海底に沈みこむ部分を海溝と呼んでいる。プレートを生み出す海嶺の配置は次頁の【図39】のようになっており、図中に書きこんだたくさんの矢印の方向にプレートが拡大している。どうもまずいことに、これに押される日本列島（図中の左上）は、太平洋側の脇腹に深さ八〇〇〇メートルという巨大な日本海溝があって、そこに太平洋プレートが沈みこむ場所である。

深い海底や地底を調べることができないのに、どうしてそのようなプレートの動きが分ったのだろうか。

図39 プレートを生み出す海嶺の配置

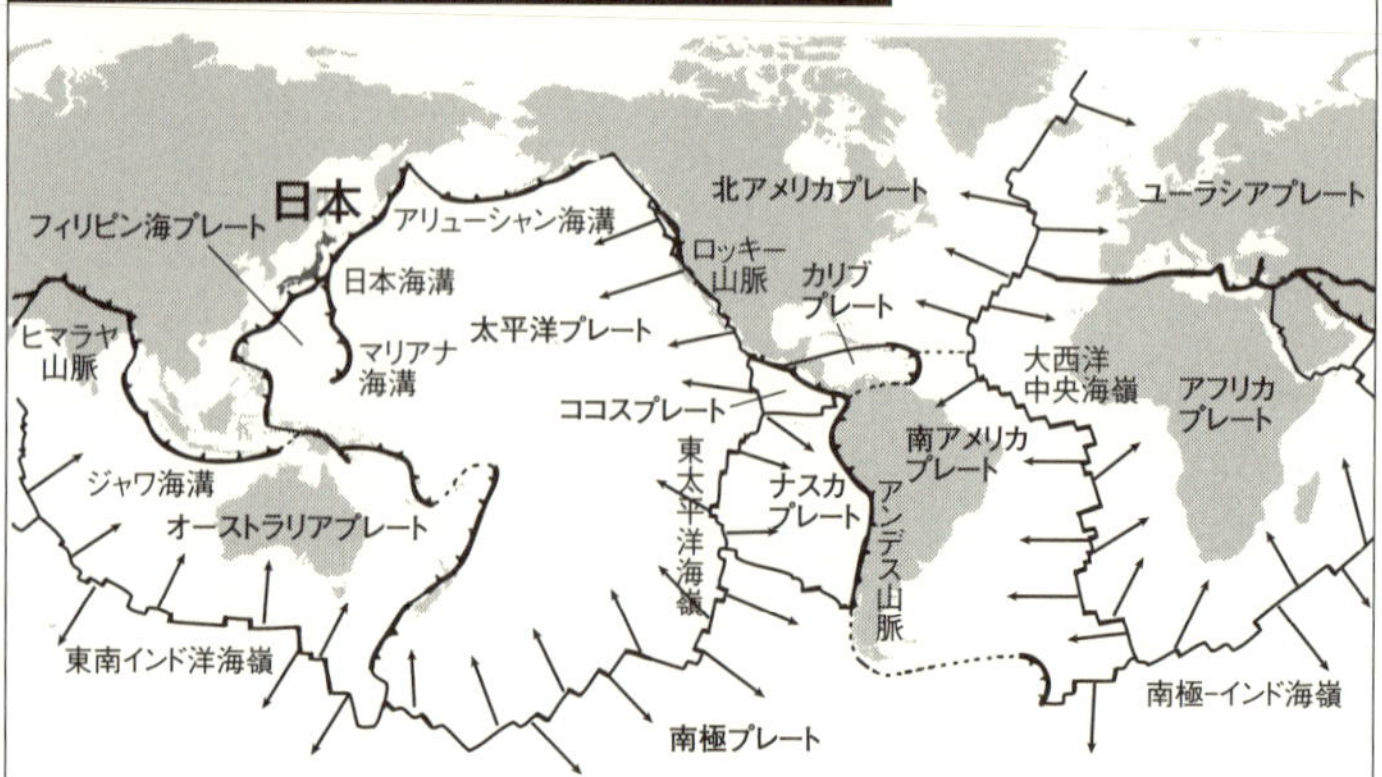

海底山脈（海嶺）では、マントルから物質が上昇して
新しいプレートを生産し、矢印の方向に拡大している。

『科学の事典』（岩波書店辞典編集部編、岩波書店）

ヴェーゲナーの大陸移動説

今を去る一〇〇年ほど前、一九一二年のことだったが、ドイツに天才的なひらめきを持つ人物が現われると、人類に大きな知恵を授けたのである。地球物理学を調べるのが好きで、気象学者としてたびたび探検に参加してきた冒険家のアルフレート・ヴェーゲナーが、大陸は、地球の表面に浮かんでいて、動いているという奇想天外な大陸移動説を発表したのである。

えっ？　地球が太陽の回りをまわっているだけでなく、大陸が海の中を動いているだなんて……

みな驚いたが、ヴェーゲナーの言うことに耳を傾けると、また一層驚かされた。

「アフリカ大陸の西海岸の形は、南米大陸の東海岸の形と、まったく同じである。したがってこの二つの大陸は、もとは一つだったに違いな

図40 ヴェーゲナーの大陸移動説（1912年）

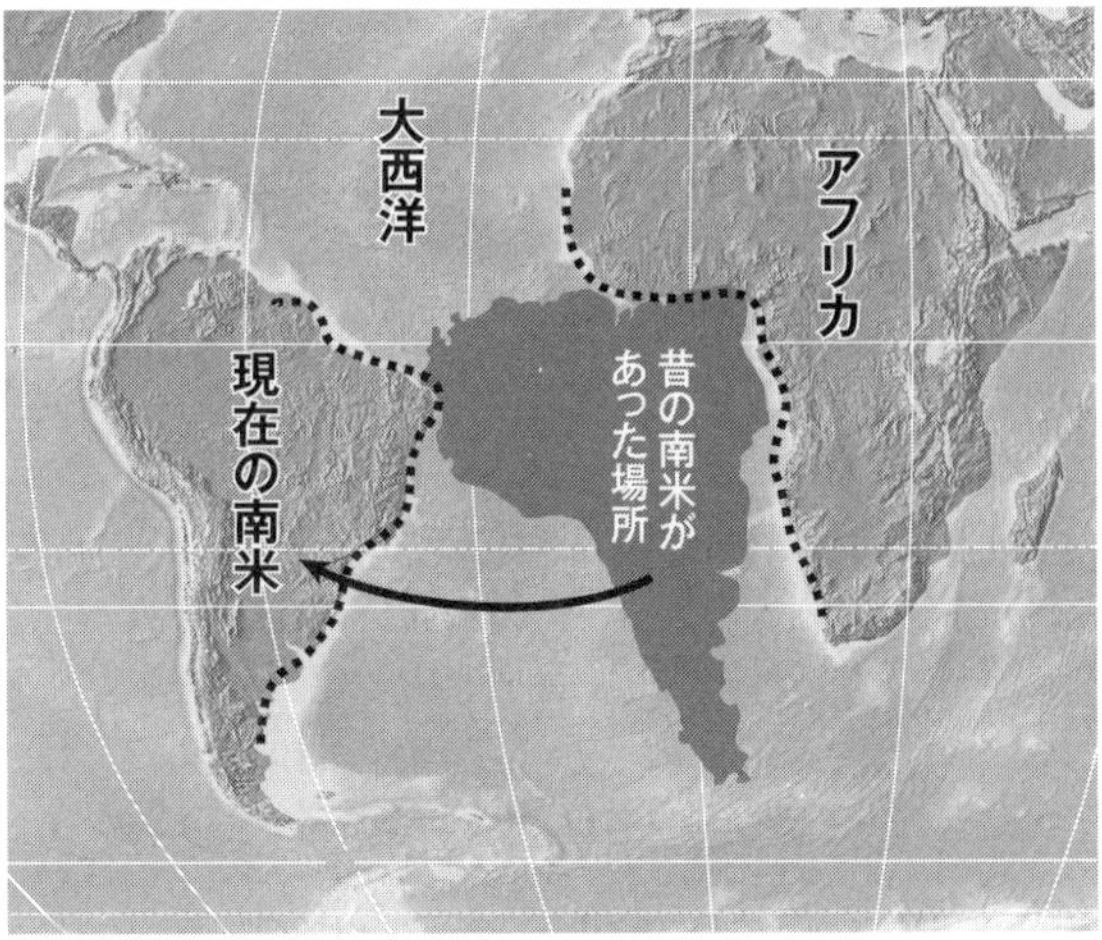
南米とアフリカの海岸線の形がそっくりであることに気づいた。
アフリカから南米大陸がちぎれて移動したのだ。

い。二つの大陸が分裂して、ちぎれた南米が大西洋の西に動いていったのだ」

言われてみると、確かに【図40】の通り、なぜ今まで気がつかなかったのだろうと思うほど、二つの大陸の海岸線の形はその通り、ピッタリ合う。さらにヴェーゲナーは、その証拠として、大西洋をはさんだ北米・南米の海岸線とヨーロッパ・アフリカの海岸線が似ているだけでなく、両岸で発掘された古生物の化石も一致することを明らかにして、もとは一つの大陸であったとする仮説を唱えた。そして現在ある地球全体の七大陸の配置をすべて説明するため、かつて地球上にはパンゲア大陸と呼ばれる一つの超大陸だけが存在して、これが一一〇〜一一一頁の【図41】のように、次々と分離しながら移動して、現在のような大陸の分布になったと説いた。

1億8000万年前

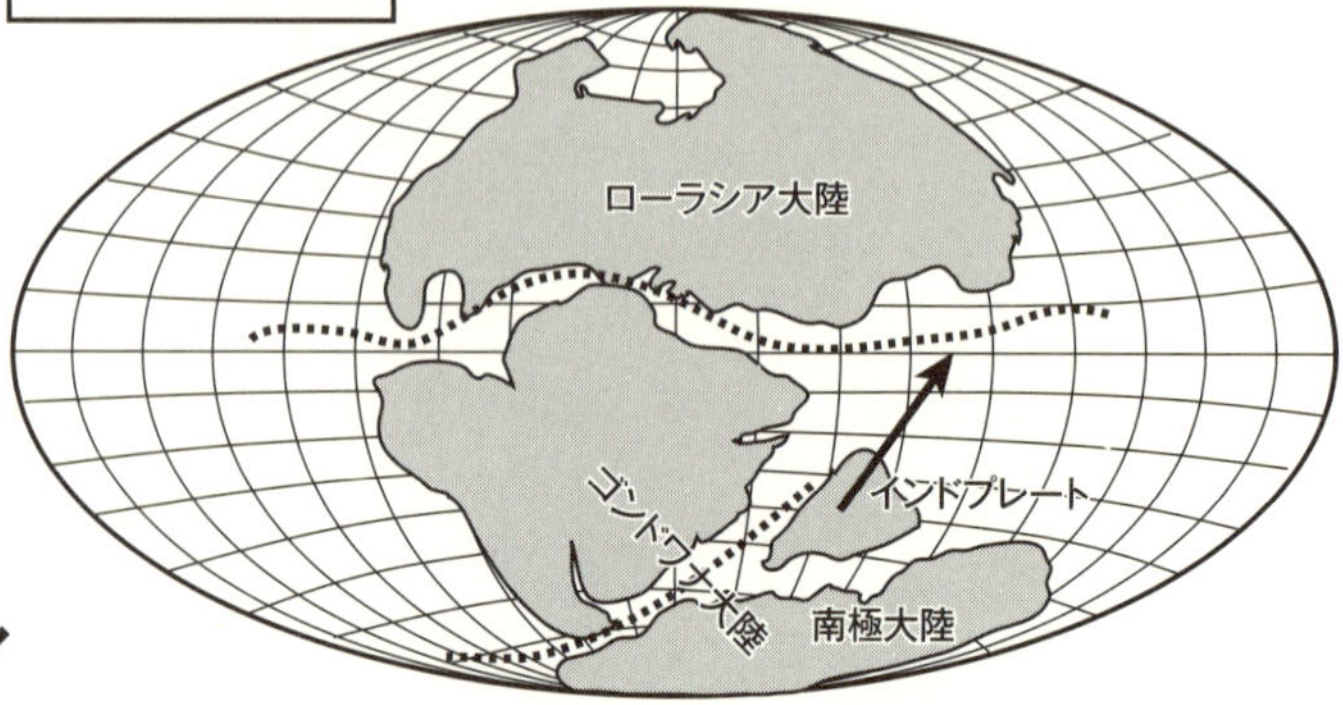

超大陸のパンゲア大陸が北にローラシア大陸、南にゴンドワナ大陸へと分裂。さらにゴンドワナ大陸から南極大陸が分裂後、インドプレートが南極大陸から分離して北上。

6500万年前

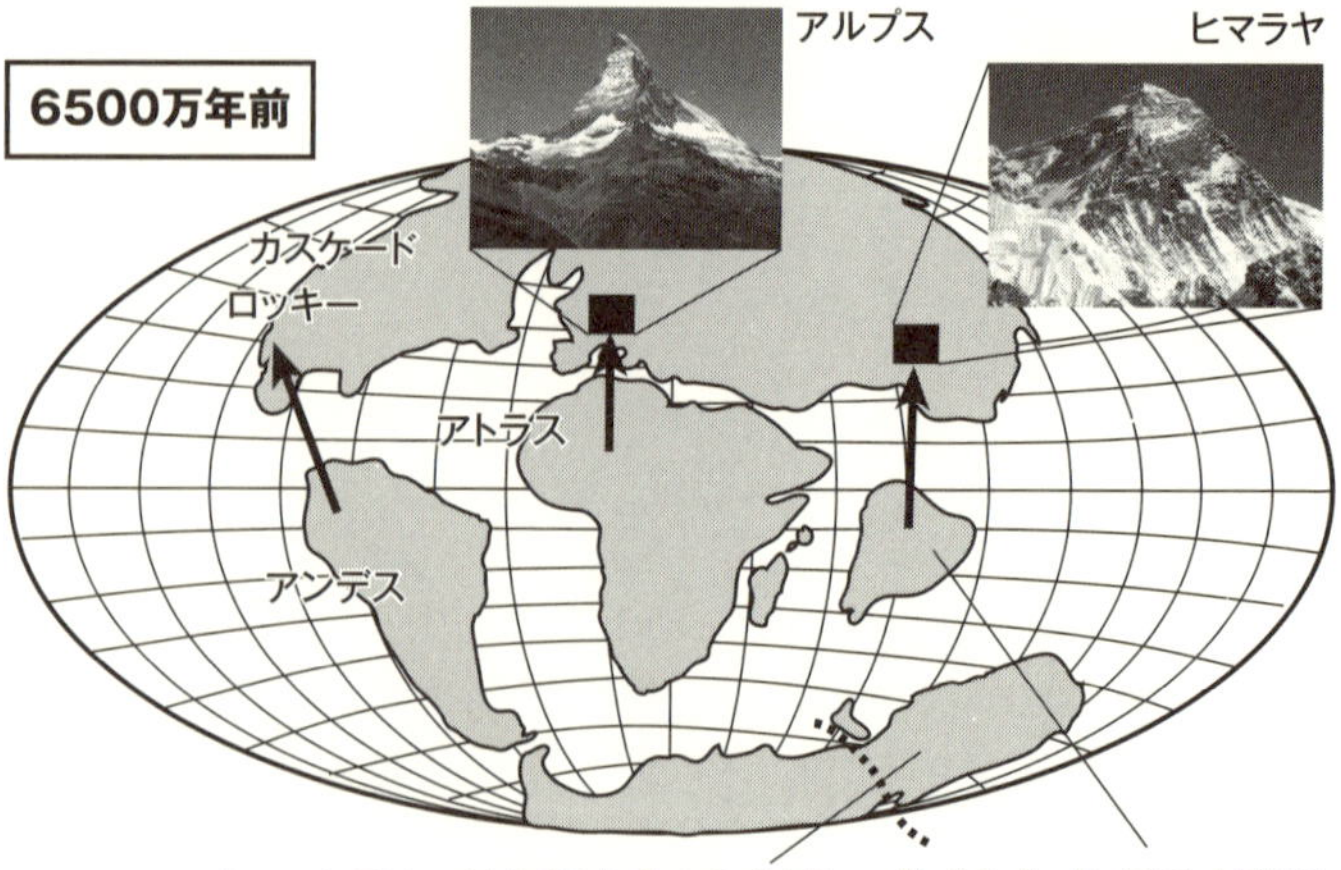

オーストラリアが南極大陸から分裂

北上したインド亜大陸がユーラシア大陸に衝突
(7000万年前とも言われる)

このあと各地で造山運動が起こり大山脈形成。

図41 大陸移動の変遷

パンゲア大陸の構成

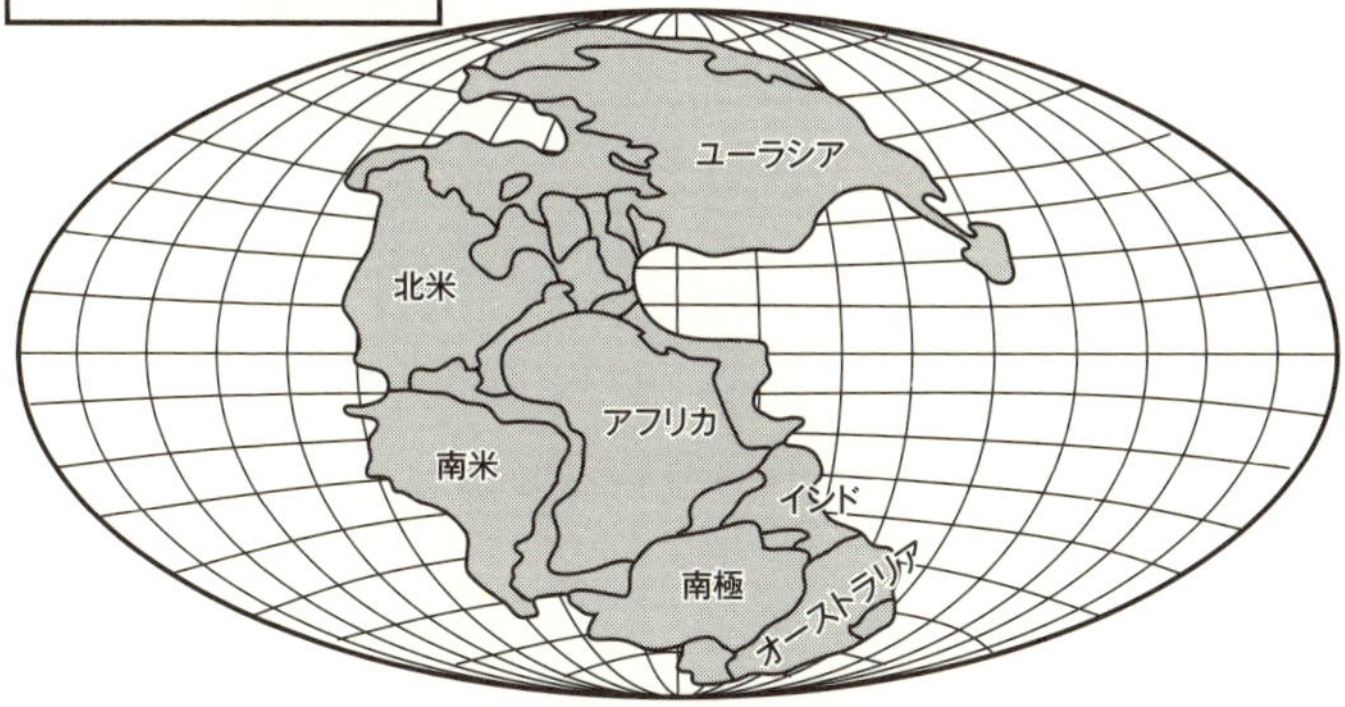

2億5000年前頃すべての大陸が次々と衝突して誕生した超大陸・パンゲア大陸。ヴェーゲナーが命名したパンゲアとは、「すべての大陸」という意味。

1億3500万年前

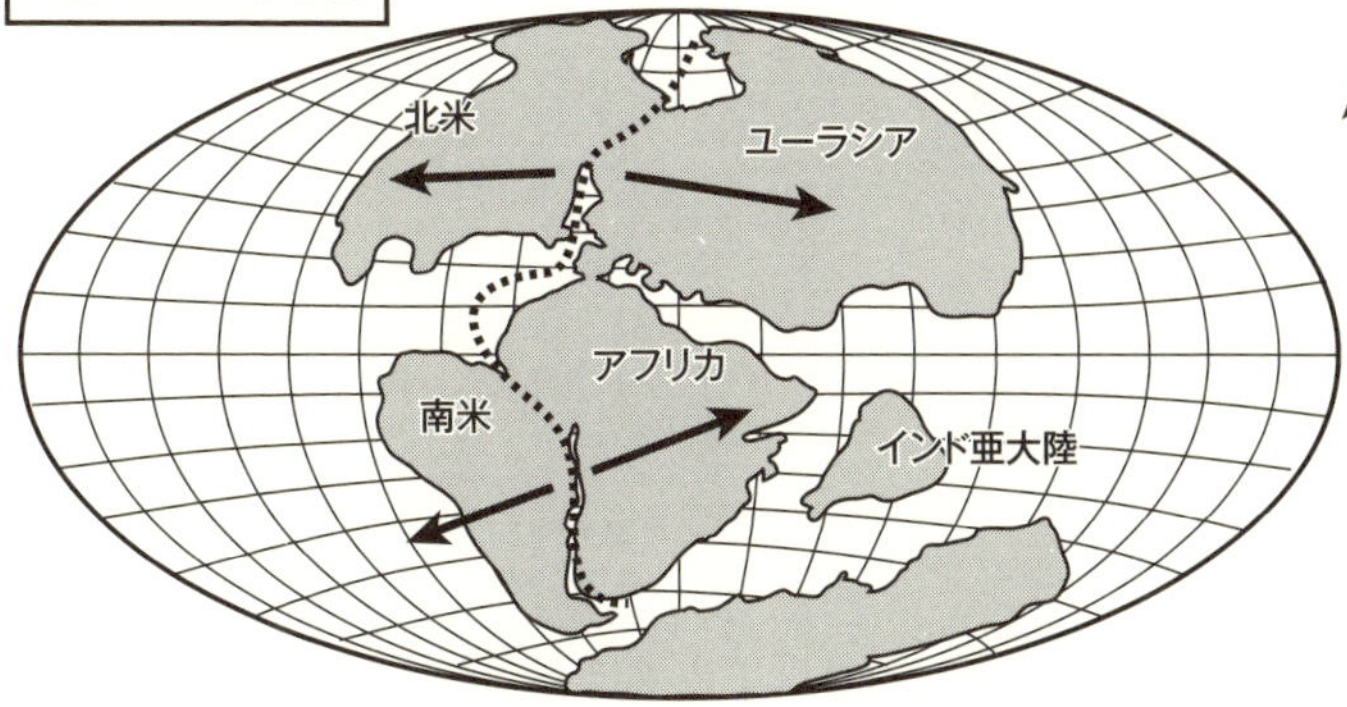

ローラシア大陸が北米大陸、ユーラシア大陸へと分裂。ゴンドワナ大陸が南米大陸、アフリカ大陸へと分裂。

しかし大陸移動説は、ごく少数の人間にしか認められないままで、一九二九年になってようやくイギリスのアーサー・ホームズが、地球内部の熱が起こす対流によって大陸移動が起こるというマントル対流説を発表して、大陸移動説を支持したが、翌一九三〇年に天才ヴェーゲナーは認められないままこの世を去った。

だが、それから三〇年を経て一九六〇年代に入ると、ようやく新しい地球考古学が進歩すると共に、にわかに大陸移動説の信憑性が高まってきた。ついに一九六八年、構造地質学者であるカナダのテュゾー・ウィルソンが、それまでの科学者の説明すべてをまとめた理論を完成して、大陸が現在も移動し続けていることを理論的に実証するに至った。構造地質学を英語でテクトニクスというので、この理論が「プレートテクトニクス」と呼ばれるようになり、人類は、現在の地震学の最も重要なプレート理論に到達したのである。ここまでは、長い道のりであった。

多くの科学者は、大陸移動説を疑ったり、否定してきたが、その考えを改める最後の決め手となったのが、先に述べた、地球の持つ地磁気だったのである。

地磁気のおかげで磁石が北極や南極の方位を指すので、私たちが山道に迷いこんでも、磁石を持っていれば北と南の方位を知ることができる。ところが地磁気の方位は一定ではなく、過去に北極と南極の磁極が、一〇〇万年単位で何度も反転してきた。しかも岩石が固まる時には、その場所の磁力線の方向に沿って磁力を帯びたまま岩石の磁鉄鉱が固まるので、原生代、古生代、中生代、新生代などの年代ごとに、またユーラシア大陸、北アメリカ大陸、アフリカ大陸などの地域ごとに、岩石にその磁気の方位が記憶されているのだ。

　このような面白い古代の地磁気の謎を追いかけて、世界中の岩石をたどってゆくと、太古の地球の姿が浮かび上がってきたのだ。ヴェーゲナーが説明した通りの大陸移動が起こって、分裂と移動をくり返してきたことが実証されたのである。さきほど【図41】に示した年代は、ヴェーゲナーが明らかにした年代ではなく、彼の説いた原理を、さらに多くの地質学者、考古学者、古地磁気学者たちが調べあげて明らかにした推定年代である。

　そしてその原因を考えると、大陸は移動するだけでなく、成長して、拡大することも分ってきた。地球内部のマグマから噴出する溶岩が、絶えず地球上に新しいプレートを生み出し、今まであったプレートは海底を押し流されてゆく。そしてプレートに乗った海底の大陸は、隣のプレートに衝突したところで再び海底深くもぐりこんでゆく。このようなプレートの運動が、地震を起こす最大の原因であったのだ。

　その結果、現在の大陸の配置ができた。ということは、大陸移動がこれで終りではない、ということになる。たまたま西暦二〇一〇年に生まれ合わせた私たちは、このような配置の大陸や島の上に生きているだけで、それをオリンピックの五大陸と呼んでいるにすぎないわけである。過去からの動きを地図上に描いてみると、次頁の【図42】の太い矢印の方向に力が作用して、いまも移動が続いている。しかも日本に最大の影響を与える太平洋プレートは、この地球上で最も速く動くプレートであり、一年に一〇センチも動く。これは、一〇〇〇万年に一〇〇〇キロメートルも動く、つ

図42 大陸移動が続く現在の地球に左右する力

こうして現在の大陸が形成され・・・

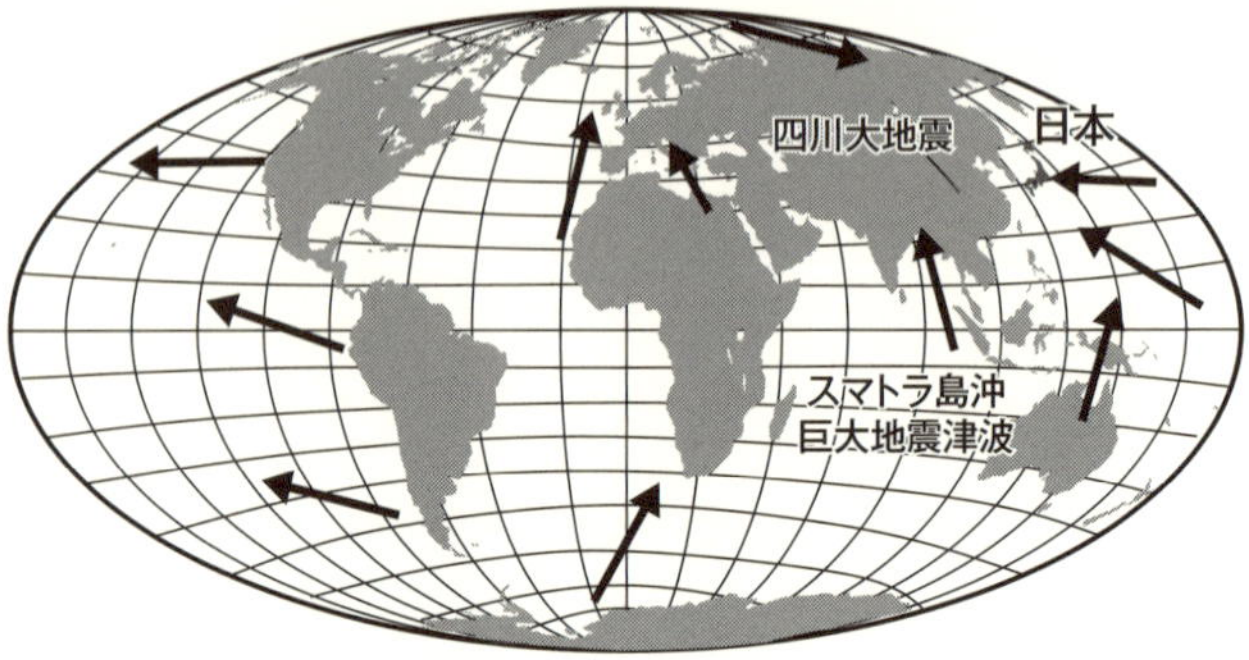

現在も大陸は移動しつつあり
日本列島にその力が作用している。

まり本州の最北端・青森県から最南端・山口県までの直線距離ぐらいが動いてしまうという大変なスピードである。

そしてこの力学的な作用を見ると、二〇〇四年に起こったスマトラ島沖の巨大地震津波と、二〇〇八年の中国での四川大地震は、まさにこの地球の連動を実証していたことに気づく。日本はこの図の右上にあるので、周囲の矢印の力に押されて、否応なく動かなければならない。私たち人間は、地球から見れば実に小さな生き物にすぎないということが分ってくる。

そこで次に誰でも気になるのは、では「日本列島はどのようにして誕生したか」という、私たちの「大地」の歴史である。

日本列島はどのようにして誕生したか

日本は、海底から盛り上がって生まれた島である。そのように島や山脈をつくり出す地球の活動を「造山運動」と呼び、地質学的には、日本の大きな造山運動は四回あった、と分けて考えられているようだが、色々な本を読めば読むほど、複雑で分らなくなる。そこでここでは、『目でみる日本列島のおいたち＝古地理図鑑』（築地書館）に掲載されていた分りやすい年代別の日本地図を参考にして、そこに、私たちが理解しやすい象徴的な出来事を書き加えながら説明してみたい。この本は、私が読んだのは一九七八年に発行された初版で、現在から見ればやや古いが、一〇〇人以上の地質学の専門家が数年をかけて、四億年前から一万年前までを三〇の時代に分けて、古地理図を完成したという大変な労作であるから、信頼できるものである。内容も、のちに述べるような近年の知見を除けば、決して古いものではない。

その最初に出ている日本最古の時代の地図を再現すると、次頁の【図43】になる。これが、海底に日本の土台が生まれた時代である。図中にある日本列島は、勿論、現在ある日本列島の位置を示しているので、この時代には存在していない。つまりこの時代には、日本のまわりに白く見える三つの陸土があった。そしてこの四億年前頃から、海がどんどん沈みこんで、数千万年にわたって、蛇のように見える細長い地帯で、海底の激しい火山活動が起こった。そのため海に大量の砂、泥、火山灰、熔岩などが堆積して初期の造山運動が進んだのである。

海が沈みこんで、海底火山活動が起こって、造山運動が起こった、ということの説明がお分りだろうか。「日本の造山運動は、海底が沈みこむから起こった」のである。このメカニズムを説明すると、一一七頁の【図44】の二枚の図のようになる。大陸側（【図43】の白い陸土）と太平洋側から、

図43 海底に日本の土台が生まれた時代

古生代シルル紀後期〜石炭紀前期（4億2000万〜3億3000万年前）

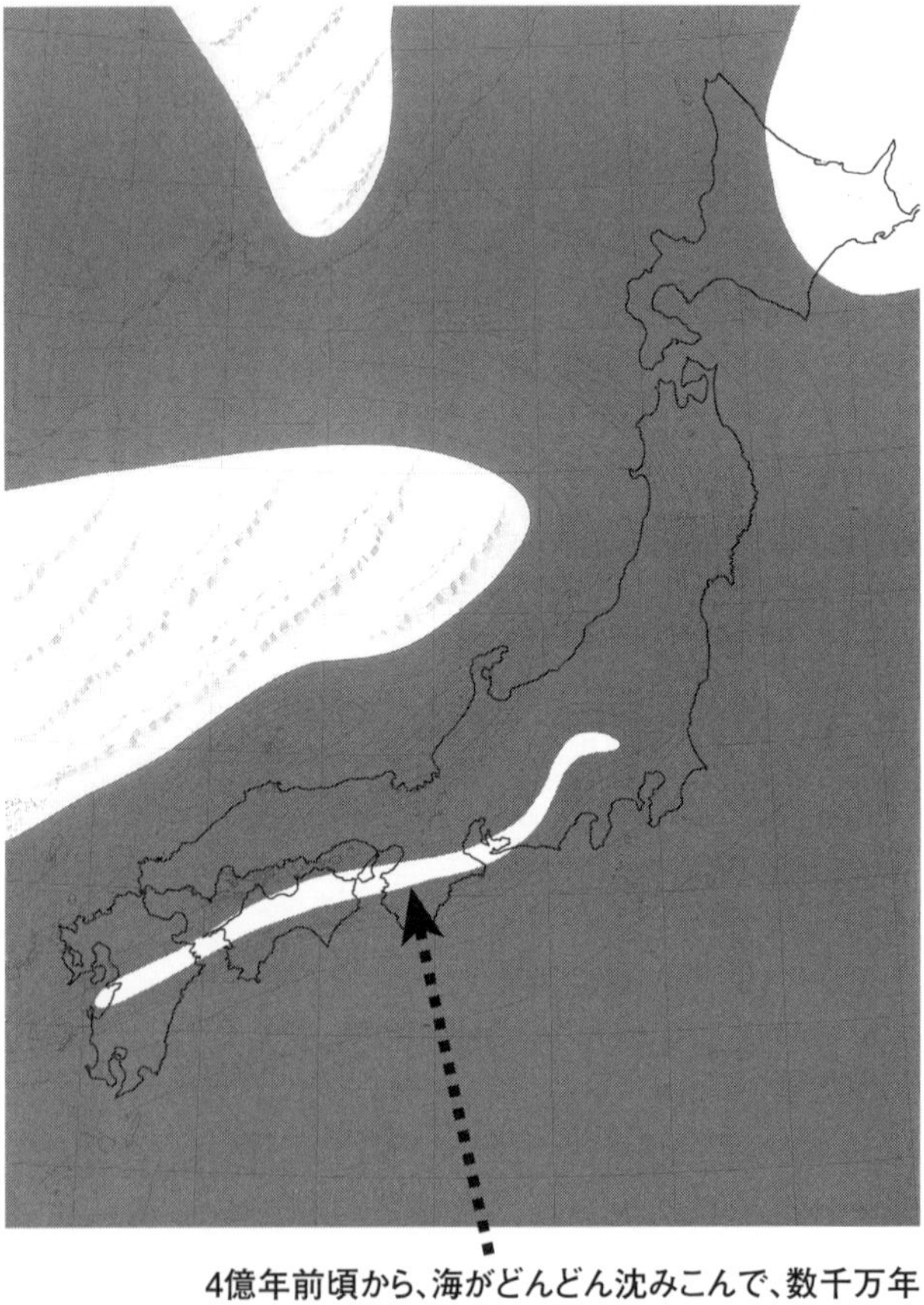

4億年前頃から、海がどんどん沈みこんで、数千万年にわたって激しい海底火山活動が起こった。そのため海に大量の砂、泥、火山灰、熔岩などが堆積して初期造山運動が進んだ。

『目でみる日本列島のおいたち＝古地理図鑑』（湊正雄監修、築地書館）

図44 日本における造山運動のメカニズム

①砂、泥、火山灰、熔岩などの堆積物が次第に巨大な重さとなって沈降し、下に圧力を加えて、ますます沈む。

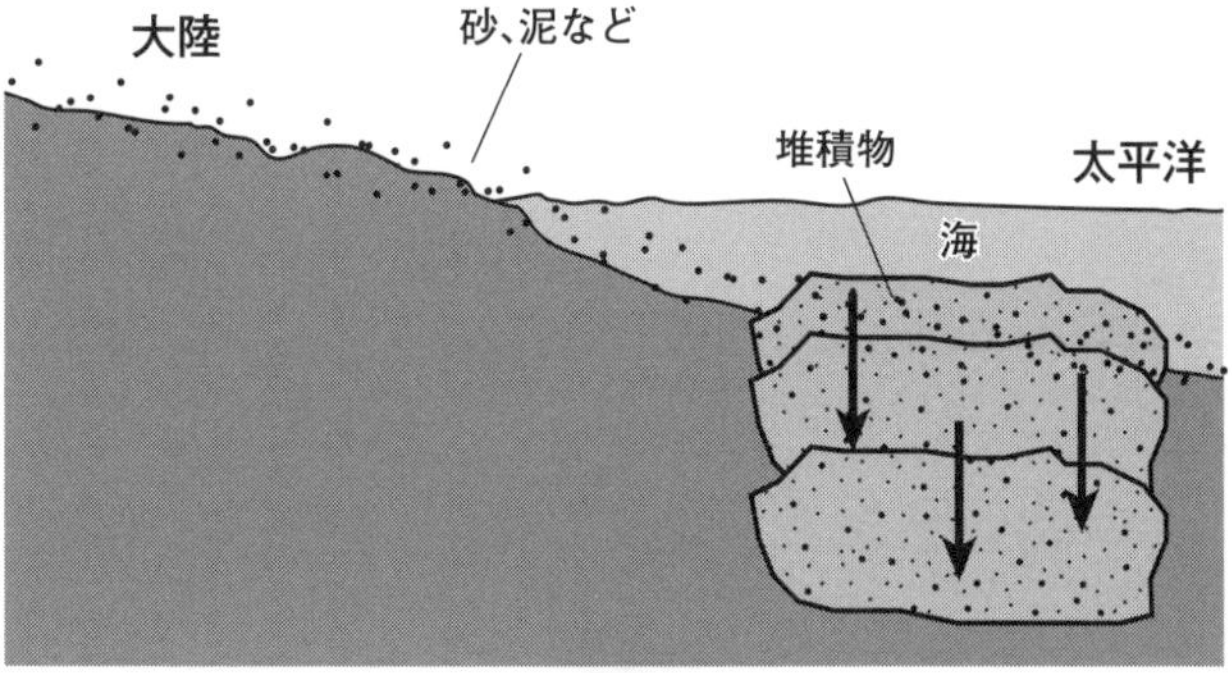

②下のほうから岩石に変ってゆき、その変動熱や、地殻を破って噴出する深部マグマのため膨張して、今度は上に向かって動き出す。

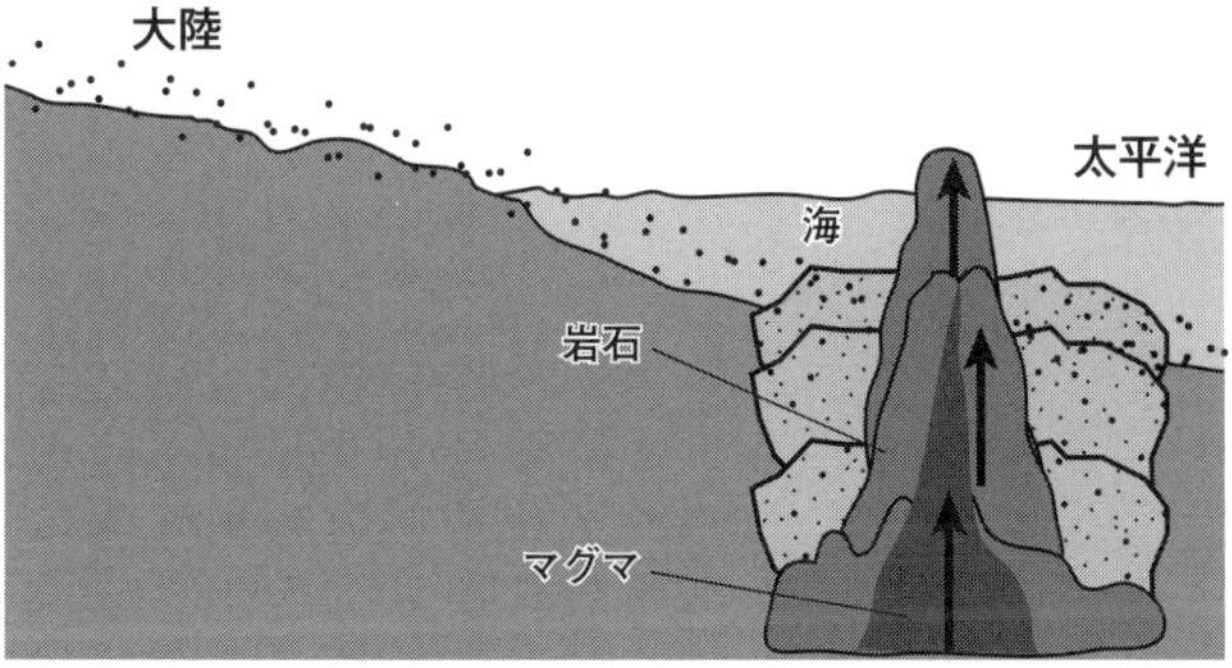

砂や泥が押し流され、さらに火山灰と熔岩も流れてくる。これが海底に積もってゆくと、堆積物となって、次第に巨大な重さとなって沈降してゆくので、ますます下に大きな圧力を加える。とてつもない長い時間をかけて、この重さのために、土砂などの堆積物が下の方から岩石化してゆき、その時に熱を出す。さらに海底にどんどん深く沈みこんでゆくと、海の底にある地殻を破って、マグマが上に向かって噴出し始める。こうして海底の激しい火山活動が起こったのである。

この岩石化とマグマの熱によって、岩石の膨張がますます進み、どんどん上に岩石が成長してゆく。これが、海上に日本列島をつくり始めた造山運動であった。したがって、沈みこんだ深さが深いほど、高い土地になったのだ。

おそらく読者は、「何億年前もの昔は、大変だっただろう」と想像しているだろうが、このような海底火山の噴火が、太古の昔に終った出来事だと思うことは間違いである。二〇一〇年四月にアイスランドで火山が噴火して、ヨーロッパ全土の飛行機が欠航したと大騒ぎをしてきた人類である。「アイスランドでも噴火があるんだ」と驚く人が世界中にぞろぞろ出てきたが、アイスランド南西のフェルカフェル山が突然に噴火したのは、今からほんの四〇年ほど前の一九七三年一月二三日のことである。過去一一〇〇年間まったく火山活動がなかったが、突然に噴出した岩滓《がんさい》によって、ヘイマイ島の町は現代のポンペイとなって埋もれてしまったのだ。

そしてその直後、一九七三年四月に日本の小笠原諸島の父島から一三〇キロ西方の西之島近くで海底火山活動が始まった【図45】。ここも過去に火山活動の記録がなかった海の中である。九月ま

図45 現在の日本でも起こっている海底火山活動

1973年9月14日

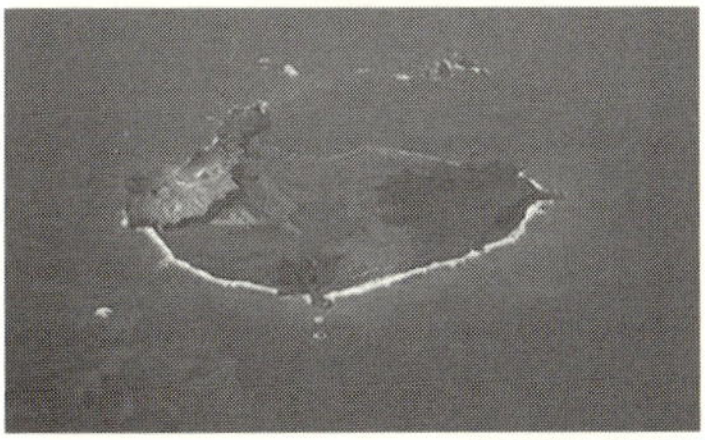

1983年7月20日

1973年4月、小笠原諸島の西之島近くで火山活動が始まった。ここでは過去に火山活動の記録がなかった。9月までには、海面上に火山島が姿を現わし、西之島新島と名付けられ、2年間の噴火活動ののち、西之島本島と一体化し、10年後にはさらに大きな島に成長した。

では、海面上に火山島が姿を現わし、西之島新島《しんとう》と名付けられ、二年間も噴火が続いて西之島本島と一体化し、一〇年後にはさらに大きな島に成長して、本島より大きな島が海上に誕生したのである。この出来事を記憶している人は、二〇〇〇年の三宅島の大噴火に驚かなかったはずである。

昔の教科書では、火山を「活火山」、「休火山」、「死火山」と分けて、その噴火の危険性を分類していたが、現在の火山学では、このような分類はおこなわれていない。富士山は「休火山」ではなく「活火山」に分類され、「一万年以内に噴火した火山はすべて活火山とみなす」のである。

本書でなぜ古い時代の造山運動のメカニズムを説明したかと言えば、「日本では現在も、海底火山の噴火が起こり、造山運動が続いている」という動かすべからざる現実をほとんどの日本人が知らない現状は、この地震国・火山国で、あってはならないことだからである。そして、この造山運動によって地下の内部にできた亀裂と断層こそ、現在全国で地震を起こしているものの正体だからである。この当たり前の歴史をまったく知らずに、部分的に地質を調べただけで、一方的な安全論を振り回しているのが、構造地質学と変動地形学を学んだことがない電力会社だということになる(その理由はこれから述べる)。

このように窪んだ場所に砂、泥、火山灰、熔岩などが積もって、一一七頁の【図44】に示した造山運動のように、この堆積物が次第に巨大な重さとなって沈降し、圧縮と変形によって上に向かって隆起し、噴火などを伴いながら谷になった地形や変動を、地面が傾いているという意味から「地《ち》向斜《こうしゃ》」と呼んできた。この歴史的な激動のため、地向斜を構成する堆積岩の層には、地底が波うった褶曲《しゅうきょく》と、亀裂と断層が多数発生して、日本列島にそれが深く刻みこまれているわけである。

日本列島は、いま述べた地向斜の形成メカニズムに、新たな考え方としての大陸移動説によるプレートの沈みこみ運動と、プレート同士の衝突運動が加わって、両者の複合作用によって生まれたと考えてよい。

日本最大の活断層「中央構造線」の誕生

さてこのようにして、日本の土台となる骨組みがようやく海底に生まれると、海上にたくさんの火山島が出現して、次第次第にこれらの島がつながって、陸土らしくなっていった。日本列島が姿を現わしたのだ。そして二億年前頃、始祖鳥が出現したジュラ紀初期の時代には、次頁【図46】のように日本の陸土は、大陸側にひん曲がっていた。四〇頁の【図13】に示した日本の中央部、フォッサマグナの大地溝帯は、大部分が、海の下にあることに注意していただきたい。そして【図46】をよく見ると、現在その危険性が大きな問題になっている六ヶ所村、柏崎、浜岡、玄海、みんな海の底だったことが分る。

ところがさらに時代を下って、六五〇〇万年前頃（中生代最後の白亜紀）から、新生代の第三紀の初めにかけて、一二三頁の【図47】のように大陸は大きく太平洋側に拡大して、さきほどのひん曲がった日本列島の姿はなくなり、陸上最大の肉食恐竜ティラノザウルスが闊歩する時代となった。そしてこの時期、大陸の沿岸部で、激しい火山活動が起こった。現在の九州北部から、中国地方を

図46 ジュラ紀初期の日本列島

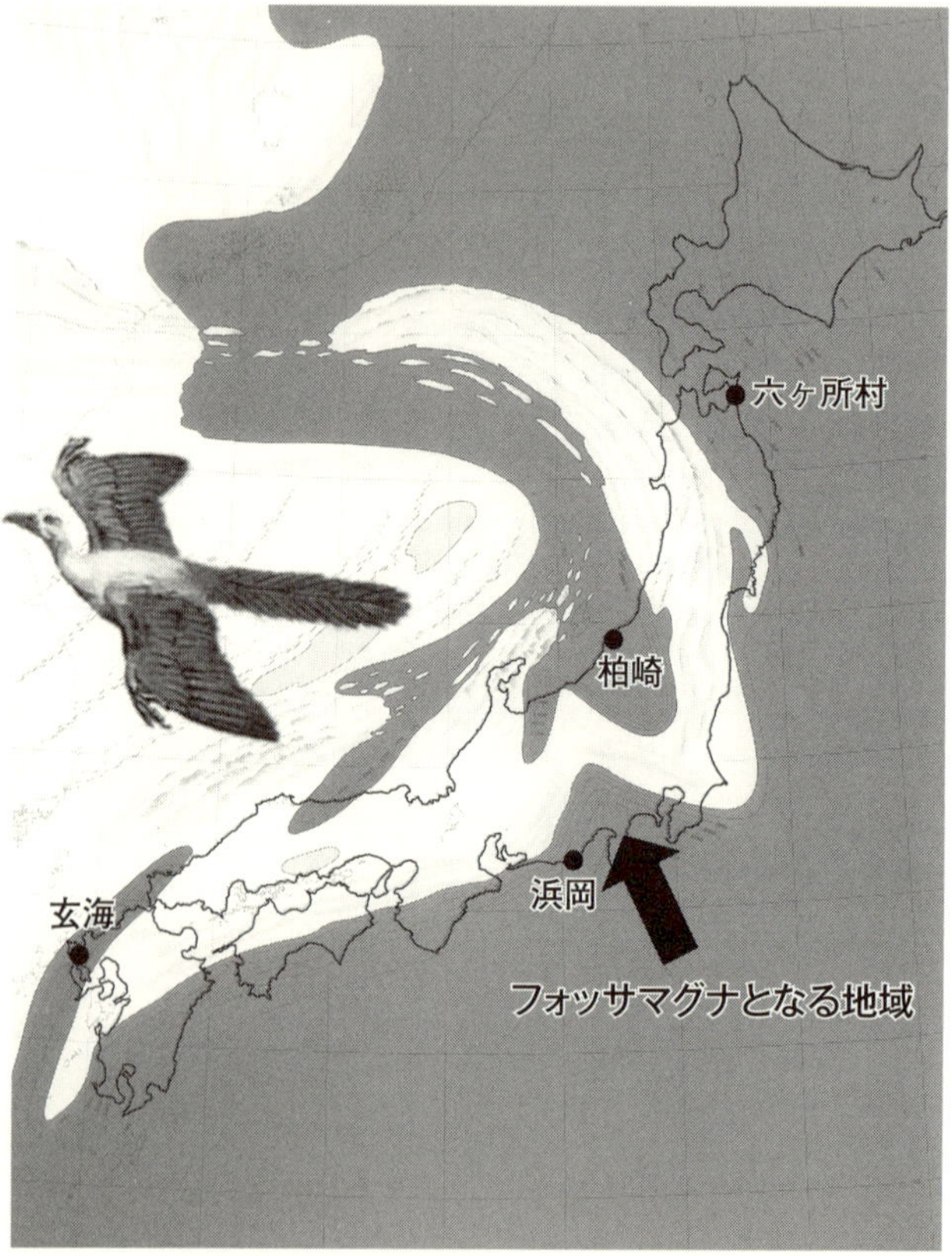

2億年前頃、始祖鳥が出現した時代には、日本の陸土は、まだ奇妙なひん曲った形をしていた。六ヶ所村、柏崎、浜岡、玄海、みんな海の底だった！

『目でみる日本列島のおいたち＝古地理図鑑』（湊正雄監修、築地書館）

図47 中央構造線の誕生

西南日本の骨格がつくられた時代
新生代古第三紀・始新世前期(6500万〜4500万年前)
日高山脈の隆起が始まる
大断層「中央構造線」ができる

『目でみる日本列島のおいたち=古地理図鑑』(湊正雄監修、築地書館)

経て、中部地方北部の長野県にまで火山の大噴火を起こしたのである。

この線が何を表わしているかお分りだろう。その火山活動の南側が、世界最大の活断層、中央構造線となったのである。これが、西南日本の骨格がつくられた時代である。子供たちの好きな恐竜が絶滅に向かったのが、この時代であった。ここで私たち大人が、スピルバーグの映画を思い起こして恐竜をバカにしてはいけない。このような太古の恐竜など動物の化石と、その地層、その年代を追跡することによって、ここに描いた何枚もの古地理図が再現できたのだから。

中央構造線と共に西南日本の骨格がつくられた時代に並行して、北でも、北海道の日高造山運動が起こり始めた。【図47】の北海道の部分を見れば、その前の時代から、やはり深く沈みこんだ海底からの造山運動によって、隆起が起こったことが分る。日高山脈が北海道を完全に二分する山脈にまで成長したのは、一〇〇〇万年前頃とされているので、実に、数千万年をかけて、日高造山運動が続いたわけである。さらにこれと並行して、東北日本では、奥羽山脈〜出羽山地の造山運動が活発に進んだと見られている。

そしてこの中央構造線の北側の地層「領家《りょうけ》変成帯」と南側の地層「三波川《さんばがわ》変成帯」を『科学の事典』（岩波書店）に見ると、私たちが長い間習ってきたように、「中央構造線は長野県の諏訪湖で終る」のではなかった。【図48】のように、この地層が一旦、フォッサマグナによって途切れて、さらにその北で再び姿を現わして、福島県の阿武隈《あぶくま》山地につながっているのだ。つまり福島県から宮城県にかけて北上する長大な双葉断層は、中央構造線の延長だったようである。

図48 中央構造線はどこまで続いているか

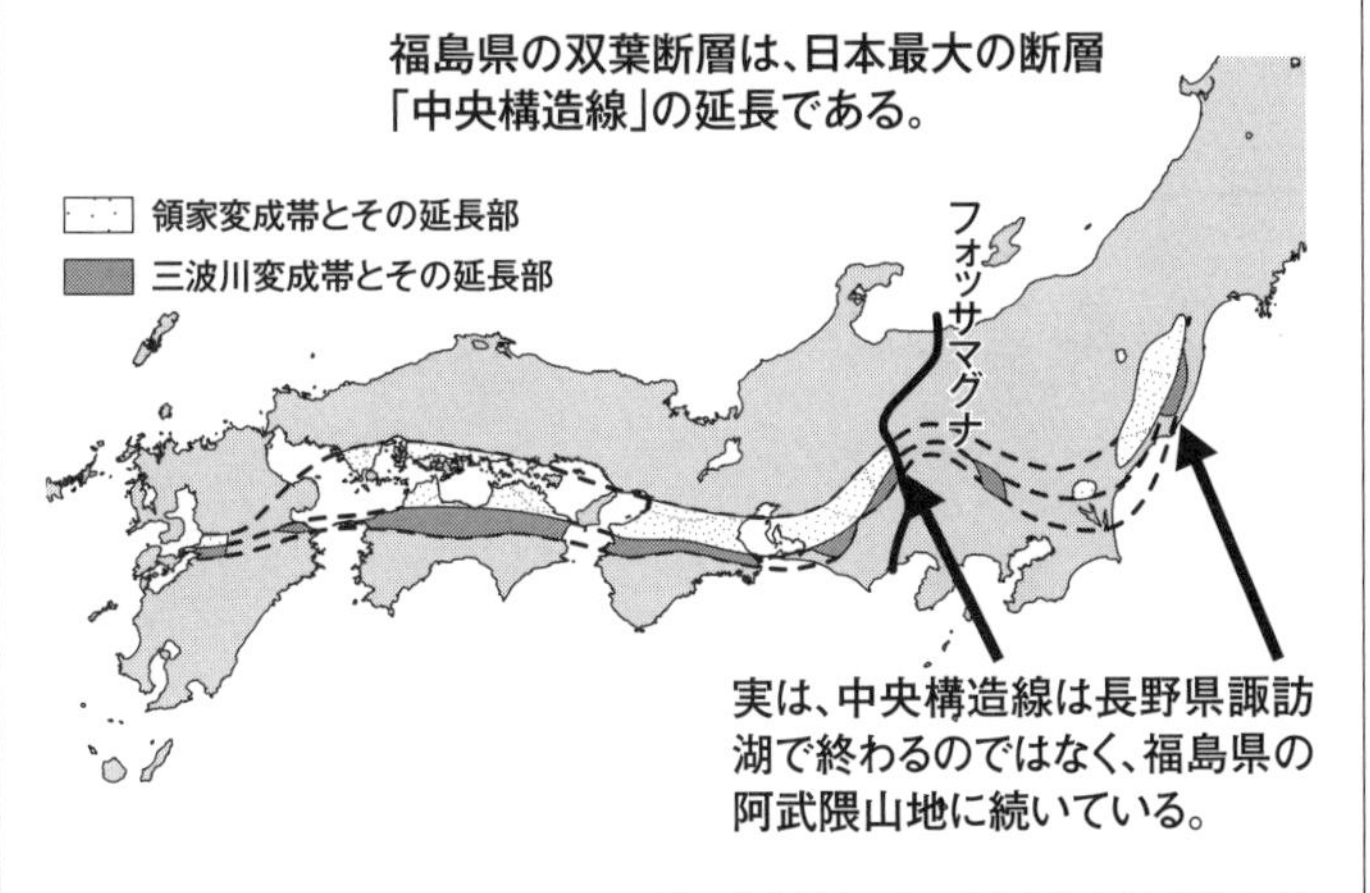
福島県の双葉断層は、日本最大の断層
「中央構造線」の延長である。
領家変成帯とその延長部
三波川変成帯とその延長部
フォッサマグナ
実は、中央構造線は長野県諏訪
湖で終わるのではなく、福島県の
阿武隈山地に続いている。

『科学の事典』（岩波書店辞典編集部編、岩波書店）

その七〇キロメートルを超える双葉断層に寄り添って、日本の原発で耐震性が最も低い二七〇ガルで建設された福島第一原子力発電所が六基、そのすぐ南の福島第二原子力発電所が四基、合計一〇基という巨大原発基地となって、首都圏に電力を送っているのだ。

造山運動が大地に刻んだ記憶

このような地質図を見ていると、脇の下にすうーっと冷たいものが流れてくる。

中央構造線は、長野県から南には、伊那山地と赤石山脈（南アルプス）の間を走ってから、次頁の写真のように三重県〜和歌山県の紀伊半島を横断して、そこから淡路島の南端を乗り越え、四国の北部、徳島県から香川県、愛媛県まで沿岸を突っ走っている。読者はこの航空写真を見ただけで、きれいな線状の巨大断層を読

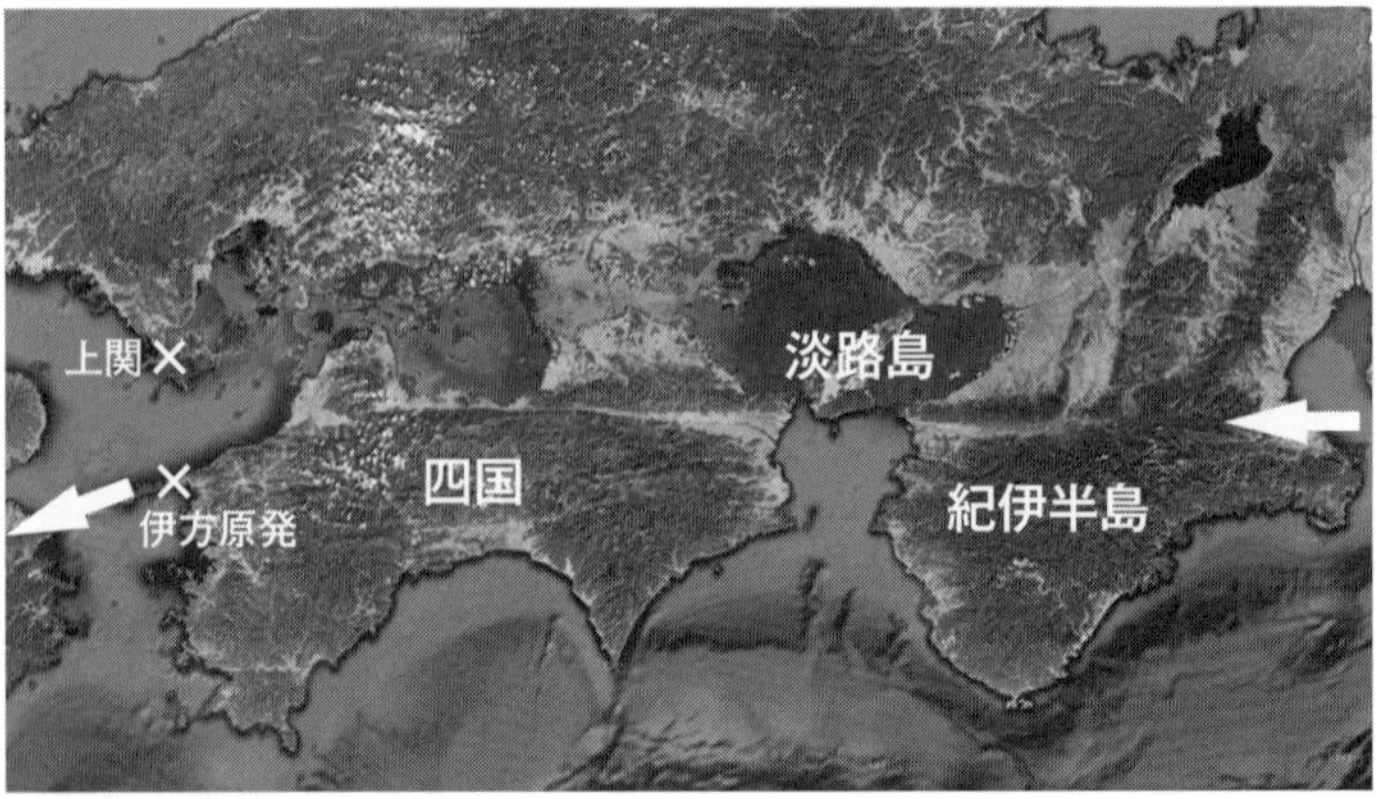

紀伊半島から四国にかけて見られる中央構造線

み取れるであろう。

図中の四国の左端、細く伸びているのが佐田岬半島で、その×印のところに四国電力の伊方《いかた》原子力発電所がある。三基の原子炉が運転され、そこからわずか六キロメートルの沖合にA級活断層が走っている。現地を訪れて原発を見ると、大地震の時には、原子炉がコロンと瀬戸内海に転げ落ちるだろうと感じられるほどである。また中国電力が、伊方のすぐ北の瀬戸内海に上関原発の建設を強行しようとして、現在、祝島《いわいしま》の住民が猛烈な反対運動を続けている。

高知大学地質学の岡村眞《まこと》教授が、伊方原発の目の前、伊予灘沖の海底音波探査をおこない、一九九六年に「これまで認められていなかった一万年前以降に活動した新しい二本の活断層」の存在を発見した。そして、延長五五キロメートル以上もあるこれらの活断層が同時に動くと、マグニチュード七・六規模の大地震になると警告し、未知の活断層の存在を発表した。これは、阪神大震災の二・八倍の破壊エネルギーである。震源断層の距離が七キロ以内であれば、地震の「最大の揺れ」である震度七になると予測されるが、伊方原発では、それより近い六キロ沖合に震源断層がある。

岡村教授の調査結果を知った私が、愛媛新聞の地元誌にその危険性を紹介したところ、愛媛県議会で問題になったが、なんと「広瀬隆はＳＦ作家である」ということで、議論に決着をつけたという話であった。このようなおそろしい議会に、日本人は生命を預けている。

話はまだ終らない。中央構造線は、四国を抜けるとさらに大分県で九州に上陸して、一本は雲仙普賢岳の方向に、もう一本は鹿児島県の薩摩川内《せんだい》市に向かっている。そればかりではない。千葉県の利根川河口にある犬吠埼《いぬぼうざき》からここ川内まで一直線、中央構造線と並行して、その南側に九州の川内市を抜けて南西諸島まで続く巨大断層の仏像構造線も走っており、臼杵《うすき》〜八代《やつしろ》構造線と大分〜熊本構造線も並んで走るので、九州を南北に分ける横断断層オンパレードの観を呈する。

このように九州の北と南で地質がまったく異なる事実こそ、日本列島を形成した時の造山運動が、深く大地に刻みつけた記憶である。この川内では、二〇〇九年一月八日に、九州電力が一五九万キロワットの超巨大原発として、川内三号機の増設計画を鹿児島県知事と薩摩川内市に提出したばかりで、驚いた地元では、反対農民による「百姓一揆」トラクターデモが展開され、周辺の漁民も反対に立ち上がってきた。

さて、ざっと三〇〇〇万年前頃までに日本の骨組みができ、ここまでその主な造山運動を説明してきたが、そろそろ読者は、急いで話の先を知りたがっているに違いない。そこで、誕生した日本

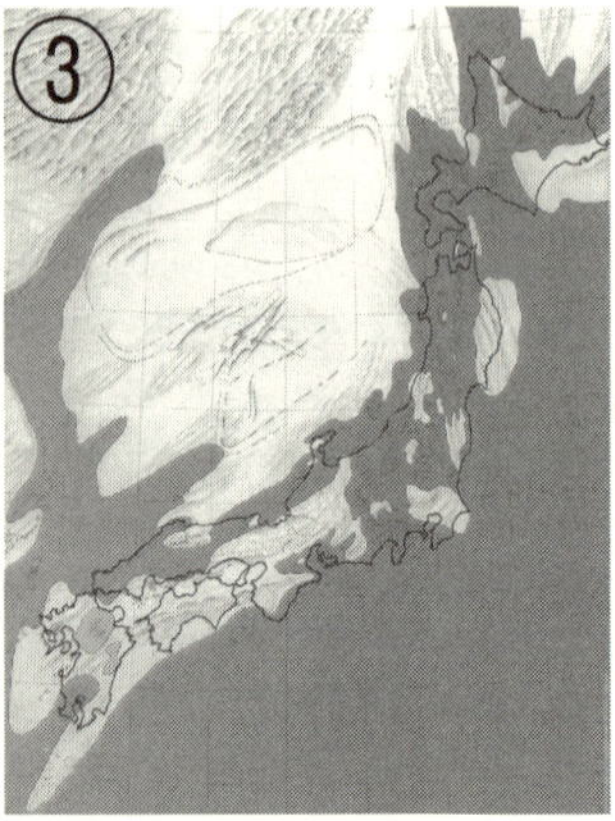

1900万～1650万年前

1650万～900万年前

300万～200万年前

200万～80万年前

『目でみる日本列島のおいたち＝古地理図鑑』（湊正雄監修、築地書館）

図49 日本列島のその後の変遷1

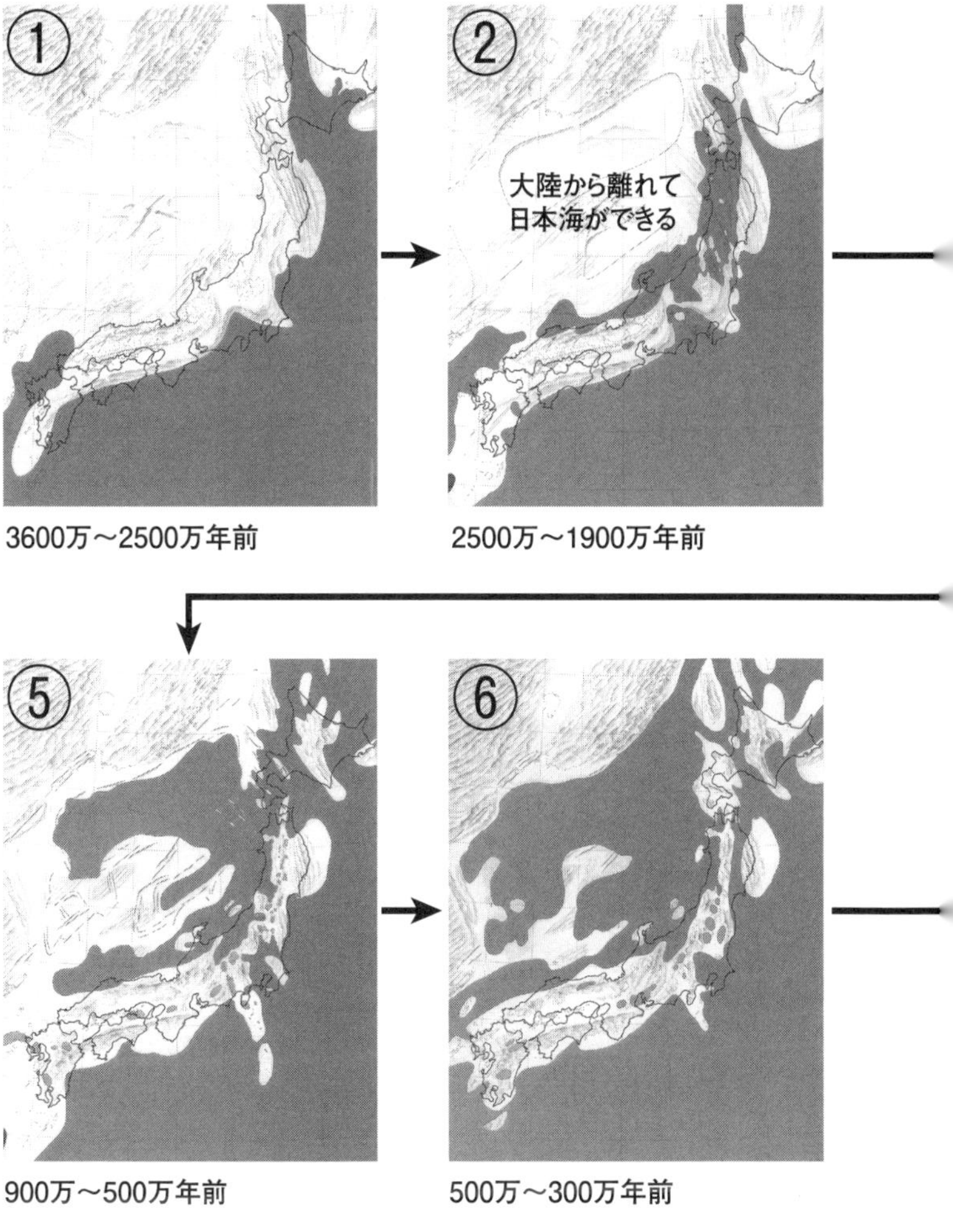

図49 日本列島のその後の変遷2

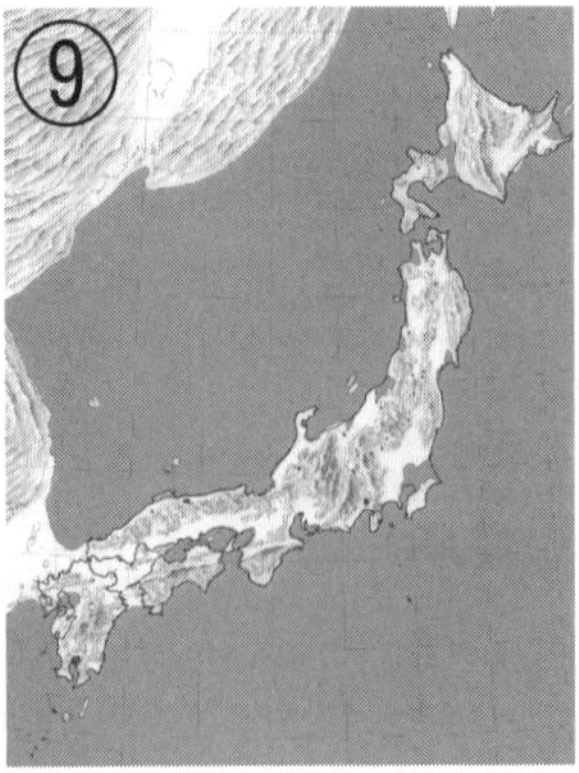

80万年前～15万年前

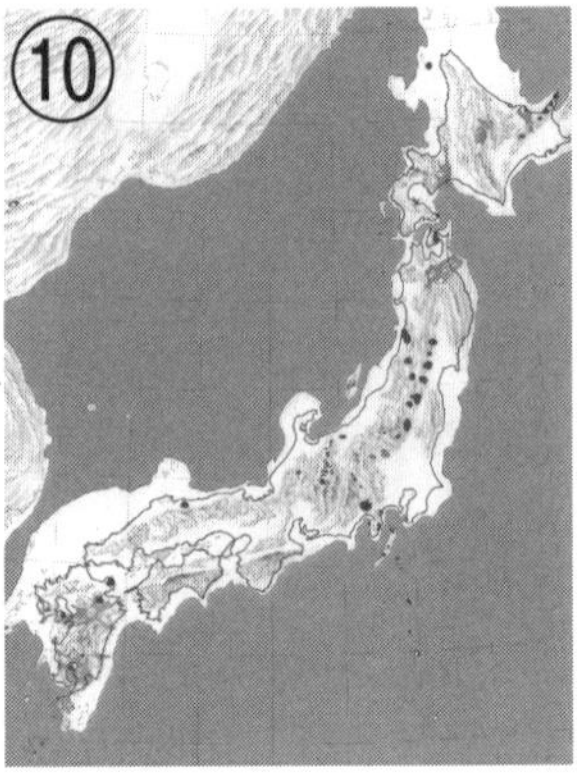

15万年前（氷期）～1万年前

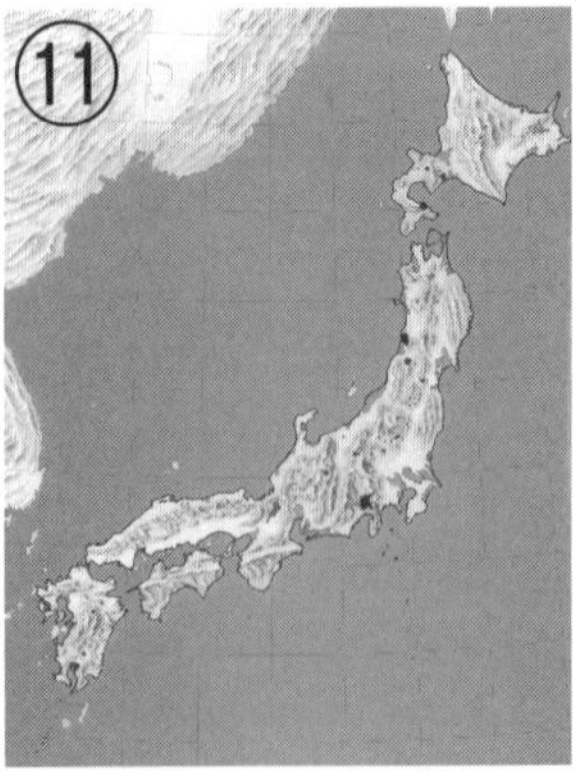

1万年前（海進期）～現在

こうして現在の形ができたが
今も日本列島は激しく動いている。

『目でみる日本列島のおいたち＝古地理図鑑』（湊正雄監修、築地書館）

して見てみよう。

列島が、その後、今日までどのように形を変えてきたかを、一挙に一一枚の古地理図を並べて、通【図49】の①から⑪までを一枚ずつ見てゆくと、日本列島の形の激変に、ただただ驚くほかない。こうして現在の形ができたが、この一一枚を動画として見れば、今も日本列島が激しく動いていることは、疑うべくもない。

②で日本海らしきものができて、弧状列島の日本列島として大陸から分離した。ところが、折角列島らしい原型ができたと思ったら、④の九〇〇〇万年前頃には、再び大部分が海の中に没しているのだ。一体これは何だろう。実は、さきほど説明した三〇〇〇万年前頃までの変化は、日本の海底で起こった出来事を中心にした造山運動の原理を示すメカニズムである。そこに、ヴェーゲナーの大陸移動説によって明らかになった大陸の移動と拡大・分裂が作用して、大陸の横に誕生したこの小さな日本列島に、絶えず巨大な影響を与えているのだ。

そしてもう一つ、一枚目①の三〇〇〇万年前頃までは、その前のほぼ三〇〇〇万年間、気温の変化があまりない温暖期がかなり長く続いたが、そのあと、気温が下がり始めて、何度も氷河期（氷期）と温暖期（間氷期）が訪れる時代になった。そのため、地中のマグマとプレート運動に加えて、氷河ができたり融けたりしたため、海水面の高さが激変する時代に入って、【図49】の一一枚の全時代を通じて、それが現在まで続いている。その影響で、海上に出ている大陸と日本列島の形も変ってきたのである。気温の変化は主に、太陽と地球との関係によるもので、地球の内部の動きが原因ではない。しかしこれも、私たちがさまざまな近代的構築物を建てている日本の地殻がどれほど軟弱であるかを知るために、本書のテーマで決して見逃せない、重大な歴史である。

新生代後半の新しい造山運動

ではこれからいよいよ、現在に近い時代に起こった日本の変化で、代表的な出来事を追ってゆこう。

【図49】でまず注目するべき変化は、②の時代から、二四〇〇万〜一二〇〇万年前に、海底火山によるグリーンタフ造山運動が始まったことである。これが日本列島を最後に形成したと言われている重要な造山運動なので、少しくわしく説明しておきたい。

海底火山の噴火によって噴出した火山灰が、地上や水中に堆積すると、互いにセメントのようにくっついて固結しながら、岩石化してゆく。このような岩石を凝灰岩《ぎょうかいがん》といい、火山から生まれながら、堆積岩に分類されている。栃木県で産出され、石垣などによく使われている大谷石《おおやいし》が、凝灰岩の代表的なものである。凝灰岩を英語でタフ（tuff）といい、日本ではこの火山岩が大量に存在し、そのほとんどは緑色を帯びているもので、それをグリーンタフ（緑色凝灰岩）と呼んでいる。

【図50】に、日本列島を形成するグリーンタフ地域が、灰色で示されているが、本州の大部分をおいつくしている。特に、フォッサマグナから小笠原諸島に向かっている線状の地帯と、沖縄から台湾まで伸びている線状の地帯が、いかにも火山帯の日本の特徴を示していると感じられないだろ

図50 日本列島を形成するグリーンタフ地域

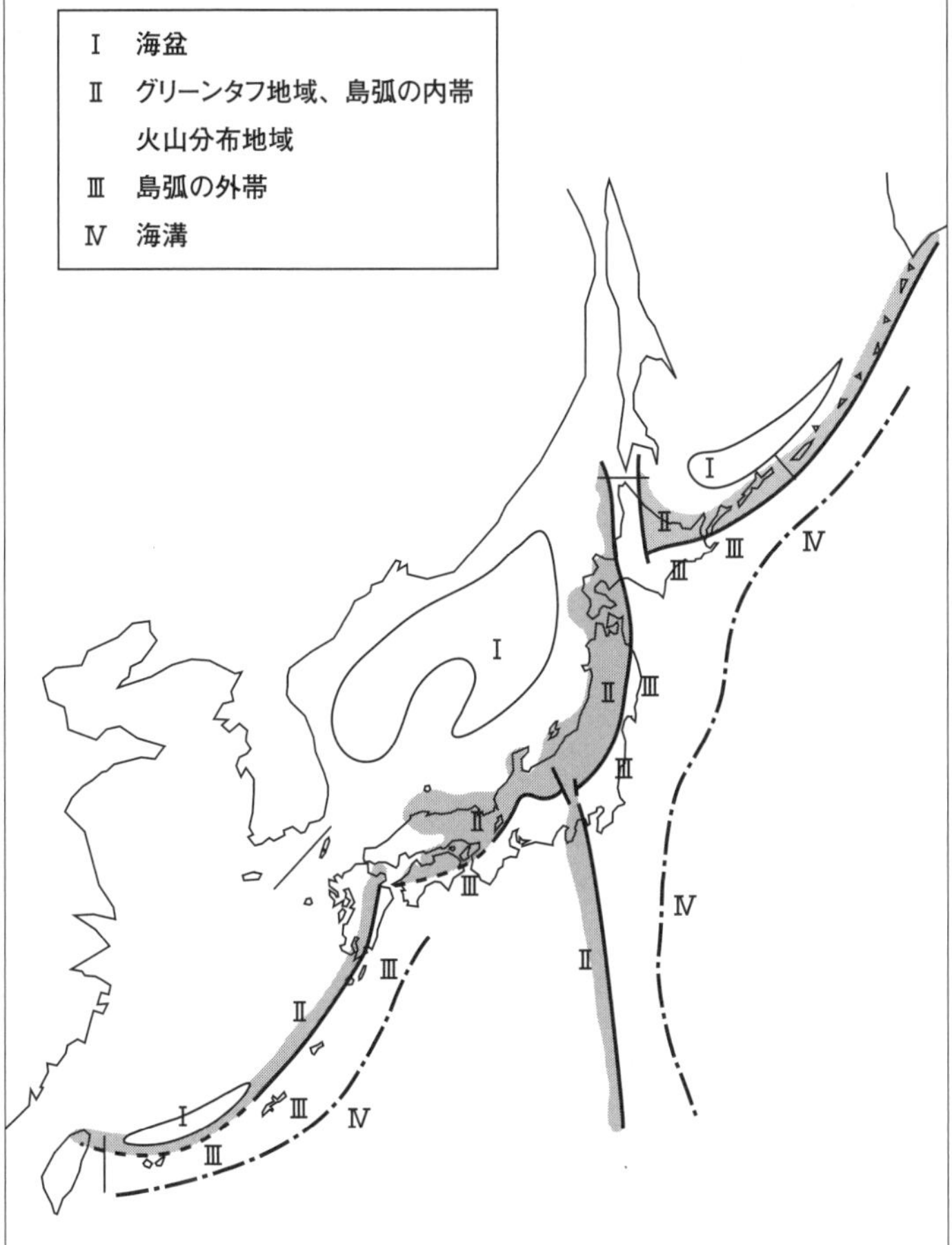

『日本列島』(湊正雄・井尻正二著、岩波新書)

うか。当然のことながら、このグリーンタフの分布は、日本の火山の分布図とまったく同じなのである。

なぜこれを説明するかと言えば、グリーンタフ地域では、入江や潟のような地形の海底の盆地がつくられるために、そこに石油の母岩となる黒い泥岩層を残した。そのため秋田、新潟などに、かつて日本の石油の宝庫として栄えた油田地帯が生まれたのである。その中心地が、日本石油（現・新日本石油）を生み出した新潟県の柏崎であった。ここに世界最大の原子力発電所が建設され、二〇〇七年の中越沖地震で大崩壊したのである。

また、もう一つのグリーンタフ地域として、明治初期に石油会社として成功し、太平洋岸で唯一の油田として有名な静岡県の相良《さがら》油田があった。最近の市町村合併によって細部の地名が訳の分らないものになったが、昔の住所としては静岡県榛原《はいばら》郡相良町にあった油田で、現在では牧之原市になっている。この場所を分りやすく言えば、浜岡原子力発電所と、駿河湾地震で東名高速道路が「崩落した」牧之原の地点を直線で結ぶと一五キロしかないが、そのちょうど真ん中あたりになる。

浜岡原発が建設された地層は、相良層である。これを中部電力は、強固な岩盤と呼んでいる。強固な岩盤？　相良層は、「強度が低い」軟岩なのである。これは、ここまで述べた日本のグリーンタフ造山運動を知っていればすぐに分ることだが、実際に私たちが、浜岡原発から一キロのところにある相良層の露頭《ろとう》を見学にゆくと、素手でも崩れる泥岩と砂岩で成り立ち、ボロボロであった。そこで私は大きな岩のかけらを手で取り、サンプルとして大切に包んでから、背中のナップザックに入れた。家に着き、ザックから相良層の〝強固な岩盤〟をとり出して見たのだが、どうなっていただろうか。〝強固な岩盤〟は、写真のように、何のショックも与えずに、粉々になっていた。この時、取り出した荷物の中から、まったく割れていないビスケットの包みが出てきたとき、私は深く考えこんだ。

浜岡原発五号機が、二〇〇九年の駿河湾地震で異常に大きな揺れを記録して、その地盤が軟弱であるということを第一章で指摘したが、相良層が強度の小さな軟岩、つまり岩とは呼べないような、破壊力に対して弱い地盤でできていることは、どのような地質学の教科書にも書かれている事実だが、中部電力がそれを「強固な岩盤の上に建設されています」と言っていることも事実で、なぜそのように発言するかという根拠が、私たちにはまったく分からない。むしろ、その精神構造がまったく分からない、と言うべきであろう。

粉々になった相良層のサンプル

岩石は、地質工学的に「軟岩」と「中硬岩」と「硬岩」の三つに分類される。地震の波が岩盤の中を伝わるとき、岩が硬ければ音波が速く伝わり、軟らかいとゆっくり、途中にクッションがあるような形で伝わる。これを弾性波速度といい、一秒間に三キロメートル以下の速度が「軟岩」、三〜四・五キロメートルの間がほぼ「中硬岩」、それ以上が「硬岩」と分類される。

ところが日本には、強固な岩盤と呼べるような硬岩はほとんどなく、特に原発現地の地質は、ほとんどが弾性波速度三キロメートル以下であり、最大の地震が予想される浜岡原発の基礎岩盤では二キロメートルしかない。これは岩と土の中間と言ってもよいほど軟弱な岩盤である。軟岩の相良層は、【図50】のように伊豆諸島や小笠原諸島から続くグリーンタフ地帯にあたるので、最近の三宅島の大噴火と、二〇〇九年八月の八丈島周辺〜駿河湾の連続地震は、明らかにこの一帯が海底深くで、活発に動き始めていることの最後の重大な警告である。

日本史に戻ると、その後、このグリーンタフ造山運動を引き継いだのが、【図49】の④から⑤にかけての変化である。日本列島の横腹、伊豆七島から小笠原諸島に向かって、大きな腕が伸びている。これは、太平洋の海の水を取り除くと巨大な姿を見せる大きな火山列島であり、脇腹にはその南のマリアナ群島にまで達する大断層が生まれた時代である。日本海溝から、伊豆・小笠原海溝、さらにマリアナ海溝へと続く海底断層を境として、太平洋プレートがフィリピン海プレートの下にもぐりこんでいる。この北の延長線が、本州を東北日本と西南日本に二分するほどの大地溝帯（フォッサマグナ）として日本列島に大きな傷痕を残したのだ。

第一章で、フォッサマグナ一帯の山々を見てもらったが、四〇頁の【図13】のうち、北アルプスの白馬岳《しろうまだけ》は、火山ではなく、海底から隆起してできた山である。白馬岳より高い槍ヶ岳も穂高岳も、火山ではない。標高三〇〇〇メートル前後のこれらの山々が隆起したのだから、相当な年月を費やしただろうと思うが、ざっと二〇〇万〜一〇〇万年前から始まった造山運動なので、地球の歴史からみればごく短い期間である。ヒマラヤ山脈は、ほぼ七〇〇〇万年前にインド亜大陸がユーラシア大陸に衝突して、その衝撃で八〇〇〇メートル級になったのだから、日本の造山運動はそれに比べて桁違いに早いことになる。ところがこの激しく感じられる造山運動でも、一〇〇万年で三〇〇〇メートルの巨峰ができるためには、海の堆積物が一年で三ミリ隆起すればよいだけである。

こうして日本は隆起を続け、グリーンタフ地域がますますその姿を明瞭にしながら、現在の日本列島へと成長してきた。この時期の日本は、もうすでに今から一〇〇万年単位の時代に入っているので、地球上では人類の祖先による石器の使用が始まり、日本にも、石器を使う原人が到来した頃である。

伊豆半島の誕生と六甲変動

このようにして、二〇〇万年から一〇〇万年前の時代に入ってくると、太平洋上で北上を続けてきたフィリピン海プレートに乗った島が、ついに行き場を失って日本列島に激突するという大事件が起こった。次頁の【図51】のようにしてできたのが、伊豆半島であった。勿論この図は、分りやすく描いた想像上のイメージであって、海面上にどのような形の島が動いてきて衝突したのかは、定かでない。いずれにしろ、すさまじい力がこの一帯に作用したのである。それは隕石が地球に衝突するようなスピードを持った現象ではないので、地質学的には、「付加する」と呼ばれているが、時間を縮めてみれば、力の作用としては「衝突した」のである。

その激突によって、本州は土台から揺らぎ、のちに一帯が噴火し始めて「天下の嶮《けん》」箱根が生ま

図51 本州に衝突して合体した伊豆半島

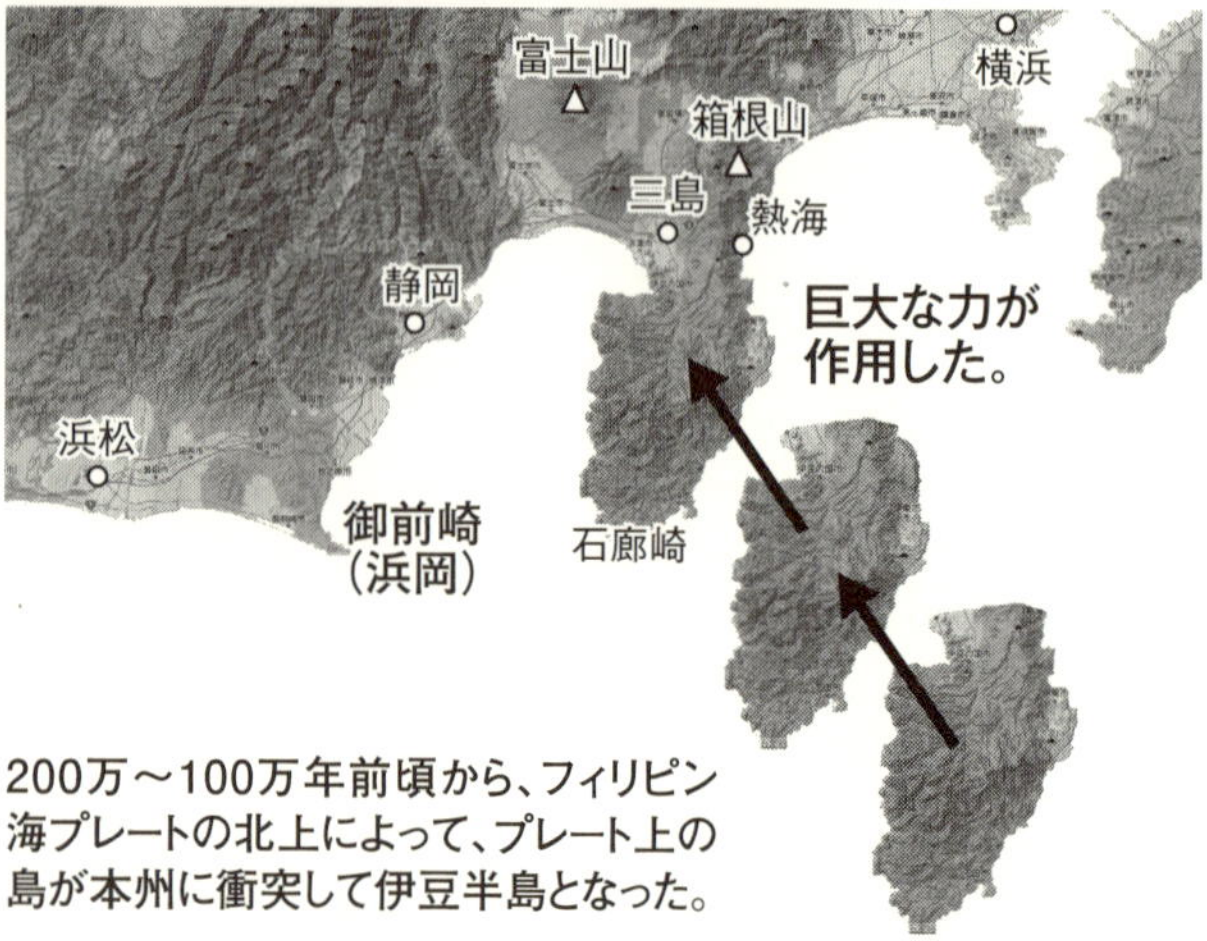

200万～100万年前頃から、フィリピン
海プレートの北上によって、プレート上の
島が本州に衝突して伊豆半島となった。

れ、さらに富士山の噴火が始まるという大事件をもたらすことになる。したがってこの伊豆半島の衝突という大事件は、駿河湾を挟んで目の前にあった御前崎の土台にも、大きな歪みと亀裂を刻みこんだ。この衝撃力による変動は今も続いており、私たちがおそれている東海大地震が起こった時に、必ずいっせいに動き出す断層の種となって、土中深くにまかれているのである。

一〇〇万年前の時代には、関西地方でも地殻の激動が起こっていた。地質学で有名な「六甲変動」である。大阪湾と神戸を中心に見た前後の変化を【図52】に示す。この時期まで、いまの神戸は海底にあった。ところが大阪湾の海底が沈み始めると、一方では海底が隆起して地上に姿を現わし、一方はますます沈み、一方はますます隆起することによって、ついに六甲山地

図52　六甲山地が誕生した原理

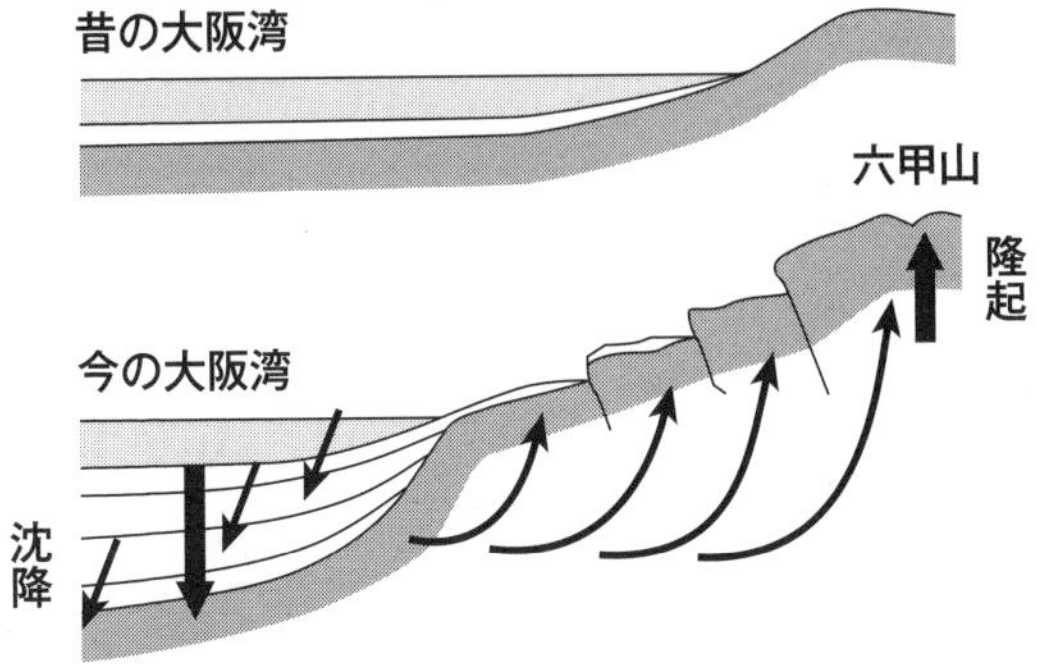

100万年前頃から地殻変動が起こり、海底の一方が沈降し、他方は隆起して六甲山地が誕生した。この変動は、50万年ほど前からさらに激しくなって、現在もこの隆起〜沈降が続いている。

神戸市教育委員会作成図

ができあがる大変動が起こった。六甲変動は、五〇万年ほど前からさらに激しくなって、ついに九〇〇メートルを超える六甲山を生み出した。この変動は、伊豆と同じように「現在も続いている」のである。

六甲変動と共に成長してきた亀裂が、神戸市内を走る五助橋《ごすけばし》断層であった。そして一九九五年一月一七日、淡路島の野島断層が動くと、海底に分布していた未知の断層が次々と亀裂を伝播し、本州側に上陸して五助橋断層の裂け目が大きく動いて神戸市内を破壊、さらに波動は六甲山麓にまたがる六甲断層にまで至っていた。そのため比較的小さな断層が連鎖反応となって動いて、全体として大型活断層が動いたのと同じ結果となり、マグニチュード七・三の大きなエネルギーの兵庫県南部地震として、神戸市を火の海に変える阪神・淡路大震災となった

1995年1月17日、兵庫県南部地震で阪神高速道路がもろくも倒壊

のである。死者六〇〇〇人を超えたこの大惨事では、阪神高速道路が土台からひっくり返って、このようなことが本当にあるものかと目を疑わせる光景がテレビに映し出され、日本の巨大建築物がわずかマグニチュード七・三の地震で倒壊するという地震のおそろしさを私たちに教えた。

これをテレビで見た私は、マグニチュード七・三の地震が持つ破壊力と、これほどの巨大建築物を倒壊させるエネルギーがにわかには頭の中で理解できなかった。岩石は一立方センチメートルの内部に、ほぼ五〇〇〇エルグのエネルギーしか蓄えることができないので、地震が岩盤を破壊したエネルギーの大きさと、岩石の密度から、神戸市内の地底でどれほどの大きさの岩盤が破壊されたかを計算してみたところ、阪神大震災で動いた岩石の大きさは一辺二二キロメートルの立方体（サイコロ）に相当することが分った。富士山の高さは三七七六メートル（三・七キロメートル）だから、富士山の六倍近い高さ、なんと世界最高峰エベレストの二・五倍の高さの巨大なサイコロが、神戸市の地底で破壊されたことになる。この岩盤の破壊が時速九〇〇〇キロメートルで突っ走ったのだ。それほど大きな破壊エネルギーが兵庫県南部地震の正体だったのである。

浜岡原発を襲う東海大地震では、マグニチュード八を超えるので、エネルギーはこれよりはるかに大きく、破壊される岩石は小さくとも一辺五〇キロメートルの立方体になる。五〇キロとは、この章の最初に示したように、最も深い地殻の厚さと同程度である。実際に日本で起こったマグニチュード八・〇の濃尾地震では、断層長さが八〇キロにおよんだ。高速道路を自動車で時速八〇キロで一時間走り続ける距離である。これが、地震の破壊力を教える大きな岩の動きである。高速道路が大きいといっても、富士山の前に置いてみれば、ほとんど見えないぐらいの構造物にすぎないだろう。原子力発電所が巨大な構造物であっても、それは富士山に比べて小さな豆粒のようなものだ。これが壊れるのは、当たり前だということに気づいた。

さて次の日本史に移ると、いよいよ八万年前頃からその富士山が噴火を始め、一万五〇〇〇年前頃まで噴火が続いて、噴出した火山灰が降り積もって、標高三〇〇〇メートル近くまで成長した。ついには日本一となる山が、古富士としてようやく日本列島に誕生したのである。考古学の好きな人であれば知っているように、大陸から渡ってきたマンモスが、北海道の日高山脈の南端にある襟《えり》裳《も》岬まで南下したのが、この時期である。富士山はなぜ噴火したか？　先に述べた伊豆半島の衝突によって、プレートとプレートがぶつかり合い、その頂点となった地底から、マグマの噴出が起こり、マグマだまりをつくって、それが噴出してできたのが富士山である。

日本の代表的な火山は、マントル対流によってプレートが沈みこんでいる太平洋側の海溝から、マグマだまりが次々に生まれ、それが噴出する噴火なので、海水を一緒に引きこむために爆発的な噴火になるという、こわい特徴がある。富士山は日本一の山だから古いだろうと考えてしまうが、現在の形になってから、まだ一万年もたっていない若い山なのである。だからこそ、富士山宝永大噴火が起こったのは、ほんの三〇〇年前なのである。つまり伊豆半島の衝突による日本中央部の激動が、静岡県の一帯では今も続いていることにほかならない。

こうして日本史は、今から一万年前という時代に入ってきた。そう、私たちの祖先である人間が北方や南方から渡来してきた。彼らは、この日本列島は地下が激動する島だとも知らずに住み着いて、新しい文明を築く「縄文時代」がやってきたのである。

縄文海進による地形の変動

なぜ北方や南方から、人間が渡来したのだろうか。

最後の氷期が到来して、地球が冷え固まった。私たちには「氷河期」という言葉のほうがなじみ深いが、氷河とは文字通り流れる氷の河なので、地球の寒さを示す表現としては正確ではない。広

図53 最後の氷期に大陸とつながった日本

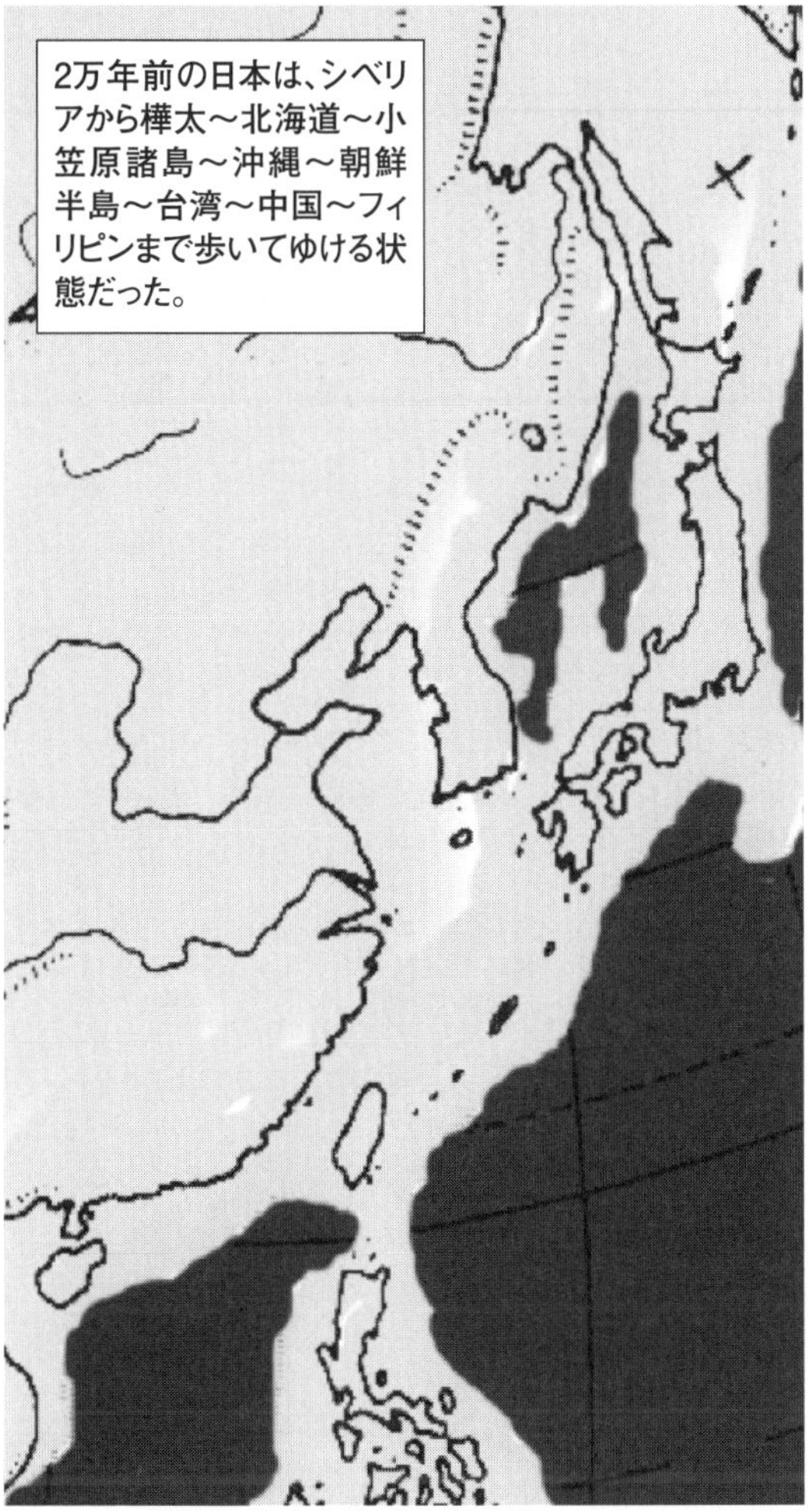
2万年前の日本は、シベリアから樺太～北海道～小笠原諸島～沖縄～朝鮮半島～台湾～中国～フィリピンまで歩いてゆける状態だった。

『人類の誕生』（今西錦司著、河出書房）

大な氷床ができる時代は、氷期である。そして海水が氷となって海が大幅に縮小され、日本が大陸と完全につながってしまったので、たくさんの人間が渡来したのである。一三〇頁の【図49】⑩にその時代が示されているが、それよりさらに陸土が広がって、二万年前の日本は、前頁に示した【図53】のように、シベリアから樺太〜北海道〜小笠原諸島〜沖縄〜朝鮮半島〜台湾〜中国〜フィリピンまで歩いてゆける状態だったのだ。そこへ、南方からも北方からも、動物を追って狩猟する人間が渡ってきた。

さてそのあと、最終氷期が終ると、約七〇〇〇年前から四〇〇〇年前にかけて、気候の最も温暖な時期を迎え、地球上の巨大な氷床と氷河が融けて海面が現在より数メートルから一〇メートルも上昇する時代を迎えた。日本でも現在よりはるかに温暖で、各地の地層調査の結果から、海面が現在より最大三〜五メートルほど高かったことが明らかにされている。この海面が高くなったピーク時期が六五〇〇〜五五〇〇年前の縄文時代なので、この海面上昇を「縄文海進《かいしん》」と呼んでいる。

縄文海進が起こったことは、明治時代の初めに来日した動物学者エドワード・モースが、東京で大森貝塚を発見してから、日本人による関東地方での貝塚発見競争が始まり、【図54】のようにして明らかにされた。つまり栃木県の山奥にまで、海に面した河口に生息する貝の殻があるのはなぜだろうかという謎を解くため、考古学者たちが河川の流域と貝塚の分布をつき合わせてみた。その結果、図のように各地で海が内陸に深く入りこんでいたから、縄文人がそこで貝を食べ、貝塚が残ったということが分ったのである。この図は、その一時期を示したもので、ほかの学者によっても、

図54 貝塚が実証した関東地方の縄文海進

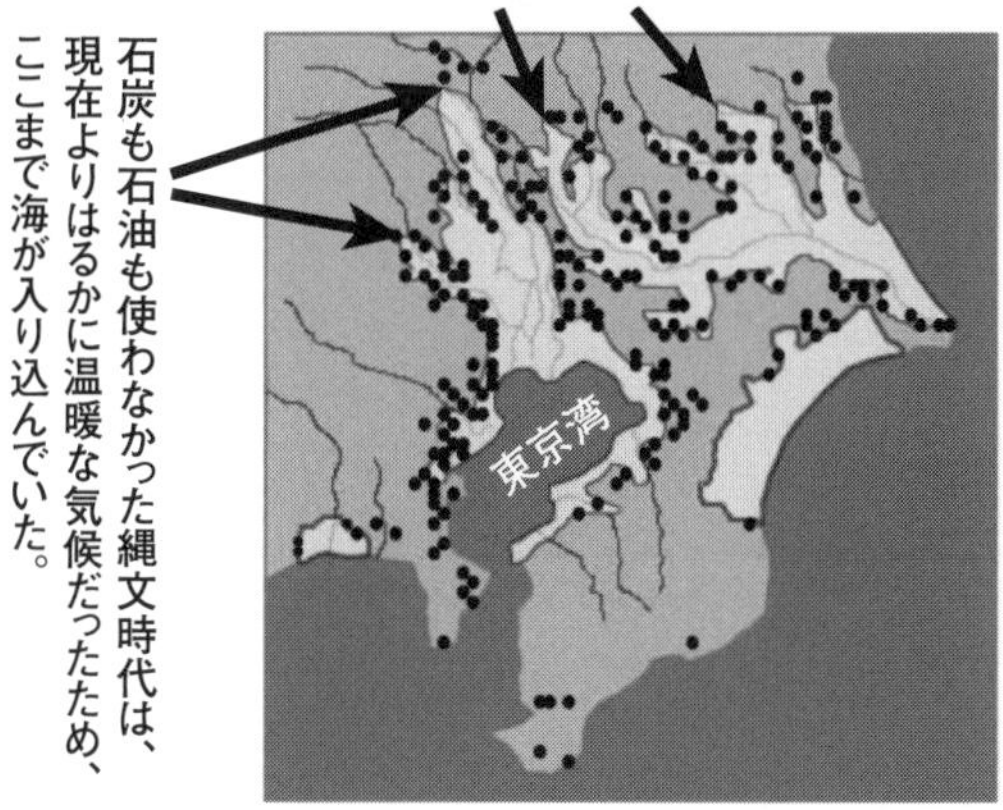
石炭も石油も使わなかった縄文時代は、現在よりはるかに温暖な気候だったため、ここまで海が入り込んでいた。
東京湾

薄い灰色部分までが縄文時代の海。河川の流域と貝塚（●）を地図上に描いてみると、昔の海岸線が明らかになった。図は江坂輝弥原図などより。

海が入りこんでいた推定海域の図が時期ごとに作成されている。

この考えをもとに、この時代の日本全体を、全国の地質学者や考古学者が同じように調べてみた。さきほどの『目でみる日本列島のおいたち＝古地理図鑑』にその調査結果をみると、【図49】の最後の図⑪になる。そしてこれを拡大してみたのが、一四六〜一四七頁の【図55】の四枚の図である。青森県の六ヶ所再処理工場、新潟県の柏崎刈羽原発、石川県の志賀《しか》原発、そして静岡県の浜岡原発、なんとすべて、海底だったところにこれらの危険な原子力プラントを建設したわけである。よくもこのような土地を選んで建てたものだ、と言葉を失う。

この四ヶ所の地質にはみな、心当たりがある。柏崎が、「豆腐の上の原発」と呼ばれてきたのはそのためだったが、二〇〇七年の中越沖地震

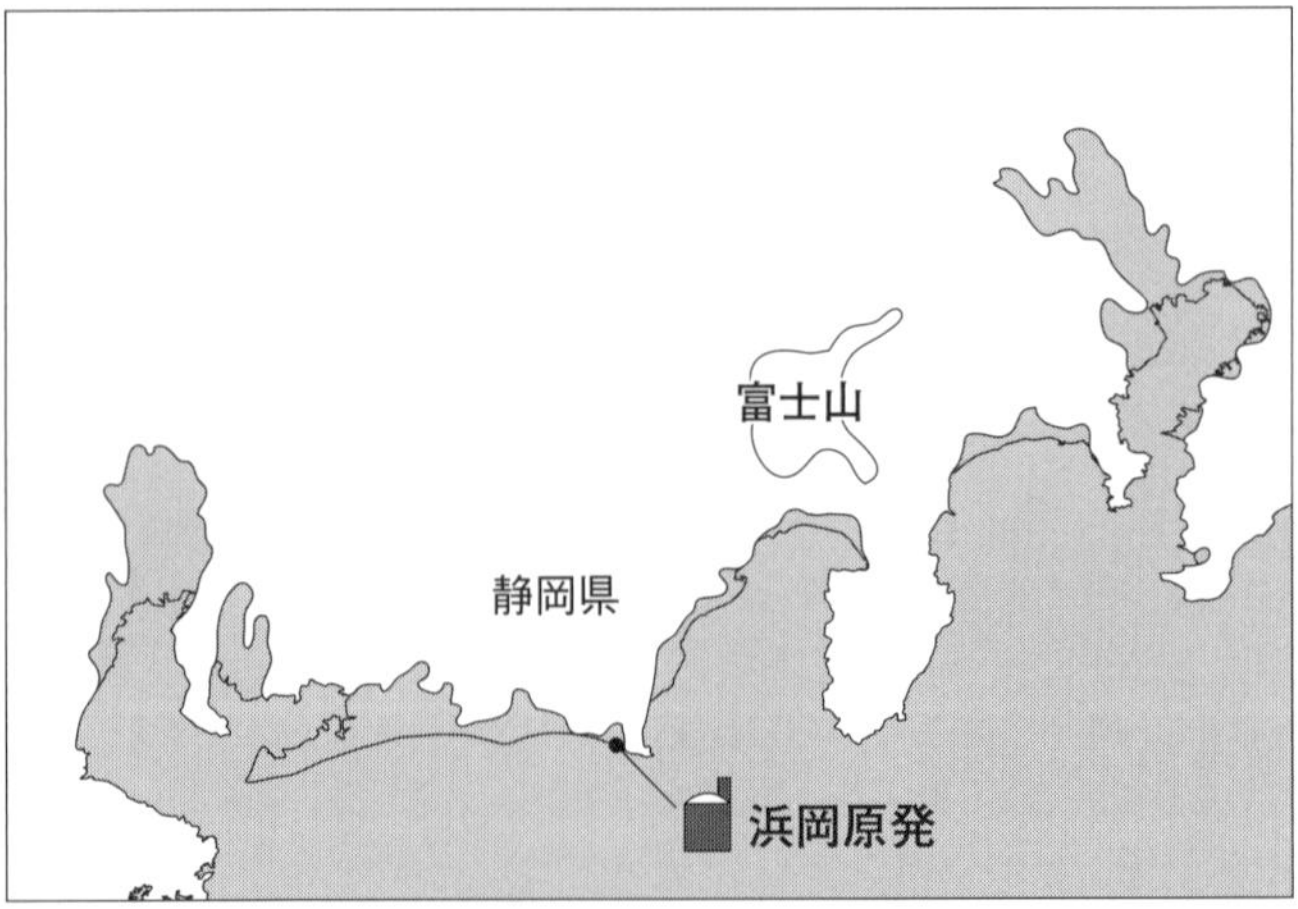

『目でみる日本列島のおいたち＝古地理図鑑』（湊正雄監修、築地書館）

図55 縄文海進時代の原発サイトの海岸線

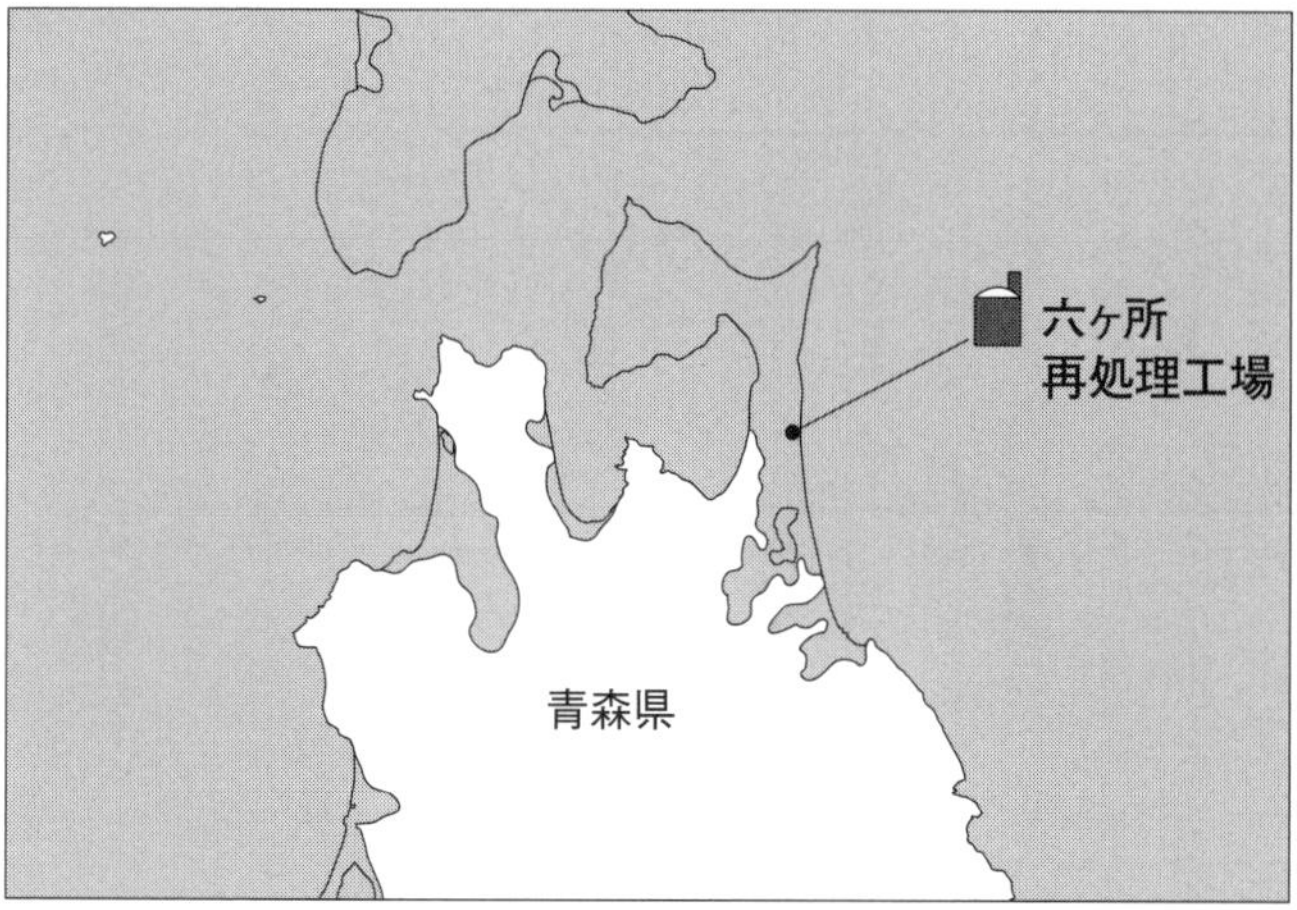

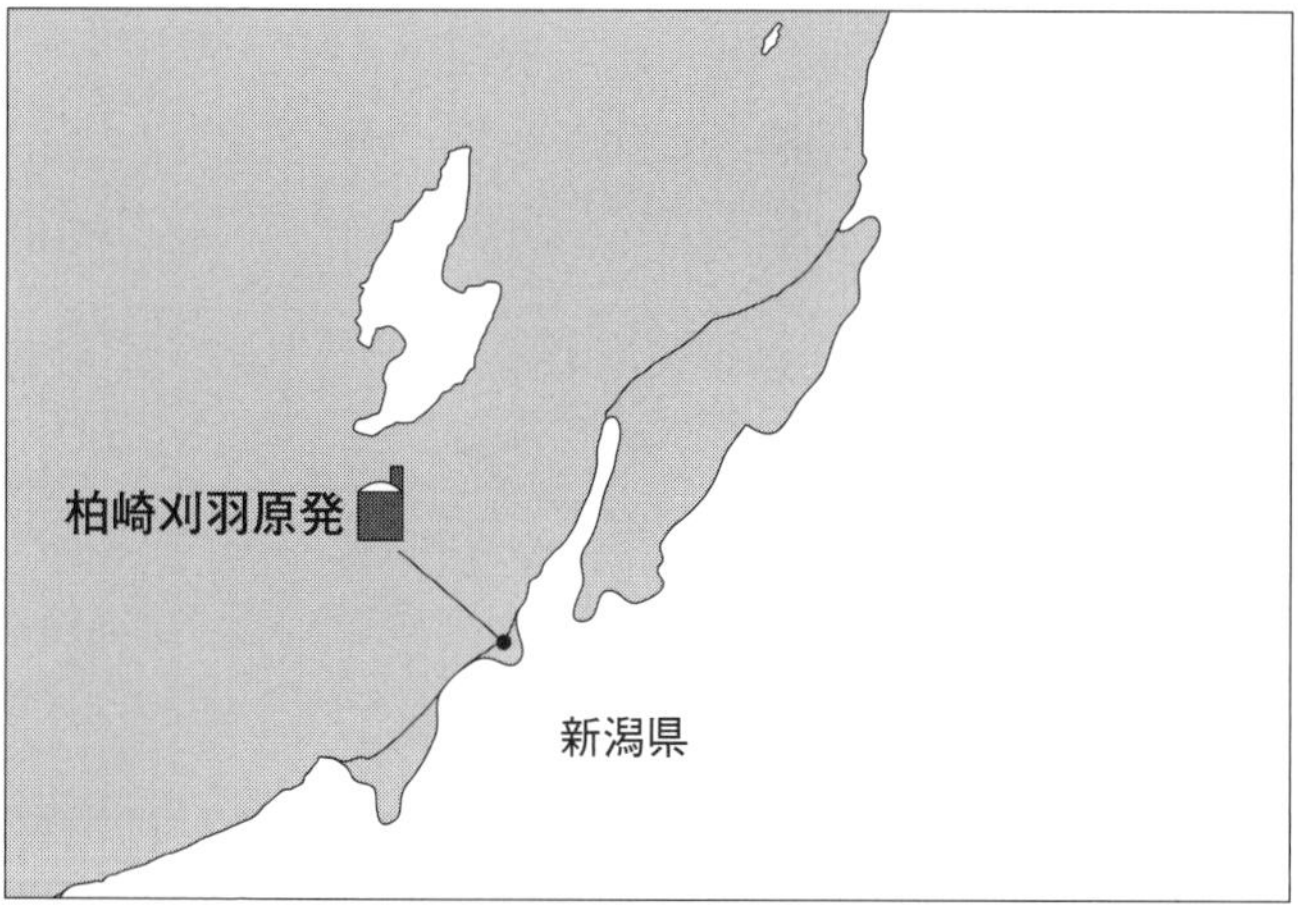

のあとは、「くず湯に浮かぶ原発」と呼ばれている。ここの地質は、掘っても掘っても岩盤に到達しないため、四〇メートルほど掘ってようやく岩盤らしいところに達したが、六号機、七号機の地盤では、それでも岩盤と呼べないほどあまりに軟弱なため、鉄筋コンクリートの人工岩盤（マンメイドロック）によって基礎を築かなければならなかった。

志賀原発では、地質調査の時に、ボーリングによって地質を採取したコアが建設現場に大量に捨てられていたことが、工事関係者からの内部告発による証拠写真で明らかになった。ボーリング調査したコアは高価で、すべてに番号がつけられて保管されるので、捨てられることはあり得ない。これは、地質が余りに軟弱だったので、強固なサンプルとさし替えていたからであり、この重大なデータ捏造を北陸電力に問い質《ただ》しても、彼らは取材を拒否し続けて、強引に原発を建設してしまったのである。

九州電力の川内原発でも、地盤が軟弱で、掘るたびに、硬い部分と柔らかい部分が交互に出てきた。これでは強固な岩盤として審査を通らないと判断した現場では、ボーリング中にあらかじめ番号ナシの硬いサンプルを「貯金」と名付けてとっておき、柔らかいサンプルが出た場合には硬いものとさし替えたのである。九州電力は、「そんなことができるはずはない」と反論したが、現地の作業者が、国会に参考人として呼ばれ、「俺がやった」と証言して大問題になったのである。九州電力は、ついにその事実を認めたが、「さし替えはしましたが、測定結果には違いがない」と主張し、原発は建設されてしまった。コアをさし替えて、結果が同じであるはずはない。ところが科学技術庁が、軽い警告を出し、それで地質調査が審査を通過したのである。

六ヶ所村の再処理工場は、沼地だったところに建設され、すぐ近くに建設された巨大なむつ小川原石油備蓄タンクは、傾きながら沈下していることが問題になった土地である。

そして、浜岡原発もまた、さきほど述べた通りである。縄文人が土器をつくっていた縄文時代に、「海底にあった相良層」の上に建設されたのである。考古学的に言えば、縄文時代は今から三〇〇〇年前に終ったとされるので、地球の構造地質学から考えれば、ほんのさっきの出来事である。

この縄文海進時代に完成したのが、四国と中国地方のあいだに横たわる瀬戸内海であった。したがって、伊方原発が建設され、上関原発の建設を強行しようとしている瀬戸内海は、まだ誕生して六〇〇〇年ほどしかたっていない若い海である。

「強固な岩盤」が存在しない日本

多くの読者にとって、縄文時代は、相当に古い時代だと思われるに違いない。確かに私たちの好きな人類学的な考古学では、「日本最古の縄文時代」である。

しかしこれを、次頁の【図56】に示した西ヨーロッパの地質分布と比べていただきたい。北欧のフィンランドからスウェーデンを形成する楯状地《たてじょうち》と呼ばれる一帯の地質は、二〇億年前という時代のものである。ノルウェーからイギリス北部にかけての若いカレドニア造山帯でも、五億〜六億年前である。そのころ日本は、まだ海底に、土砂も積もっていないのだ。南に下ってフランスやスペ

図56 西ヨーロッパの地質分布

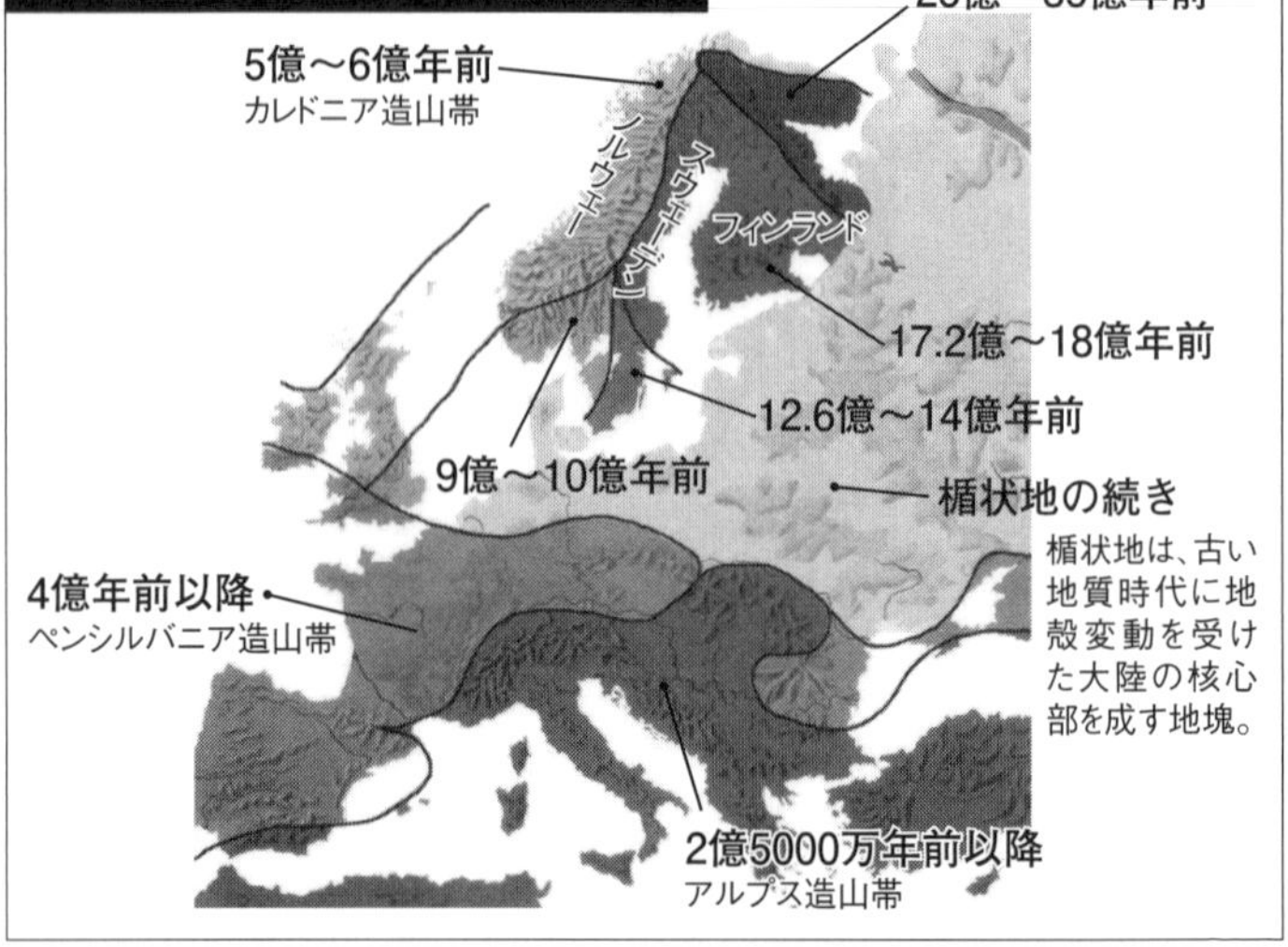

インのペンシルバニア造山帯は、西ヨーロッパではかなり若いが、それでも四億年前からの地層である。ようやくその南のイタリアあたりが、火山として現在も噴火を続けるシチリア島を抱え、二億五〇〇〇万年前以降のアルプス造山帯として、ヨーロッパの中では若い地質である。地中海にはプレート境界もあるので、地震もかなり発生する。そこで、イタリア人は一九八七年の国民投票で原発計画を凍結してしまい、賢明にも原発は一基も運転していないのである。

　ここで説明した縄文時代とは、三〇〇〇年前に終った時代である。この千年単位の話の前に、万年単位の地球史があり、その前にヨーロッパ大陸を生み出した億年単位の地球史があるわけだ。日本とは、年代の桁が五つも六つも違っている。その太古の時代がヴェーゲナーの唱えた大陸移動の時代であった。それに比べて、日本の地盤がどれほど若いかということを、私たちは知っていなければならない。

現在、日本の海岸線にある陸土は、ほんの数千年前の縄文時代には、海水に洗われていた。海の波浪によって、岩石はたちまち浸食され、砕かれて海岸の砂になる。そのような場所は、不安定で地滑りを起こす軟弱な土地である。一体そこに、何が建設されているか？

一五二〜一五三頁の【図57】に描いたように、すべての原発が、海水で原子炉を冷やさなければならないため、海岸に建設されてきたのだ。日本の原子力プラントを見れば、「電力会社が宣伝している強固な岩盤とは、言葉だけだ。原発は、湾内の弱い破砕帯を選んで建設されてきたので、原発ぐらい弱い地盤の上に建っているものはない」という地質学者・生越忠《おごせすなお》氏が鋭く批判してきた通り、これは科学的に、完全に間違いである。

日本人は、地質学が教える「生きている地球の動き」を知らない、とてつもなく無謀な民族である。このように傲慢な考えで、これからも無事に生き続けられると信じこむのは、新興宗教に近いと断言しても過言ではない。

ではなぜ、このように大きな間違いが起こってしまったか……なぜ日本人はこのように、プレートテクトニクスの世界的学問を無視して、原子炉を林立させてしまったのか。その理由を追及しなければ、本当の危険性は理解できないのではないか。

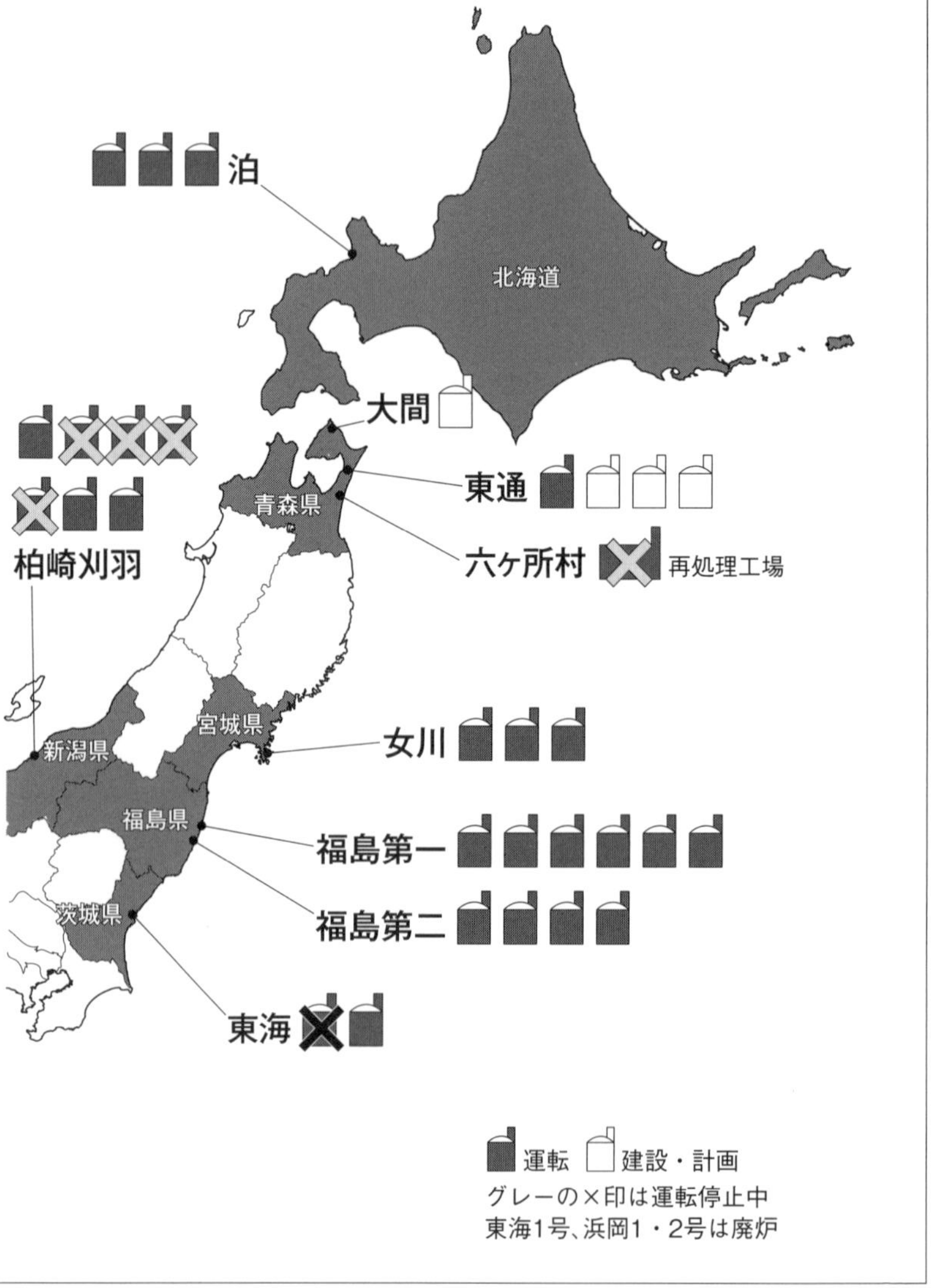
泊
北海道
大間
東通
青森県
六ヶ所村
再処理工場
柏崎刈羽
宮城県
女川
新潟県
福島県
福島第一
福島第二
茨城県
東海
運転
建設・計画
グレーの×印は運転停止中
東海1号、浜岡1・2号は廃炉

図57 日本の原発と主な原子力プラント （2010年7月現在）

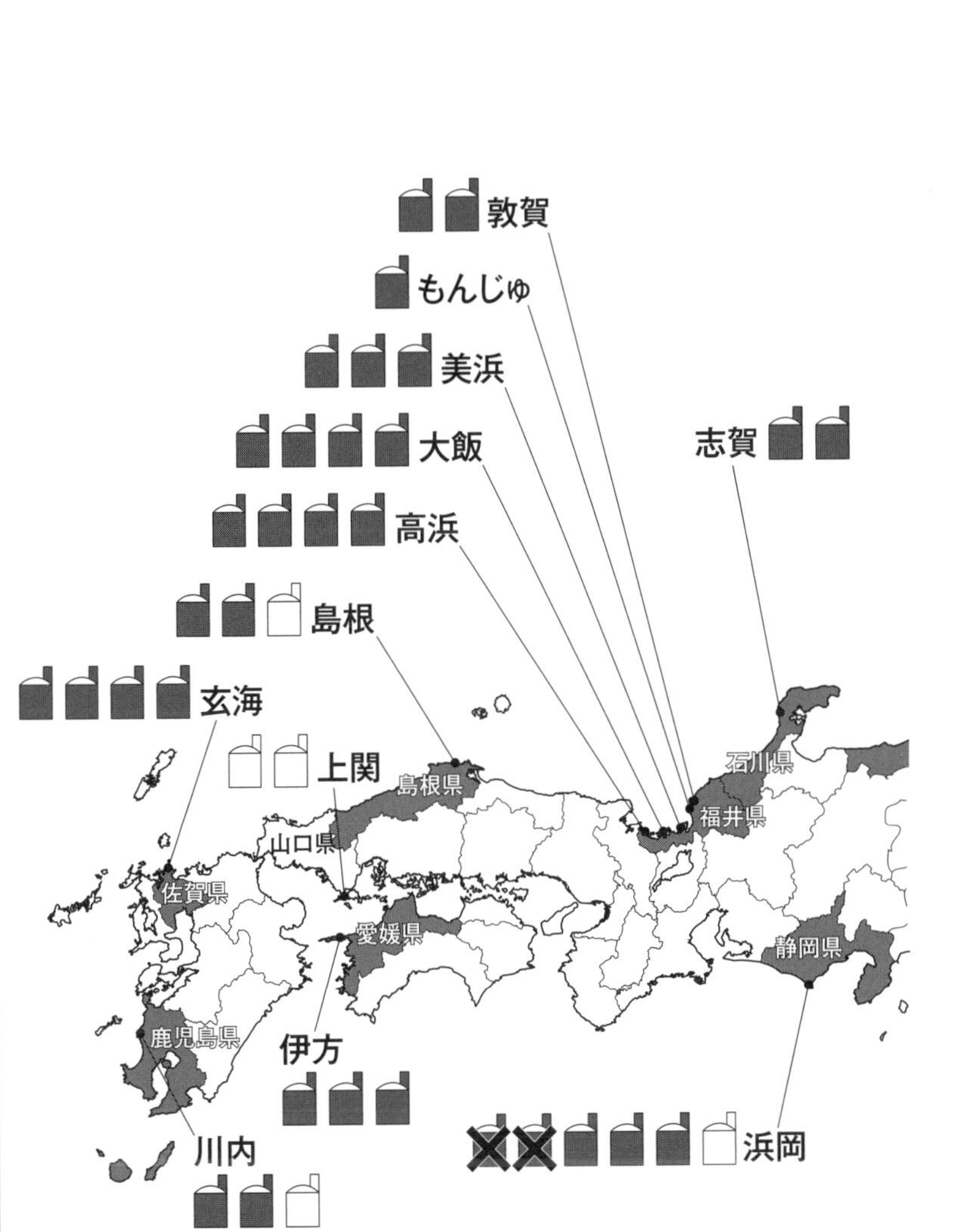

第三章

地震列島になぜ原発が林立したか

新潟県中越沖地震で地面から浮き上がった柏崎刈羽原発プラント

大陸移動説とプレートテクトニクスを認めなかった日本

一九六八年にカナダのテュゾー・ウィルソンが過去の大陸移動説すべてをまとめたプレートテクトニクス理論を完成し、世界がこれを認めた、ということを第二章に述べた。これが、現在の地震学の基礎の基礎である。

ところが日本ではその九年前の一九五九年一二月一日に、日本最初の商用原子炉である東海村原子炉の建設に、電源開発調整審議会（電調審）が決定のゴーサインを出し、一九六一年に建設に着工してしまっていたのである。

当時の日本政府による原子力推進の基礎的な思想は、一九六四年五月二七日に科学技術庁長官・佐藤栄作を委員長とする原子力委員会のメンバー、石川一郎、有沢広巳、兼重寛九郎（原子力委員長代理）らが策定した「原子炉立地審査指針」に明白に現われていた。正しくは「原子炉立地審査指針およびその適用に関する判断のめやすについて」と題するこの指針では、おそらく読者の誰もが驚くはずだが、「地震が多発する場所に原発を建設してはならない」と定めなかったのである。

プレートテクトニクスに対しては、日本の地質が若いため、日本人が大陸移動の実証をすることは学問的に困難であった、ということもある。そのため、日本は大陸移動説を無視し続け、プレートテクトニクスの理論をそのまま受け入れることをしなかった。むしろ日本の多くの学者は、「日本は世界最大の地震国である。一〇〇年前に地震計をつくって近代地震学を創始したのは日本である。地震については、アメリカ・ヨーロッパの人間は、日本人にかなうまい」という優越感が強かったと言われ、「地震を体験しない国の人間が何を言うか」という気持があったのは確かである。

しかも日本の電力会社は、地盤が強固な土地を選んで原発を建設するのではなく、原子力発電所の建設地を選択したあと、その「安全性」を証明するためにアリバイづくりの地質調査をする、という逆の手順を取ってきた。そのため、地質学者・地震学者の力を借りて地質調査を実施してきた。

その時、これらの学者の所属する学会に電力会社が巨額の支援をおこなったので、学者の多くは実質的に電力会社の顧問として雇われる形となり、それが結局、地質学者・地震学者たちが「危険であるからやめなさい」と文句を言えない社会構造を生み出した。そして、その中でも悪質と言ってよい、いわゆる御用学者と呼ばれる集団が、原発建設の主導者である通産官僚（現・経済産業省官僚）と手を組んで「安全性の評価」を判断する国家権力者としてふるまい、一度建設候補地を選べば、そこの地質が軟弱であろうと、危険な活断層があろうと、すべて認可されるという経過をたどってきた。

日本の電力会社が原子力発電所の建設に利用してきた組織として、地震予知総合研究振興会というものがあり、電力会社の御用機関と呼ばれてきた。活断層があり、その距離が長く、大地震を起こす可能性が高い場合には、必ずこの振興会の学者が現われて、「この断層は、死んでいる」とつぶやく。しばらくすると、そこに原子力発電所が建っている。

勿論この振興会の中には、まともな学者も入っていたが、一方で監事、理事、評議員、参与、顧問の肩書のなかに、数々の大学教授の名前があり、そこに「原子力環境整備センター・理事」、「原子力発電技術機構・特別顧問」、「電力中央研究所・理事」、「関西電力・土木建築室部長」、「中部電力・土木建築部副部長」、「東京電力・技術研究所構造研究室長」、「東京電力・原子力建設部長」、「東電設計・理事」たちが同席してきた。そこに、土木事業の利権にかかわると見られる「ゼネコン・技師長」、「建設省・土木研究所地震防災部長」らが名前を列していた。これが、原子力発電所の敷地から活断層を手品のように消してきた機関――地震予知総合研究振興会の正体である。実質的に地質や活断層が問題となって、候補から外された土地が一つもないのはそのためである。

阪神大震災で信頼を失った原発耐震指針

こうした時代、一九六九年五月二三日に、浜岡原発一号機の建設が電調審で決定され、一九七一年三月には建設に着工したのである。

その翌年、一九七二年に杉村新《あらた》氏が「日本付近におけるプレートの境界」という論文を発表し、伊豆半島が南の海からやってきて本州に衝突したという説を唱えて、静岡県一帯の日本中央部における列島の激動史が初めて明らかにされたのである（『南の海からきた丹沢――プレートテクトニクスの不思議』神奈川県立博物館編、有隣堂）。これは、富士山周辺のフォッサマグナ南部の成り立ちについて、日本の地質学を根底から考え直さなければならない大きな出来事であった。だが、この伊豆周辺の成り立ちについての重大な事実も、学界ですぐに認められたわけではなく、一九八〇年代半ばになってようやく広く認められるようになった。当然の結果として、プレート境界の激動によって大地震が発生するというプレートテクトニクス理論を認めていなかった中部電力は、すでにすべての機器の設計も終えて発注していたので、後戻りするどころか、御前崎周辺の地底の構造的変化について無知のまま、原発の建設に邁進してしまい、プレートテクトニクスについて嘘をつき続けることになった。

こうして一九七六年三月一七日に浜岡原発一号機が営業運転を開始したのだ。そして石橋克彦氏による東海地震説が出され、浜岡原発の耐震性が激しく議論されることになったが、人間という生き物は一度嘘をつくと、何度も嘘をつかなければならない宿命を持っている。電力会社は、一号機が安全だと言った手前、二号機も大丈夫だと言い続けた。

しかし日本全土で、かなりの地震被害も発生し、建築物が次々と予期しない破壊に襲われたこともあって、一九七八年九月二九日に、ようやく原発耐震指針として「発電用原子炉施設に関する耐震設計審査指針」が策定され、一九八一年七月二〇日に改訂されたが、これらも、現在の地震学の二本柱となっている、①震源断層面のズレが地震の発生源になる、という考え方と、②地震がなぜ起こるかを明らかにしたプレートテクトニクス、この二つの基本が確立される以前の、古い日本的地震学の思想を根拠にしたものであり、そのいい加減な指針が大手を振ってまかり通ってきた。

そして一九八一年に建築基準法が大改正されたのを機に、プレートテクトニクスについてもようやく理解に達し、日本の地震学がプレート境界地震を考慮して建築物を建設するようになり、一九八二年と八九年に建設着工した浜岡原発の三号と四号は、耐震性を加速度六〇〇ガルに高めた。さらにコンピューターの進歩によって、日本の建築技術は世界一であり、いかなる巨大地震が起こっても大災害は起きないと豪語するまでになった。

ところがその後、一九八〇年代になって、伊豆半島が本州に衝突するはるか前に、その北にある丹沢山地もまた、六〇〇万〜四〇〇〇万年前に太平洋からやってきて激突し、フォッサマグナ南部の地形をひん曲げたという重大な日本史が、新妻《にいつま》信明氏らの地質学調査から明らかにされた（前掲書『南の海からきた丹沢』）。富士山の北東にあって、関東大震災を起こした相模湾の北西にあるのが丹沢山地である。その山地が海からやってきて、強引に日本列島に割りこんだというのだから驚く。しかもこのような衝撃的な史実が広く認められるようになり、地質学・地震学の教科書を再び書き換えなければならない事態を迎えた。そこに何が起こっただろうか。

一九九四年一月一七日、アメリカのカリフォルニア州でノースリッジ地震が発生して、高速道路が一瞬で崩れ、七二人の死者、九〇〇〇人以上の負傷者を出す大災害となった。この高速道路崩壊のニュースは、全世界の建築工学者に衝撃を与えた。そして日本人がそれに応えた。日本の地震専門家の発言はこうであった。

「ノースリッジ地震の後も、サンフランシスコの被害が大問題となった一九八九年ロマプリエタ地震の後も、日本の建設技術者は、『ところで日本の構造物は大丈夫なんですか』という質問をあちこちで受けるはめとなった。『あれくらいでは日本の構造物は壊れません』というのが、我々の答えである。……設計で使う力は、世界の地震国で使われている力の数倍は大きい。……なんと言っ

カリフォルニア州ノースリッジ地震で倒壊した高速道路

ても最大の理由は、地震や地震災害に対する知識レベルの高さであろう」

これは、当時・国際災害軽減工学研究センター所長だった片山恒雄東大教授（現・独立行政法人防災科学技術研究所理事長）が一九九五年一月に、日本損害保険協会発行の雑誌「95予防時報一八〇」に書いた文章である。

一九九五年一月？

この雑誌が発行された時に、何が起こった？ノースリッジ地震からちょうど一年後の同じ日、一九九五年一月一七日、兵庫県南部地震が発生して、阪神高速道路が橋脚ごと横倒しになったのである。地震や地震災害に対する知識レベルの高さを誇ったこの東大教授は、その後、この事実を何と釈明したのだろうか。言うまでもなく、この時から、日本の原発の危険性が全国で問題となり、耐震性の計算がほとんど信頼できないことが明らかになったのである。

というのは、そもそも原発の耐震計算では、地震の揺れを求める加速度および速度は、東大教授・金井清が提唱した金井式を用いて求めるところから始まる。

金井式は、次のようなものである。

$$\log V = 0.61M - [1.66 + (3.60/X)]\log X - [0.631 + (1.83/X)]$$

Vが速度（揺れの大きさ）、Mがマグニチュード、Xが震源距離

複雑なように見えるが、中学生でも対数を知っていれば計算できるし、現在ならパソコンの表計算ソフトを使って、小学生でも計算できる。つまり、兵庫県南部地震のマグニチュードは七・三だったので金井式のMにこの数字を入れる。そして震源は淡路島の北端だったので、そこからの距離（震源距離）を金井式に入れてゆけば、それぞれの地点での揺れが速度として求められる。この金井式を用いてグラフに描いた兵庫県南部地震の揺れの予測が【図58】である。

このグラフの通り、金井式が正しいなら、池に石を投げこんで波紋が広がるように、同心円状に震源から遠くなるほど揺れは小さくなるはずだ。阪神大震災で被災した人がこれを見れば、えっと声をあげて驚くに違いない。なぜなら実際の被害は、淡路島の目の前にある明石市では、大きな被害が出なかったが、それより遠い神戸市でも西宮市でも被害は甚大なものであったからだ。特に被害が大きかったのは、【図59】に示される長田区や東灘区で、これらの地域は、五助橋断層に沿った場所であり、また地盤が弱い海岸寄りの地域であった。つまり金井式は、事実とまったく合わな

図58 金井式を用いた兵庫県南部地震の揺れの予測

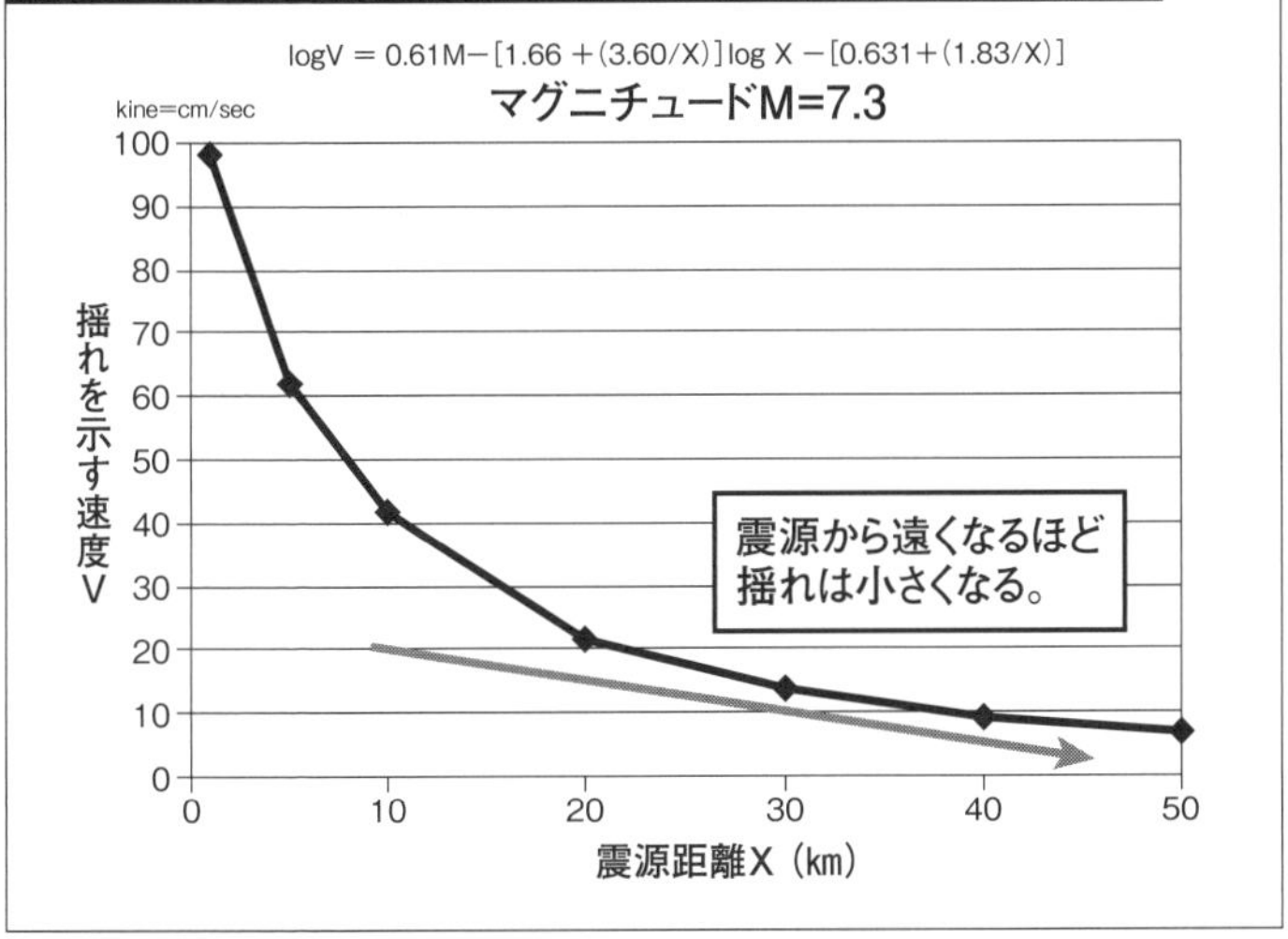

図59 兵庫県南部地震の実際の被害地域

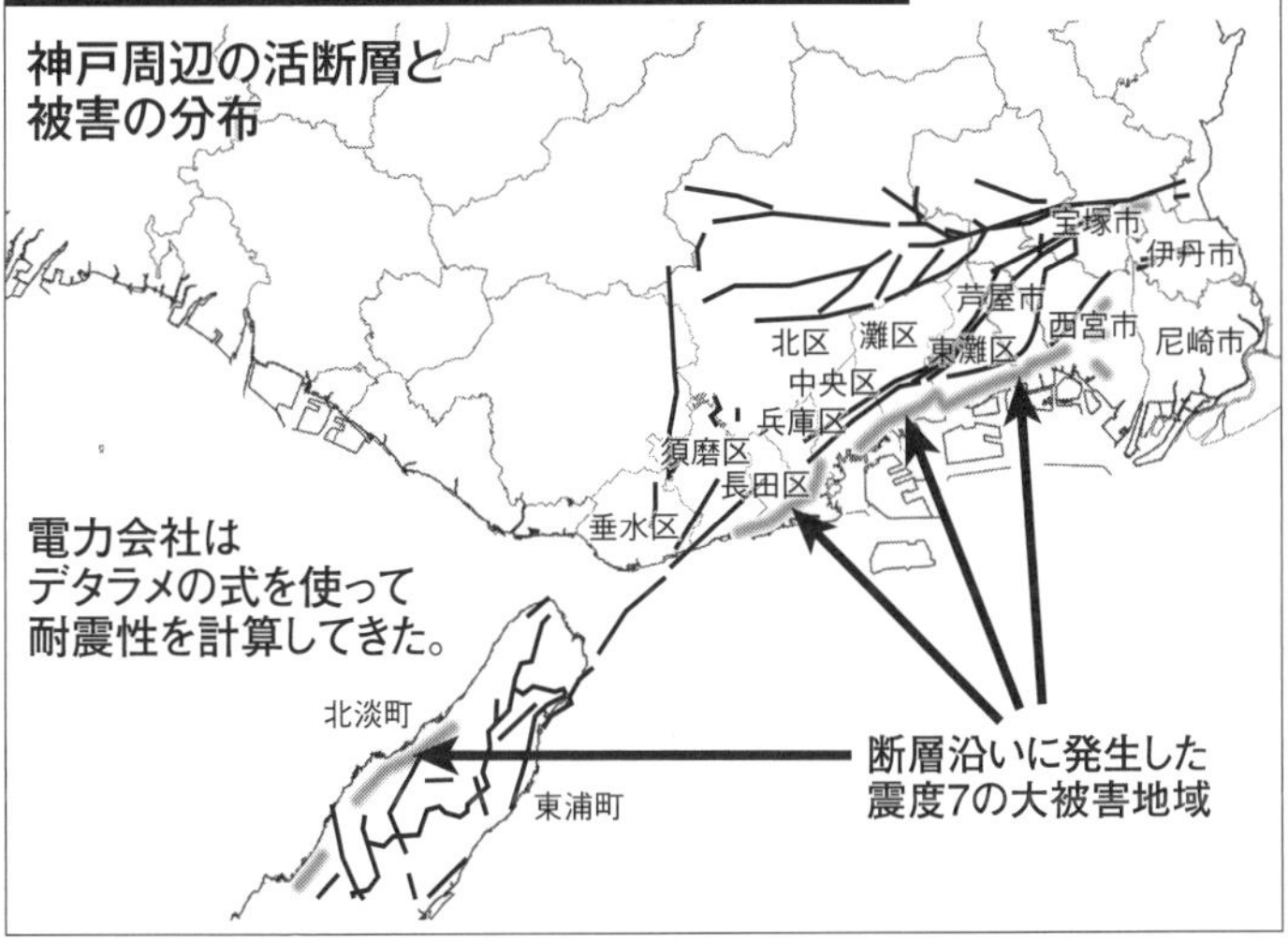

図60 震源と揺れの関係

震源に近いほど揺れるとは限らない。

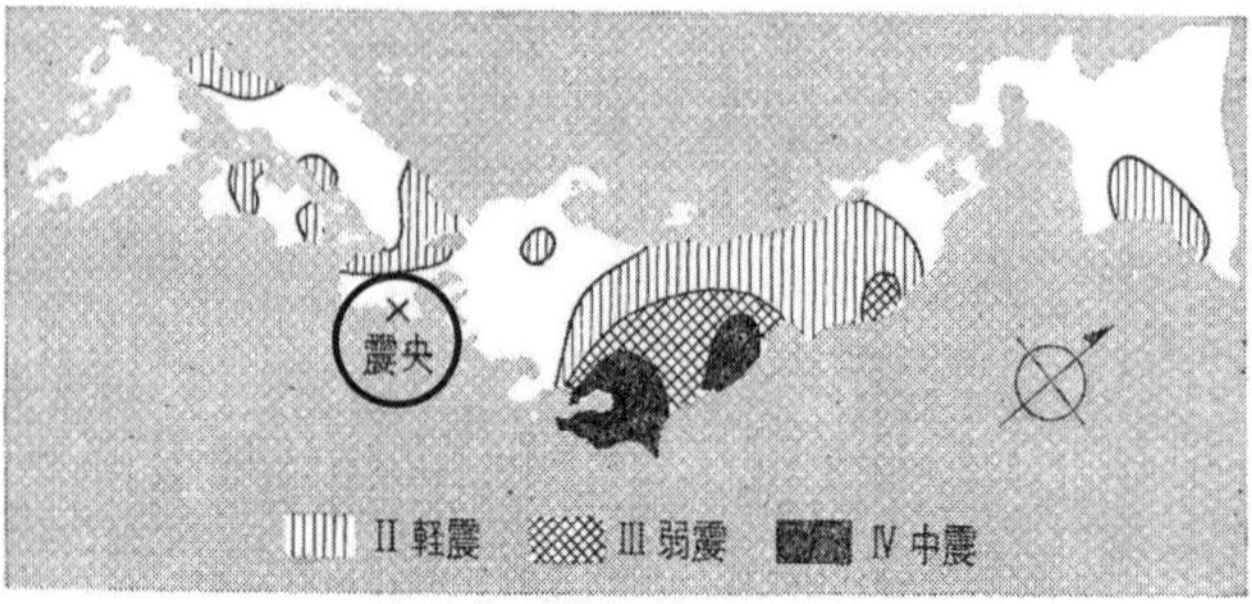

1929年6月3日の地震の震度の分布

『科学の事典』（岩波書店辞典編集部編、岩波書店）

い計算式なのである。

地震の揺れを決めるのは、地震の特性にもよるが、震源からの距離ではなく、動いた断層からの距離が最も重要であり、また地盤の強さである。震源に近いほど揺れるとは限らないという事実は、【図60】の岩波『科学の事典』に出ている通り、一九二九年（関東大震災の六年後）という大昔に分っていたことではないのか。東大教授や電力会社は、このようなことも知らなかったのか。このように、まったく見当違いで、時代遅れの金井式を用いて、原発の耐震計算がおこなわれてきたのである。

そればかりではない。本書では専門的なことを省略するが、金井式を使って計算したあと、それをもとに大崎の式、飯田の式と、複雑な式を用いて耐震性を計算するのだ。こうして一九九五年の阪神大震災によって、原発の耐震設計の基本となった金井式がまったくの誤りであることが実証され、耐震性の計算式が総崩れとなったのだ。ところが出てくるわ出てくるわ、電力会社お抱えの御用学者がゾロゾロと登場して、デタラメの安全論をふりまいたので、ますますその信頼性が地に堕ちたのである。

では、現在の耐震性はどうなっているのだろうか。それが誰にとっても、一番の気がかりである。

現在の原発の耐震性はどのように決められているか

以上のような経過をたどって、二〇〇一年に、国もようやく指針の改訂に着手し、その後五年にわたって原子力安全基準・指針専門部会で審議した結果、二〇〇六年九月一九日に原子力安全委員会が「改訂新指針」を決定した。

新指針では、想定する地震として、内陸の地殻内地震（いわゆる直下型地震）と、プレート間地震（東海地震・南海地震タイプ）と、海洋プレート内地震（スラブと呼ばれる太平洋プレートのような内部の破壊が起こす地震）の三種を考慮することになり、石橋克彦教授の強い警告に従って、範囲が従来より広くなった。また、考慮すべき活断層は、動いた時期が従来の五万年前から、約一三万年前の古い時代まで拡大した点では、少し用心深くなったと言える。だが、この新指針によって耐震性が正しいものになった、というわけではまったくない。審議委員だった石橋克彦氏が、指針改訂の最終案に納得することができず、国民に対する責を果たせないと考えて、会合途中で専門委員と分科会委員を辞任したのはそのためである。

一般に、活断層は「一七〇万～一八〇万年前」から始まる地質年代の第四紀以後に地震を起こした形跡が認められるもの、と定義されてきた。人類が発生した時代と重なって動いた亀裂であるので、まだ活動しやすい危険な断層という意味である。したがって、東大出版会の権威ある書物『新編日本の活断層』など、いかなる地震関係の文献においても、この定義に従って日本全土の活断層が命名され、解析されてきた（巻末A5頁の活断層の定義参照）。それを一桁も値切って一三万年前にしながら、安全だと論じているのが、原子力産業である。言い換えれば、原子力産業だけが、地震学者が認めていない異常な地質学を信奉する新興宗教集団なのである。なぜこのように「存在する活断層」を「ない」と断じるかと言えば、日本で正しく地質学を適用すれば、原発を建設できる安全な土地がどこにも存在しないからである。このように危険なものを安全だと言い張る政府と電力会社は、人間として恥ずかしくないのか？

また、旧指針では、「原則として剛構造にすると共に、岩盤に支持させなければならない」とあったのが、新指針ではこの一文を削除してしまい、「十分な支持機能を持つ地盤」と規制を緩和して、地盤が強固な岩盤ではないサイトでも建設できるようにしてしまった。しかも国は、敷地内に活断層があっても、「地表地震断層が炉心を通らなければよい」という、とんでもない危険な解釈を打ち出し、当時の総理大臣・福田康夫までが国会でそれを認めたのである。

原子力発電所全体の、どこが壊れても大事故になるにもかかわらず、「炉心」つまり原子炉の心臓部のところに断層がなければよいという。言葉を失う原子力「安全」委員会の人間たちである。

図61 最新の耐震指針ができるまでの経過

1959年12月1日	東海原発にゴーサイン
1960年4月	大事故の極秘被害想定
1964年5月27日	原子炉立地審査指針策定
1968年	プレートテクトニクス理論完成
1976年3月17日	浜岡原発１号機運転開始
1978年9月29日	原発耐震指針策定
1981年7月20日	原発耐震指針改訂
1995年1月17日	阪神大震災で耐震計算が総崩れとなる
2006年9月19日	原発耐震指針改訂

これ以前は、すべて駄目

しかしそれ以上に驚くのは、このように国の決定がなされていながら、NHKであれ、民放であれ、大新聞であれ、テレビ・新聞が、この状況を深刻に報道もしなければ、まったく放置したまま、大地震の活動期に突入しているにもかかわらず、日本人にそれを知らせないまま生活させていることである。私が「もう日本はそう長くないだろう」と予感する最大の理由がそこにある。

　さてこのような状況だが、これでは話が前に進まないので、一応これが最新の原発耐震性の指針であることを認めた上で、考えてみよう。

　ここまで述べてきた最新の耐震指針ができるまでの経過のポイントをまとめると、【図61】になる。そして、日本の原発はいつから設計にかかったかを図解すると、次頁の【図62】の通りで、図中のグレーの部分が建設期間であ

図62 日本の原発が設計に着手した年

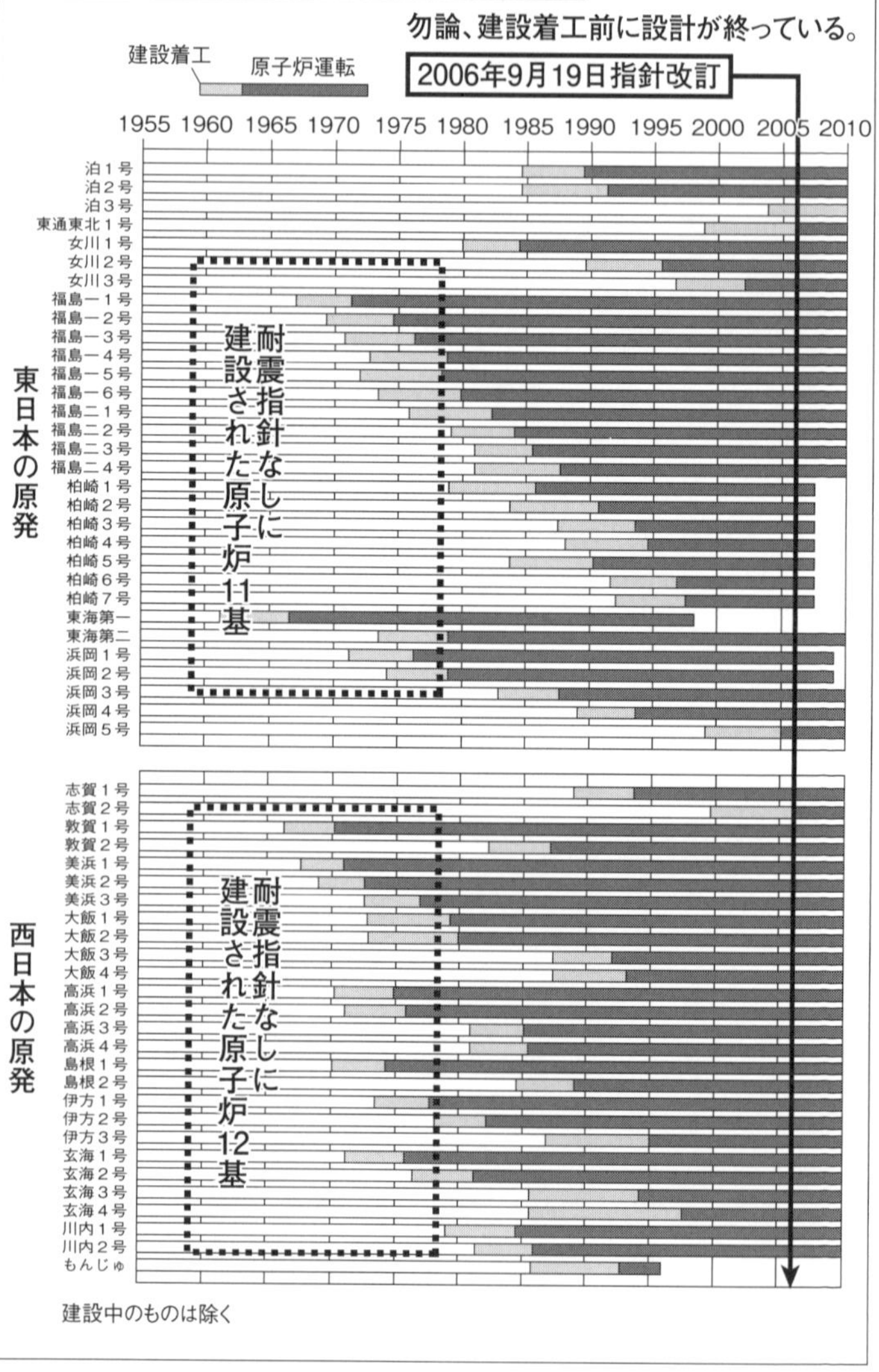

建設中のものは除く

る。すでに、二〇一〇年現在運転中の原子炉はすべて、二〇〇六年新指針より以前に建設に着工したか、運転を開始してしまっていたのである。勿論、建設着工前に設計が終っているのだから、現在運転中の原子炉は、すべて、改訂された原発耐震指針を満たさない欠陥原発である。とりわけ東西すべての原子炉五七基のうち、二三基が、耐震指針さえない時代に建設されたもので、そのうち東海一号と浜岡一・二号が廃炉になって、五四基が運転されている状況にある。

ところが、「二〇〇六年新指針」に基づく原子力施設の耐震安全性の評価を実施し始めた最中、二〇〇七年七月一六日に新潟県中越沖地震が発生して、わずかマグニチュード六・八の中地震で柏崎刈羽原発の至るところが破壊され、地盤そのものが傾き、改訂されたばかりの新指針の信頼性が再び大きく揺らいでしまったのだ。

二〇一〇年八月現在もなお、一次審査の経済産業省原子力安全・保安院および二次審査の内閣府原子力安全委員会で、すべての原発について耐震性をどこまで引き上げるべきかの審査が続いている。安全性を審査中であるなら、少なくとも原子炉を停止し、審査の結果が出て、それに対する万全の対策がとられてから運転を開始するべきであろう。どのような工場でも、機械でも、それが技術者の常識というものだ。

自動車の場合、重大な欠陥が公に判明すれば、誰もその自動車を買わないし、自動車メーカーが直ちにリコールして欠陥自動車を回収し、事故を防がなければ社会的に完全に信用を失うものである。ところが電力会社の原子炉の欠陥は、国家を滅亡させるレベルの危険性であるにもかかわらず放置され、この審査中というまったく不安な状態のまま、国の裁量に任せて、原発の運転が続けられてきた。まるで、家族全員が乗った車で、ブレーキのきき具合をテストしながら高速道路をフルスピードで走っているようなものだ。

大幅に引き上げられた耐震性で大丈夫?

その審査の途中経過を示すと、二〇〇六年指針改訂によって原子炉の設計基準地震動(揺れに対する耐震性の加速度)は、【図63】に示すように、どの原発でも大幅に引き上げられた。この数字は、二〇一〇年七月時点で審議中のものだが、読者がこの数字をご覧になって、まさか「原発は随分安全になった」と思って安心するお人好しはいないであろう。まず誰でもビックリするのは、中越沖地震の直撃を受けて破壊された柏崎刈羽原発だけが、なぜ飛び抜けて大きな耐震性になったのか、ということである。

柏崎一~四号機では四五〇〇ガルが二三〇〇ガルへと五倍以上に引き上げられたが、なぜこれほどでたらめの耐震性を認めてきたのか? すべての電力会社が、「万全の耐震性を持っている」と何十年も宣伝してきたのに、その当初の耐震設計が正しければ、見直しの必要はないはずではないか? 柏崎以外の原子炉は、これで見直したつもりなのか? 指針の数字は変ったが、同じ原子炉のままで、どこが安全になったのか?

どの原発でも、これほどあっさり大幅に引き上げた事実は、どれほどいい加減な安全審査で、こ

図63 新指針による耐震性の引き上げ状況

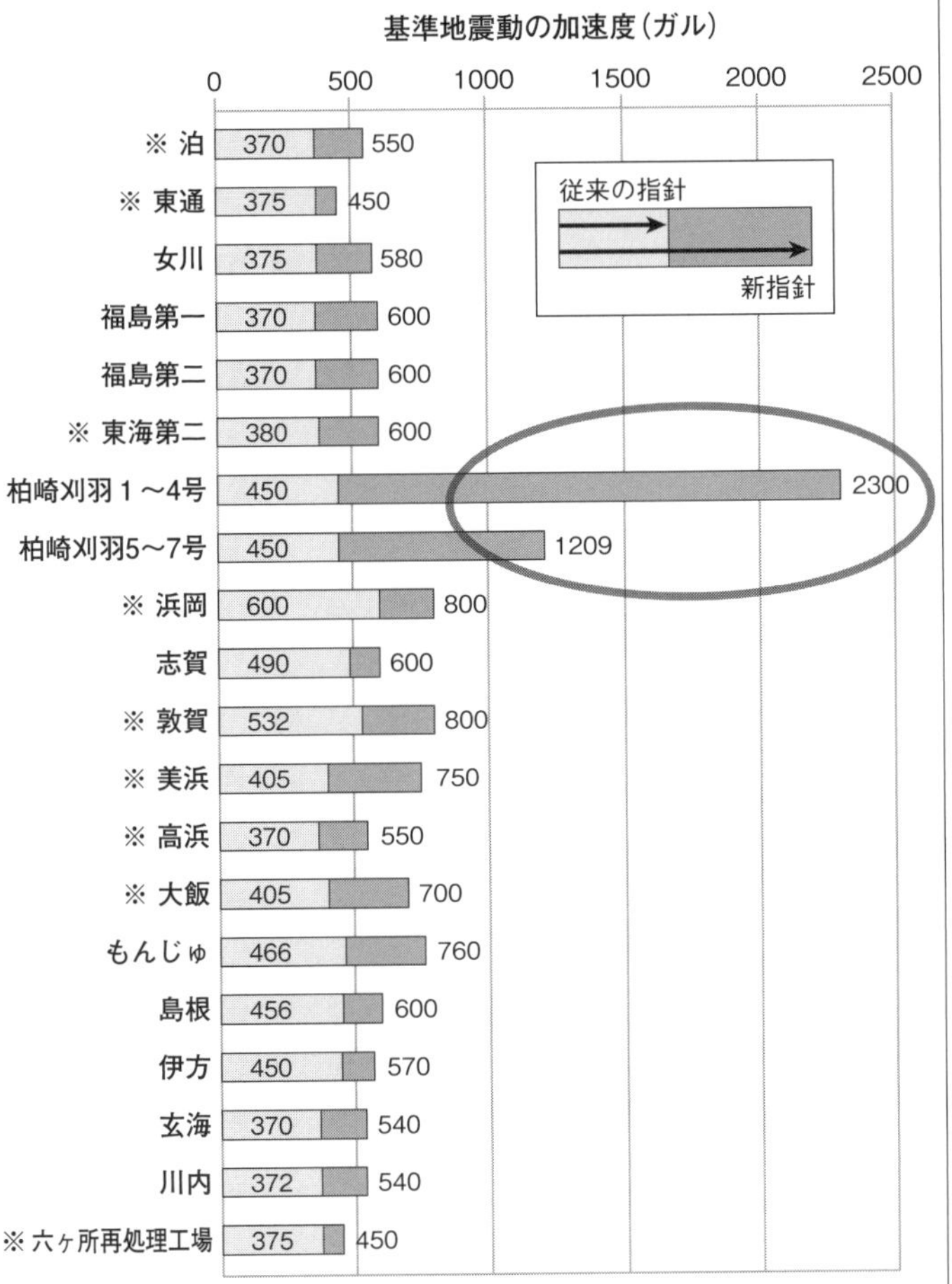

新指針の数字は2010年7月現在審査中のものを※印で示す。
ほかは審査完了。

注：旧指針でサイト内の原子炉によって2種類あったものは、高い方の数字で示す

れまで原発が運転されてきたかを実証している。その代表が、最も不安な浜岡原発である。どんどん引き上げられてきた浜岡原発の耐震性を【図64】に示してあるが、棒グラフは一号機から順に、運転開始した年と出力を示している。折れ線グラフが、それぞれの耐震性である。同じ場所、浜岡に建設されている原発の耐震性は、一号機建設当初四五〇ガルだったのが、三号機から六〇〇ガル、次いで耐震性見直しで八〇〇ガル、そして今は一〇〇〇ガルの補強工事がおこなわれている始末である。同じ場所の原発の耐震性が、なぜ一・二号機と五号機でこれほど違い、なぜこうコロコロ変るのか？　そのたびに「余裕を持って設計している」と主張してきた耐震性の数字が変るのは、一体どうしてなのか？　機械工学的に何の根拠もない、ということにほかならない。

浜岡原発は加速度一〇〇〇ガルの補強工事をしたから大地震に耐えられると言い、自治体と多くの人はそれを信じているが、先に述べたように、地球の万有引力に逆らって、すべての物体を宙に浮かせるエネルギーが重力加速度九八〇ガルである。一〜二分も巨大な揺れが続く東海大地震で、それを超える上下動の一〇〇〇ガルの揺れが長時間続けば、原理的には原子炉建屋が地盤から離れて宙に浮いてしまう力を受けるのだよ。どうして耐えられるのか？

これからの東海地震でどれほどの上下動が起こるか誰にも分らないが、二年前の二〇〇八年、岩手・宮城内陸地震では、岩手県一関市で三八六六ガルの上下動を記録したばかりである。阪神大震災で阪神高速道路をひっくり返したのも、明らかに上下動の縦揺れであったと考えられる（巻末A15頁の縦揺れの項を参照）。原子炉が耐えられると想像するのは自由だが、東海大地震で原子炉が破

図64 どんどん引き上げられる浜岡原発の出力と耐震性

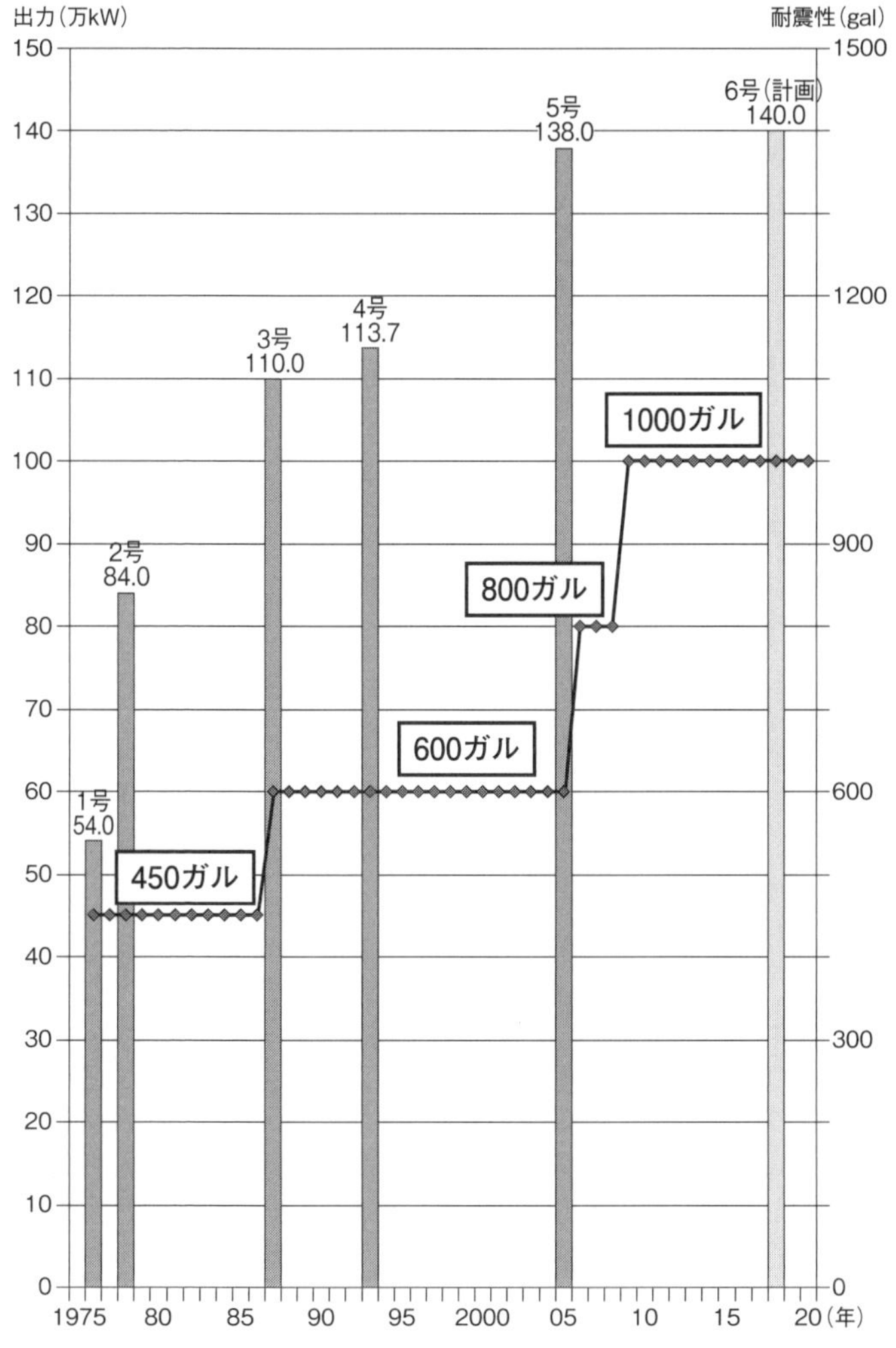

壊されてから、「それが間違いであった」では許されない。

地震学者も、中部電力も、日本政府も、日本を破滅させる権利など、神から与えられていない。電力会社は、たかが電気を売る一企業にすぎないのだ。発電法を発明した偉人でもない。傲慢にもこれほどいい加減な耐震性をもって原子炉を運転し、私たちの人生を台無しにする脅威と不安を与えているだけで、すでに日本国民の人間としての尊厳を犯す由々しき問題である。

現在、指針見直しに基づいて「耐震補強をおこなった」としてこれら原発の運転が容認されている状況は、「ハリボテ人形を鉄枠で囲ったから、壊れない」と言っているに等しい。なぜなら原子力発電所は、個々の部品を強化しても、大事故を防ぐことができない装置だからである。

原発は多重防護システムによって大事故を防ぐとされている。調べてみると、確かにそれぞれの非常事態に備えて、バックアップ機能が備わっている。しかし現実にはどうだったのか。二〇〇九年の駿河湾地震で至るところにトラブルが発生したことで実証された通り、大地震が起これば、いっせいに数えきれないほど多くのトラブル、故障、損傷、破壊が同時に発生する。ところが原発事故は、ごくわずかな単発の故障しか想定していないので、多重防護システムが、地震の時にはまったく機能しなくなる。ほんの一つの安全装置が働かないだけで、炉心溶融や核暴走という最悪のシビアアクシデントに発展する複雑な巨大システム、それが原発である。

一体、お湯をわかすためだけに、なぜこれほど複雑で不安だらけの機械を使う必要があるのかという、素朴な疑問に人類は立ち戻るべきなのだ。

言い換えれば、日本の原発の耐震設計審査指針は、「大事故を絶対に起こさないために、果たして日本に原発を建設できるか」という、最も基本的な地球科学の疑問から出発しなかった。そして現在も、その疑問を抱かない異常な人間たちが、審査をおこなっている。「いかにすれば原発を建設し、運転できるか」という結論を導くための、屁理屈の集大成理論である。

二〇一〇年四月まで原子力安全委員会の委員長だった鈴木篤之は、原子力推進のリーダーであり、「安全」を論ずる資格など微塵もない人物である。かつて朝日新聞が二面を使った大きな企画で、鈴木篤之と私が対談したことがあるが、全国で起こっている重大事故の危険性を具体的に私が指摘すると、彼は「それこそ科学の進歩だ。だから安全になっている！」と大声で発言したので、このようにまったく反省しない人間が、危険な原子力発電所を動かしている推進細胞かと思うと、愕然として言葉を失った。

第二章で、日本人が忘れている地球の大陸移動の歴史と日本列島の成り立ちを説明してきたのは、原発震災が音もたてずに歩み寄っている現在の恐怖を読者に本心から理解していただくためである。基本的に、日本の原子力産業は、プレートテクトニクスが確立される前に動き出した産業であるため、断片的な地質調査をおこなっただけで「安全だ」という結論を導き、地球科学について集団的無知な状態のまま、まったく進歩していない。

そうでなければ、小地震や中地震で、近年のようにバタバタと原子力発電所の大破壊やトラブルが起こるはずがない。そう、実際に破壊された原子力発電所があるので、理屈よりも実例を見ていただくのが一番であろう。

新潟県中越沖地震で何が起こったか

二〇〇四年一〇月二三日に、マグニチュード六・八の新潟県中越地震が起こった。

これは、内陸直下型の強い地震であった。新幹線が一九六四年に開業して以来、運転中の新幹線が初めて脱線し、魚沼トンネルでは、線路の土台となる路盤が数十センチも隆起したが、さきほども述べたように、この重大なことは、国民に対してほとんどニュースで知らされなかった。従来、新幹線に脱線がなかったのは本格的な直下型地震に遭遇しなかった幸運によるもので、専門家からは「直下型地震に新幹線は無力」との指摘が出たのである。しかも川口町では、観測史上最大の二五一五ガルを記録し、これが新幹線の橋脚を破壊した。

二五一五ガルとは、一七一頁の【図63】に示した新指針による引き上げで最高の耐震性となった東京電力の柏崎刈羽原発の二三〇〇ガルより大きいのである。しかも当時、柏崎刈羽原発は、最大の揺れをわずか四五〇ガルで想定して設計していながら、タカをくって、この大地震でも運転を停止しなかった。

ところがそれから三年後、二〇〇七年七月一六日に、今度は内陸ではなく、海側で新潟県中越沖地震が起こった。これも同じマグニチュード六・八だったが、今度は震源が原発からわずか一〇キロメートルという近くだったため、発電所を直撃した。三号機の変圧器が燃え上がる光景は、多く

新潟県中越沖地震で脱線した柏崎駅の鉄道

の読者がテレビのニュース画面でご覧になったであろう。この三号機タービン建屋一階では、二〇五八ガルの揺れを観測していたのである。そのため、敷地内の原発周辺の地盤は隆起や陥没などが至るところに発生して、変圧器から約一〇〇メートル離れたところで最大一・六メートルも陥没した。これが三号機の変圧器の火災を起こした原因であった。

テレビで見た火災現場は、何か小さなものが燃えているようにしか見えなかったが、実際には、次頁上の写真が示すように、人間に比べて変圧器は巨大なプラントであった。発電所内には、化学消火剤がなく、化学消防車もなかった。建屋と変圧器をつなぐ高圧ケーブルには当時六九〇〇〇ボルトという高圧の電気が流れていた。なんと職員は、非常識にも変圧器の油火災に放水して消そうとしたのだ。燃えている油に

火災を起こした柏崎刈羽3号機変圧器

柏崎市の国道116号は大渋滞

構内の地盤沈下

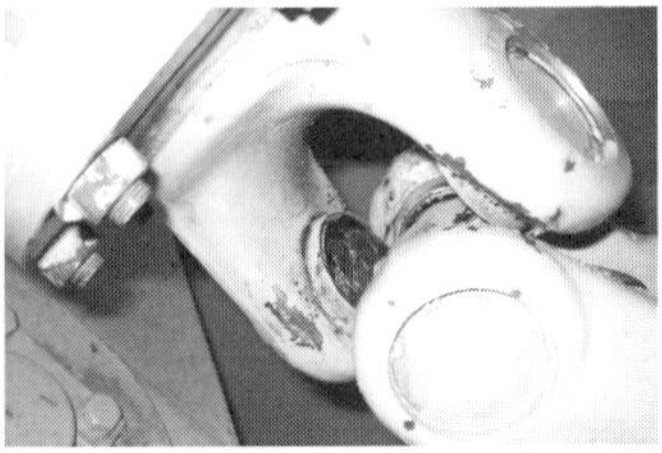
6号機大型クレーンのジョイント破断

水をかけるとどうなるかを、彼らは知らなかったようだ。そして最後には、爆発をおそれて逃げてしまった。

地震発生時に、柏崎刈羽原発のコントロールルーム（中央制御室）にいた職員は立っていられないほどの揺れに襲われた。その状態で、操作パネルに次々と警報ランプが点灯し、警報音が鳴り響いて、操作パネルの手前にある照明が次々と落下して恐怖にとらわれた。彼らは、揺れがおさまってから初めて原子炉の状態を確認する作業に入ったが、余震が次々とくり返される中で、必死の作業が進められた。

この時、発電所敷地内の地表の揺れは、気象庁が発表した最大震度六強を上回る震度七だったことがのちに判明した。震度七は現在の震度階級で「これ以上ない」という最大の揺れであり、「人間が自分の意志で行動できない強さ」に相当する。この程度の中地震で、職員はその揺れに襲われたのである。この意味がお分りだろうか。東海大地震で予測されているマグニチュード八クラスの巨大地震では、この六三倍の強い揺れが一～二分も続くので、職員は何もできないのである。

柏崎市内の国道一一六号線は、すでに自動車のラッシュで、完全な渋滞となっており、発電所から連絡を受けた柏崎市の消防署員は、長時間かかってかろうじて現場に駆けつけたが、およそ二時間も黒煙を上げ続けたあとに化学消火剤で変圧器の火災を消火した。大地震で原子力発電所に火災が起こった時、前頁左下の写真のように道路は不通になり、住民はどこにも移動できないのだ。原発震災では、「絶対にやってこない消防署」に頼る防火体制であったことが、この地震で明らかになった。そして近隣の住民だけでなく、その事故が起こった一地方全体で、みなが一斉に自動車で避難しようとするので、結局、誰も、どこにも逃げられない。飛行場も同じことになるので、国外にも逃げられない。

この経過について、東京電力と日本原子力技術協会理事長の石川迪夫《みちお》たちは、「止める」、「冷やす」、「閉じ込める」という原子炉の安全性を保つことに成功し、「だから原発は安全だ」と素人だましの言葉をしゃべりまくり、驚いたことに、新聞とテレビがそれをオウム返しに引用してきた。石川迪夫は、「朝まで生テレビ」で「スリーマイル島原発事故では炉心溶融は起こらなかった」と、ずっとデタラメを発言してきた人物であることを、報道界は忘れてしまったのか。実はこの時、すでに柏崎刈羽原発は大事故が起こる危機一髪のところまで進んでいたのである。

変圧器火災でメルトダウンの危機に

二〇〇七年七月一六日の午前一〇時一三分に地震発生後、原子炉は自動的に制御棒が挿入される緊急停止（スクラム）となり、運転中の三号機、四号機、七号機と、起動中の二号機の原子炉全四機が緊急停止した。しかしこのあと、運転中に二八〇℃の高温に達していた原子炉内の温度を、水が沸騰する一〇〇℃以下に下げなければならなかった。これを冷温停止と呼んでいる。地震から九時間以上あとの一九時四〇分（夜八時前）に二号機が冷温停止。三号機が二三時七分（深夜一一時過ぎ）に冷温停止。七号機が翌七月一七日をまわった深夜の午前一時一五分に冷温停止。四号機が午前六時五四分に冷温停止して、すべて冷温停止状態となった。つまり地震発生直後のスクラムから丸一日近い二〇時間四一分後であった。

しかし、原発は発電を停止しているので、これらの冷却操作をするのに、外部の電気を必要とする。外部の電気を発電所内に送りこむ時、適正な電圧に調整する装置が変圧器である。その変圧器が火災を起こしていたので、油火災に水をかけようとし、消火に二時間も要した。こうして非常用発電機を動かして、かろうじて冷温停止に成功した。

しかし、原子炉が停止した、つまり制御棒を入れて核分裂が止まったから安全に停止したという説明は、原子力のド素人でなければ言わないことである。一九七九年に起こったアメリカのスリーマイル島の事故では、原子炉に制御棒を入れてから、メルトダウン（炉心溶融）という最悪の事故が起こったのだ。その原因となるのが「崩壊熱」である。その熱はどこから出て来るのか。

崩壊熱とは、ウランの核分裂によって生まれた放射性物質が永久に出し続ける熱なので、原子炉を停止した後、燃料棒は崩壊熱を出し続ける。その変化をグラフで示すと、次頁の【図65】のようになる。縦軸に熱量、横軸に時間を、秒の対数で表わしてある。一秒・一〇〇秒・一万秒という対数スケールなので分りにくいが、丸一日経っても、一〇〇万キロワットの原子炉の中には一万五〇〇〇キロワットもの熱がずっと出続ける。柏崎の場合は、ほぼ丸一日経ってようやく全部の原子炉が一〇〇℃以下になって冷温停止したというが、停止後もまだこれだけの熱を出す状態にあった。

グラフでは運転停止一日後に急速に下がったように見えるが、一万五〇〇〇キロワットをコタツ

図65 原子炉停止後の崩壊熱

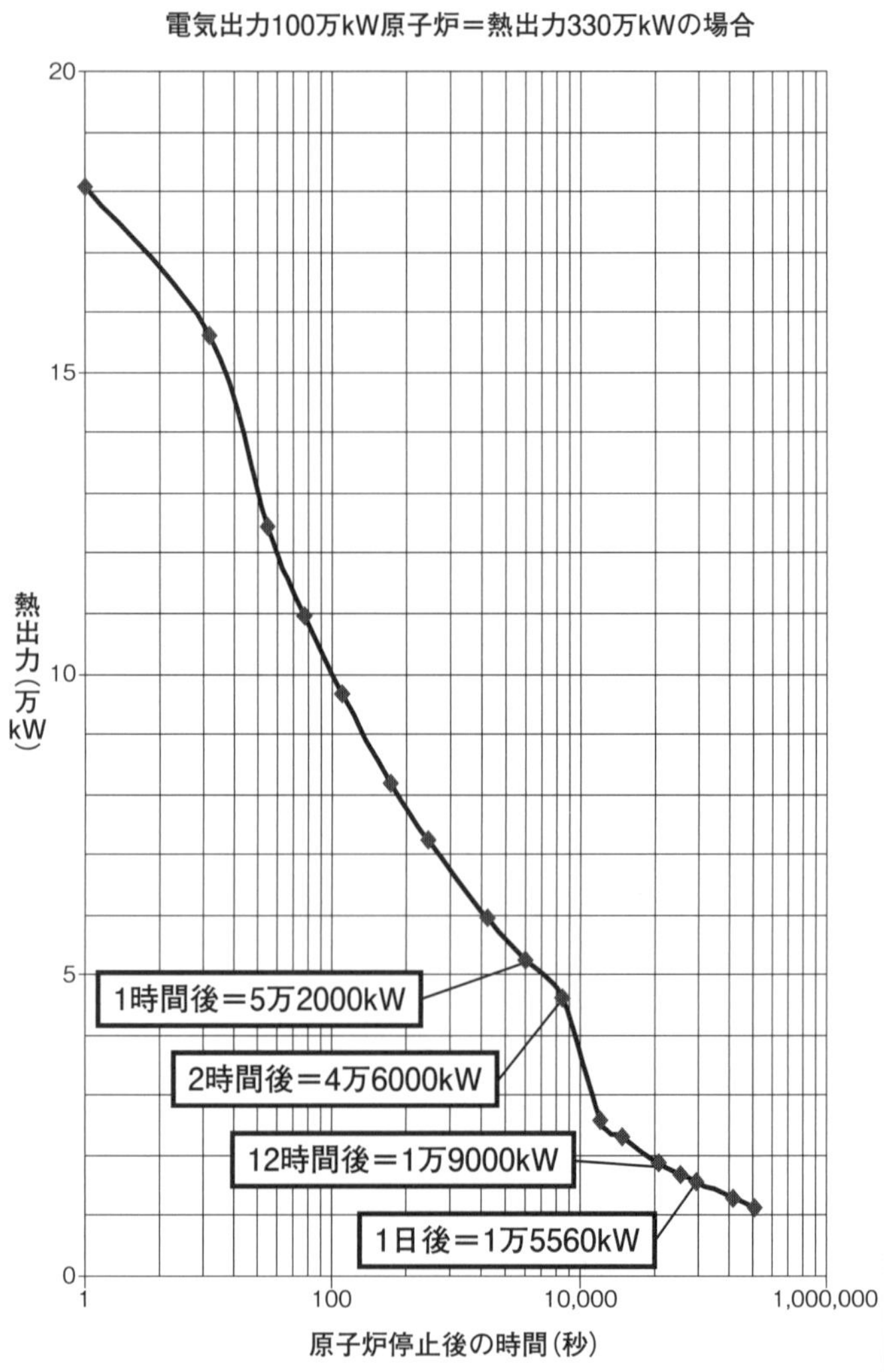

で考えれば分る。コタツは一キロワットない。「強」にしても六〇〇ワット、つまり〇・六キロワットだから、丸一日経っても一万五〇〇〇キロワットであれば、コタツを強にして、柏崎ではざっと三万台も水の中に投げこんだ状態にあった。したがって放っておけば水はどんどん沸騰して、手を打たなければメルトダウンに突っこんでゆく。それを食い止めるには、電気系統で制御していかなければいけない。ところが、柏崎の火災は変圧器、つまりその電源系統に火災が起こったのだから、深刻な意味を持っていた。

元経団連会長でこのとき日本原子力産業協会会長として危険なプルサーマル運転の旗ふり役をつとめていた今井敬《たかし》が、柏崎の変圧器の出火について、「原発と直接関係ない。大事故にはつながらない」と、原発に電気を送る変圧器が火事になっても大丈夫と発言したことも、読者は記憶しておかれるとよい。

このように原発がすべてストップし、一切の発電機能が失われた状態で、非常事態を回避するために必要なのは、新潟現地・東北電力から送られる外部電源だったが、一帯の送電線がすでに遮断され、停電になっていたのだ。そのうち原発への送電が「かろうじて生きていた」ため、幸運にも送電することができた。しかし緊急時に最後の頼みの綱となるのは非常用ディーゼル発電機だが、今回の地震では非常用発電機用の燃料タンク周辺の土地が陥没していたのだ。もし非常用ディーゼル発電機が起動しなければ、そしてそのような事態に対するバックアップ機能が地震のため働かなければ、日本が終っていたのだから、よく助かったというのが、運転員たちの正直な心情であった。

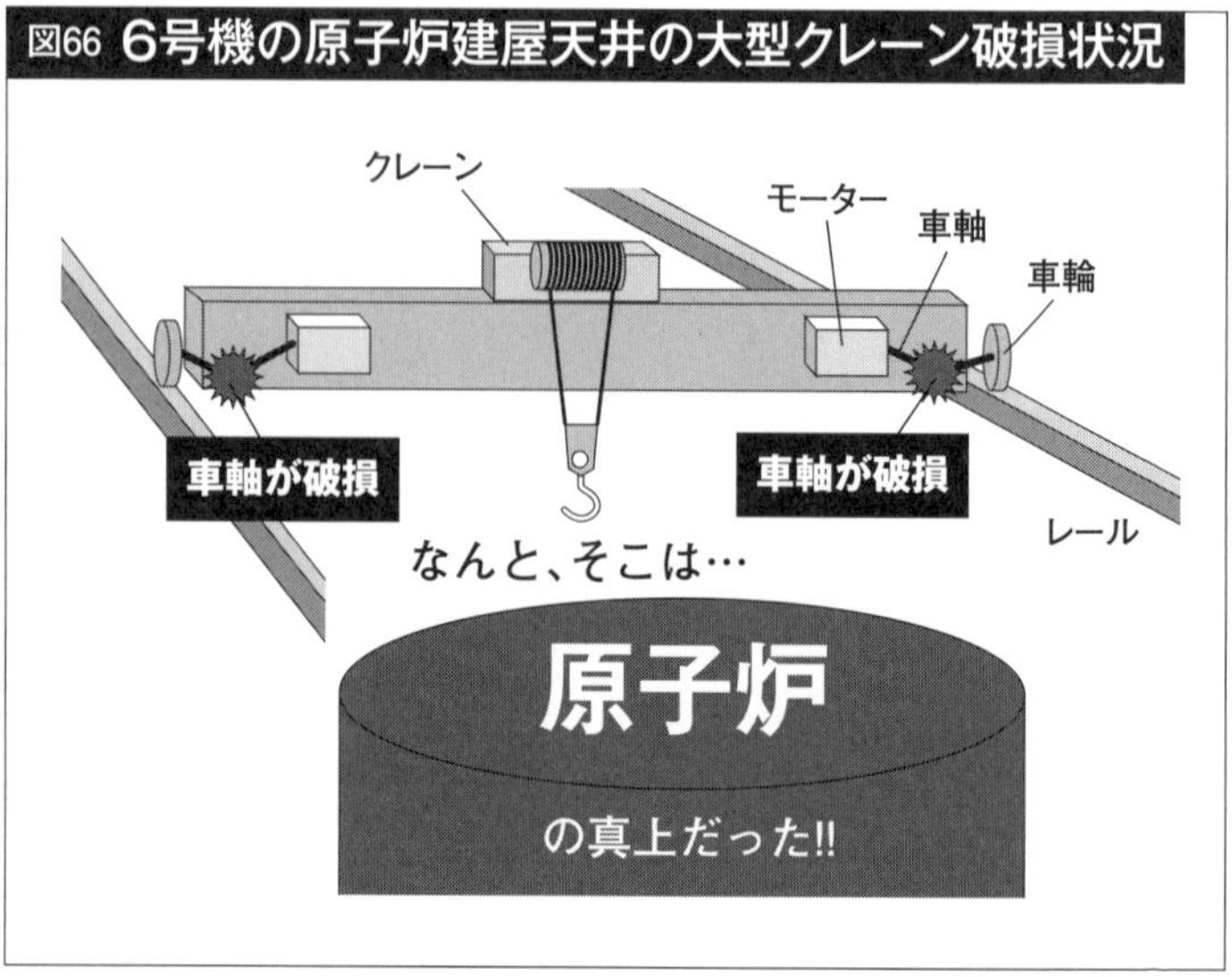

車軸が破損
車軸が破損

なんと、そこは…

図66 6号機の原子炉建屋天井の大型クレーン破損状況

の真上だった!!

これほどの大事故直前にあったことを報道した新聞やテレビが、日本にひとつでもあったのだろうか？　しかもこれは、中地震だったのだ。

定期検査中で稼働していなかった六号機では、原子炉建屋の四階天井にあった大型クレーンがとんでもないことになっていた。地震発生時、原子炉の真上にあったクレーンの移動用鋼鉄製で、太さ約五センチの車軸二本が破断し、継ぎ手（ジョイント）も破断した。強い揺れの力で一気に引きちぎれたのだが、そこは原子炉の真上であった【図66】。クレーンは原子炉容器の上を移動するため、地震で落下しないよう設計され、建築基準法の規定の約二倍の揺れに耐えられるはずだが、この結果を見れば、クレーン使用中に大地震が来れば、間違いなく大事故になることが明らかになった。

そのほか、発電所の敷地は、どこも波うったり、地盤沈下が至るところに見られ、よくこれで耐えたと思われるギリギリの惨状であった。地震から一〇日後の七月二六日までの集計で、延べ一二六三件のトラブルが発生していたと、東京電力は発表した。その後も、この数は増え続けた。

無謀にも運転再開された七・六・一号機

さて読者は、大事故にならなかったと、ほっと胸をなでおろし、また明日のことを考えられると次に進むだけで、すむだろうか？　その種の人間を、昔から「××」と呼ぶのである。

この新潟県中越沖地震における柏崎刈羽原発の揺れの加速度は、次頁の【図67】の通りだったので、いずれの原子炉も、最大の揺れの想定を大幅に上回った。これほどの破壊が起こったのは当然であった。特に起動中の二号機は、ウランの核分裂がまだ不安定で危険な状態にあったが、実際に起こった揺れは想定の三・六倍にも達していた。そのために、一七一頁の【図63】のように耐震性の数値を大幅に引き上げたわけである。かくして、柏崎刈羽原発は全基が完全停止した。

このグラフがどれほど重要な意味を持っているかについては、すでに、第一章の七五頁【図28】において説明した。想定を超えれば、この原子力発電所で使われていた金属の結晶内部には、非破壊検査では見つけることができない膨大な致命的欠陥が生じてしまったのである。浜岡原発を襲った駿河湾地震は、この中越沖地震よりはるかに小さく、短時間だったので、駿河湾地震そのものによる内部変形はほとんどないと考えられ、将来の東海大地震における破壊が決定的になる金属学と

図67 中越沖地震における柏崎刈羽原発の揺れの加速度

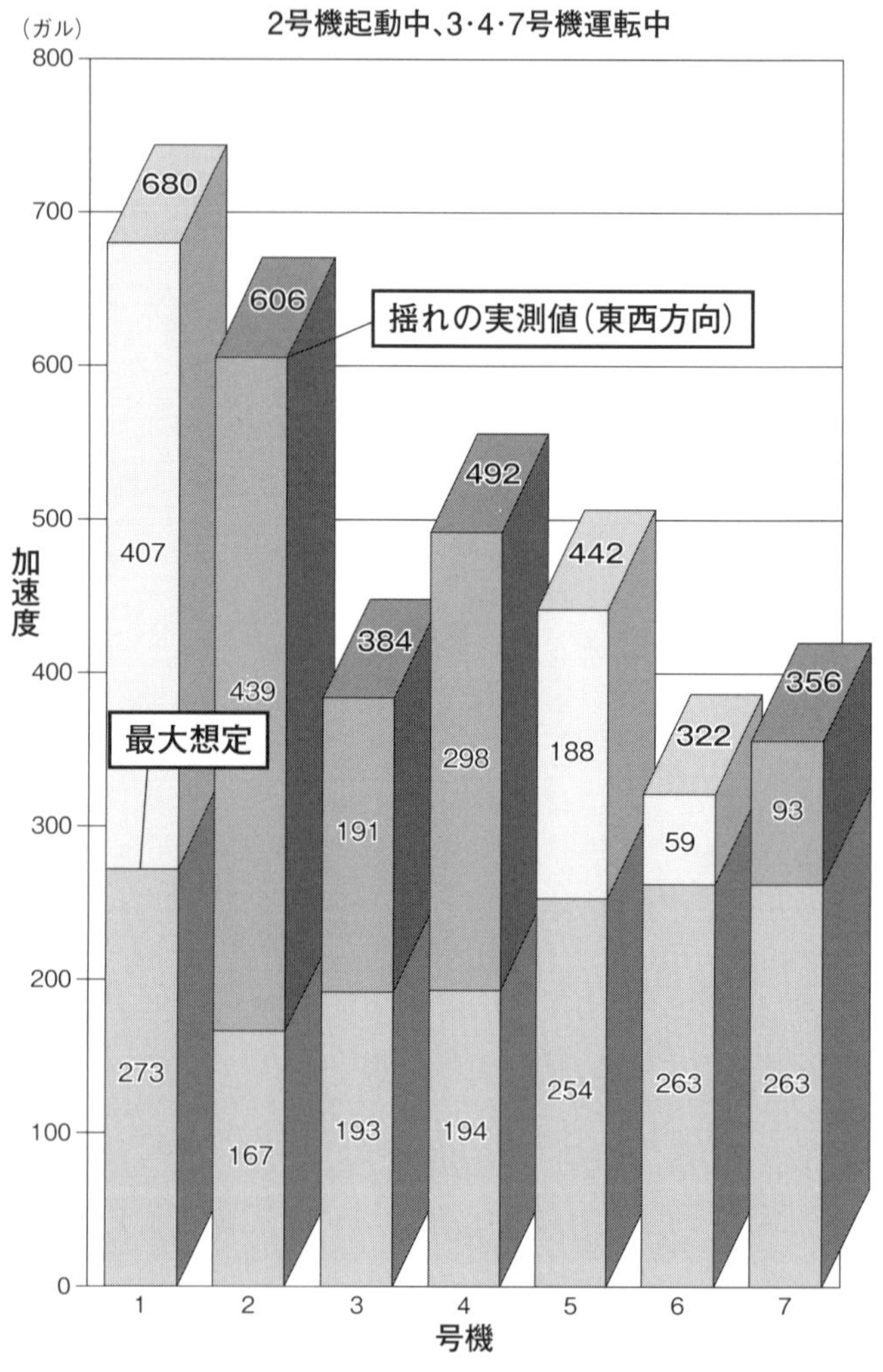

して説明した。しかし中越沖地震に襲われた柏崎刈羽原発では、至るところに弾性限界を超えた重大な塑性変形（内部歪み）が生じたことは、揺れの想定を大幅に上回った事実から断言できるので、もはや二度と使えない原発と変ったのである。

危険な変形が生じたかどうかを調べようとしても、原子力発電所のように配管が入り組んだ複雑な現場に入って、非破壊検査で調べられる実用的技術は存在しない。このようにして潜在する欠陥が、エレベーターであれ化学工場であれ、日本中のさまざまなところで事故を起こしてきたのである。使用されている部材を切断して、断面をすべて顕微鏡観察しなければ分らないのだから、結局は使えない。金属材料について知っている人間であれば、柏崎刈羽原発は、すべて廃炉にするほかないことが、分っている。

ところが！　東京電力は、地震から一年一〇ヶ月後の二〇〇九年五月九日、人間に検査ができないことを「すべての検査を終えた」として、七号機が運転を再開した。さらに二〇〇九年八月二六日には、六号機が二年一ヶ月ぶりに原子炉を起動して、二〇一〇年一月一九日には営業運転を再開した。さらに五月三一日には、中越沖地震で最大の揺れ六八〇ガルを記録したガタガタの一号機まで起動したのだ!!

これは、「××」を通り越して、「〇〇」と呼ばれる行為であった。そして今、それが運転されているのである。

これら最近の原発が襲われた地震と、機械工学的な危険性のおそるべき実態は、万人の必読書

『まるで原発などないかのように――地震列島、原発の真実』（原発老朽化問題研究会編、田中三彦・井野博満・上澤千尋・武本和幸・只野靖・山口幸夫著、現代書館、二〇〇八年九月発行）にくわしいので、専門的な解析は同書に譲ることにする。

私は以前に、これらの電力会社や原子炉設計者と、原発の耐震性について、烈しく議論したことが何度もある。彼らは、「お前たち素人に、何が分るか。どんな地震が起こっても、原発はびくともしないんだ」と、大声で豪語していた。「原発は関東大震災の三倍の揺れにも耐えられる」という安全論が、原発のPRで頻繁に使われてきた。これは誤りを通り越して、大嘘である（巻末A18頁にくわしい説明あり）。事実、関東大震災の三倍どころか、四四分の一のエネルギーしかない中地震が沖合に発生しただけで、私たちが指摘していた通り、見るも無残な状態になった。原子炉設計者は、完全に自信を喪失したはずである。しかしその人間たちが、東京電力の莫大な地震損害を回収したいという欲望に責め立てられて、運転開始に踏み切った。

この人間たちが、材料欠陥に恐怖を覚えないのであるから、彼らが素人集団であることに、私は一片の疑いも持たない。科学を知らないから、おそれないのである。

もう一つ、江戸時代の一八五二年（嘉永五年）、越後国刈羽郡妙法寺村の西村毅一が、現在の原発がある柏崎近郊の半田村に、原油の釜を築いて、わが国で初めて石油精製を開始したという史実がある。同じ年の嘉永五年七月一一日にジョン万次郎が土佐に帰郷し、翌嘉永六年六月三日にペリー提督が浦賀に来航した時代である。そして一八八八年（明治二一年）五月一〇日に本社を刈羽郡石地村に置いて日本石油会社（現・新日本石油）が設立され、のち柏崎に移転した。こうして新潟県は秋田県と共に日本最大の油田地帯となり、一帯の地質は日本で最もくわしく調査されてきた。

一九七〇年代に入って、東京電力がまさにその柏崎市と刈羽村にまたがる敷地に原発の建設計画を進めたのである。当然のことながら、地質データが豊富な一帯では、原発の東方約一キロメートルに長さ数キロメートルの真殿坂《まどがさか》断層が発見され、すべての研究者がこれを活断層と認めていたが、東京電力や国は根拠も示さずにこれを死んだ断層と決めつけ、危険な断層の存在や直下型地震の懸念を全面否定した。さらに建設前の一九八〇年代の調査で、四本の海底断層を発見し、うち一本は原発の沖合約二〇キロメートルにあり、海岸と平行に延びていた。敷地内にも断層があることが指摘されたが、東電は国に提出した原発の設置許可申請書で、この断層を「長さ最大八キロメートル、最近は活動していない」と評価し、「大地震をもたらさない」として、断層長さを一〇キロメートル未満に短く評価する作為的な判定を下した。東京電力が設計に採用したのは常楽寺《じょうらくじ》断層だけで、これがマグニチュード六・七の地震を起こすと想定し、四五〇ガルの揺れを最高限度として、原発が建設されてしまった。その当然の結果、中越沖地震で破壊されたのだ。

そして二〇〇九年から、前記のように七・六・一号機を相次いで運転再開したが、東洋大学の渡辺満久教授たちがおこなった一帯の最新調査では、原発の目の前の海底には六〇キロメートルにおよぶ佐渡《さど》海盆《かいぼん》東縁《とうえん》断層という大断層が存在していることが判明し、それを東京電力が評価しないいま運転再開する状況は、きわめて危険であると、警告を発する中での運転強行であった。渡辺教授は、地形の成り立ちを、現地の細部まで追跡する変動地形学の専門家である。

地震学とは何か、変動地形学とは何か

なぜこのように、危険論と安全論が真っ向から対立しながら、電力会社と国の意見が優先され、危険なものが安全だとされて、原発が運転されてしまうのであろうか。この社会構造について読者が理解しないと、浜岡原発や柏崎刈羽原発における原発震災の危険性を本心からは納得できないと思うので、少し述べてみたいと思う。

地震学とは、地震や地質についてだけ知っている人間が解き明かせる学問ではない。さきほど、太古の恐竜などの動物化石と、その地層、その年代を追跡することによって、多方面の学者から膨大な知識を結集して、日本列島の地形を年代ごとに描く「古地理図」が再現できたことを述べた。そして、恐竜をバカにしてはいけない、と書いたのはそのことである。

この日本列島が形成されるまでの歴史の中で、伊豆半島が本州に衝突した大事件、あるいは丹沢山地もまた、伊豆半島の前に本州に衝突した大事件のあったことが、ようやく最近になって、ほぼすべての学者から認められるようになって、古地理図も書き直される時代になっている。この衝突が本州の真ん中をひん曲げたのだから、その新事実は、伊豆半島〜御前崎を揺さぶる東海大地震に対して、今もって重大な問題である。なぜ誰もが、最後にはそのような理論を受け入れたかと言えば、たとえば顕微鏡でしか見えないプランクトンの化石を調べたり、アサリやハマグリの化石を調

べる人がいたからである。

この人たちの推理力と執念と、おそるべき努力に、これまで私は何度も驚嘆してきた。この人たちは、時には世界中のプランクトンや貝の分布を調べ、その生態ごとに、また時代ごとに分類し、この種類はどのような気候でなければ生きられない生物であるか、海のどの深さに生息してきたのかという古生物学を、まず徹底的に調べあげる。あるいは別の人は、泥や砂の中に住んだり、海藻にくっついて生活している〇・五ミリほどの有孔虫という奇妙な生き物の小さな化石を調べるのだ。そしてそのあと、日本周辺の海流を頭に入れ、伊豆半島や丹沢山地の周辺で発見される化石を付き合わせ、地球の気候の変動を頭に入れながら年代を調べることによって、ある時代の「海の形と、海の深さ」は、こうでなければあり得ない、という結論を導き出す。と言っても、一度や二度の研究では、とても明らかにできる作業ではない。

地球科学者の杉村新氏が「伊豆半島は太平洋からやってきて衝突した」という、当時の人にとってはヴェーゲナーの大陸移動説と同じように奇想天外に思われる説を提唱すると、別の分野の考古学者や地質学者たちが、それを証明できる作業仮説を立ててから、化石の中を調べてプランクトンや貝や有孔虫を探し出し、新たな発掘調査をしながら、できる限り多くの資料と付き合わせる。調査の足りない地域には、自ら足を運んで、さらに発掘を続けたり、古い文献を調べ上げる。さらに地震学者と火山学者がその議論に首を突っこんで、判明している断層の形状と火山活動の歴史を書き加えて、「衝突説は、フォッサマグナ南部について非常によく説明が合う」と言い始める。岩石学の専門家は、伊豆半島が火山性の岩石ばかりであることを知っているので、その周辺との違いを明らかにして、まことにもっともな史実だと支持する。

それでも本州衝突の時代を正確に言い当てるには、この仮説の矛盾を見つけ、みなの知恵で粗探しをして欠点をあぶりだし、次々と仮説を補強し、修正しながら、最後に矛盾なく説明できる論理が成立する。このようにして、文科系も理科系も工学系もない、ありとあらゆるジャンルの学問と、山歩きや自然観察の好きな人間の口述を付き合わせて、解き明かされてきたのである。

第一章の八五頁に、静岡大学の小山真人教授が東海大地震の真のおそろしさを書いた一文を紹介したが、この寄稿時の肩書は教育学部教授である。教育学部なので文科系だと思われるかも知れないが、小山氏は、東京大学出身の理学博士で、伊豆半島の火成岩について、古地磁気の磁場の方位を調べて、その成り立ちを明らかにしたその人である。小山氏の研究によって、伊豆半島の本州衝突の理論が強化されたのである。

また第一章の三三頁に、東海大地震・南海大地震の周期性を明らかにする【図8】を示したが、この西暦六八四年というような飛鳥時代の地震エネルギーが、なぜマグニチュード八・四であると推定できるかと言えば、古文書の記録を読み、その当時の墓石の倒れ方や、家屋の崩壊の様子などから解き明かされる。そして、同じ日の記録を全国に探し出して、付き合わせることによって、どの地方まで、どの程度の揺れが到達していたかが明らかになる。それを現代の尺度マグニチュードと照らし合わせて、推定が下される。石橋克彦氏たちは、そうした驚嘆すべき努力の末に、東海地震周期説を裏付けたのである。

したがって、人間が住んでいなかった地方や文字を持たなかった住民の居住地には「古文書が残っていない」ので、大地震があっても、どのような天災が襲っても、記録がないということを、頭に入れておかなければならない。こうした作業は、歴史学者の力を借りることになる。

言い換えれば、本書で述べている大地震による原発大事故の脅威は、あくまで「現在まで分っている歴史地震」を根拠に推測しているものであり、その結果、抜け落ちている史実を考慮すれば必ず過小評価になっている。たとえば今の時代の私たちは、耐震性の加速度「ガル」の数値を当たり前に論じているが、この数字でさえ、アメリカで一九九四年一月一七日に発生したノースリッジ地震と、翌一九九五年同日に発生した兵庫県南部地震によって、初めて実際の大規模地震の正確な記録が得られたばかりである。まだ一六年しかデータがないほど、人類の地震学が未熟なものであることに驚いて、一から考え直す時期にある。

私が本書で最も読者に理解していただきたいことは、そこにある。つまり専門家の意見と予測と推理に耳を傾ける真摯な態度を持つ一方で、私たちの生命を左右する〝ある種の専門家〟に対しては、重大な猜疑心を抱いて見なければならない。原発の耐震性「ガル」などは、歴史の中でまだ「本格的な地震」の洗礼をまったく受けていないのだから、大事故に対する安全性という点では何ひとつ根拠のない数字なのである。

図68 音波探査による海底調査の方法

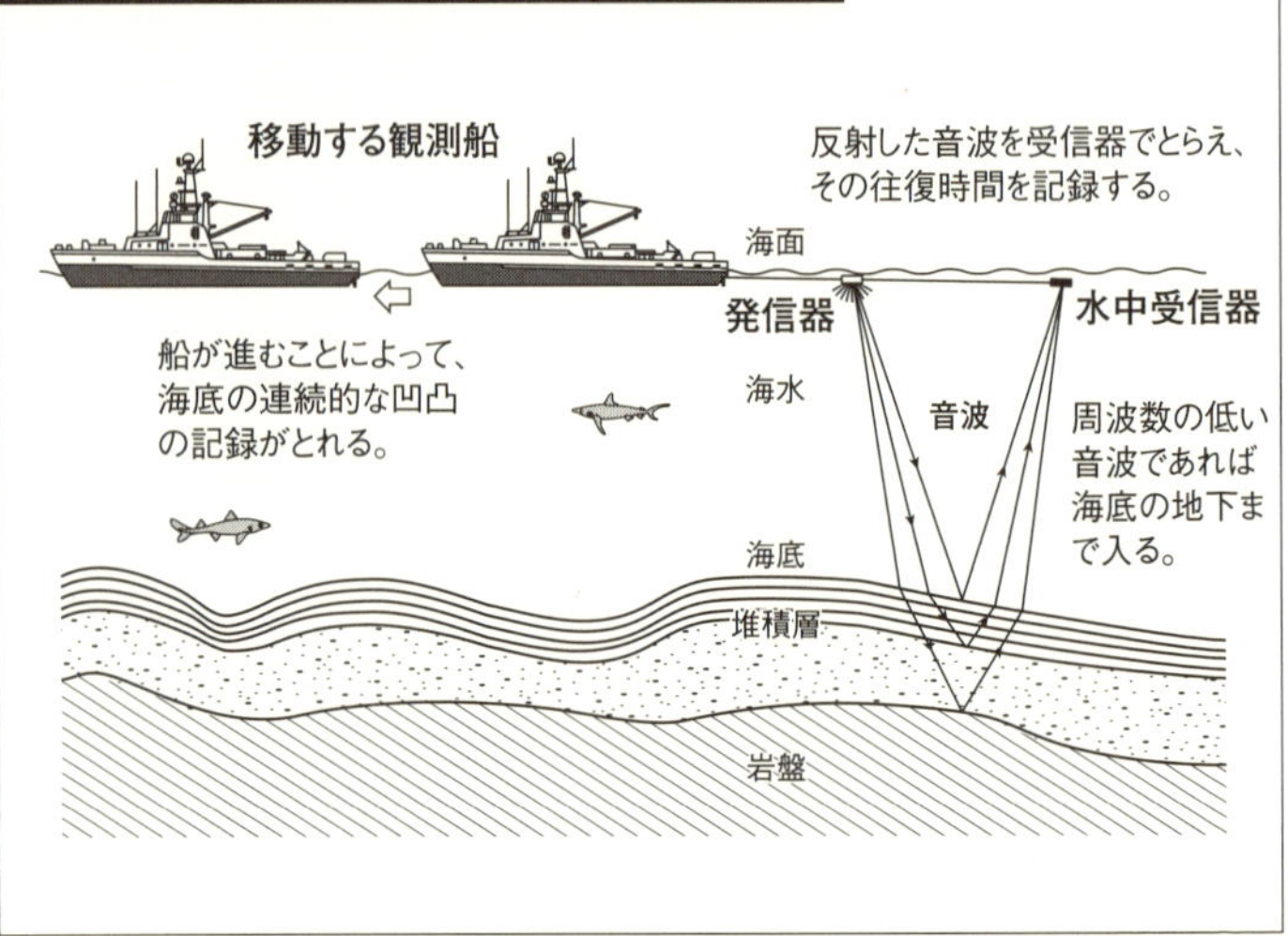
移動する観測船
反射した音波を受信器でとらえ、
その往復時間を記録する。
海面
発信器
水中受信器
船が進むことによって、
海底の連続的な凹凸
の記録がとれる。
海水
音波
周波数の低い
音波であれば
海底の地下ま
で入る。
海底
堆積層
岩盤

変動地形学を知らない電力会社

さて、柏崎刈羽原発の運転再開に異議を唱えてきた渡辺満久教授は、変動地形学の専門家である。本書で注目する変動地形学とは、地形を見て、地底の構造を読み取ってしまう魔術のような学問である。第二章の最大のテーマとして説明した地球の成り立ちの史実を論理的に考究して初めて、こうした高度で正確な判断ができるようになる。

なぜこの学問に注目していただきたいかを述べたい。現在の地球科学では、海底の凹凸を音波探査によってかなり正確に再現できる。これは、【図68】のように船の上から超音波を発信して、それが海底で反射した音波を受信器でキャッチし、その往復に要した時間を記録することによって、海面から海底までの深さを測定する方法である。このようにソナーを用いる方法は、やまびこと同じ原理の応用である。そしてこの時、観測船が海上を移動すれば、連続的な凹凸が記録される。

これが基本的な測深法だが、さらに音波の周波数を変えることによって、海底の地下にまで音波を入らせて、海底の下にある構造まで推定できるようになる。第一章三九頁の【図12】御前崎の沖合の音波探査図が、その実例である。現在は、潜水艦などの観測船から、真下だけでなく、広い角度に音波を出して側方も同時に探査でき、航空写真のように海底を再現できるサイド・スキャン・ソナー（サイド・ルッキング・ソナー）の技術も確立されて、広域を立体的に見ることができるようになっている。

しかし音波探査法の基本は、地形の凹凸の測定であるから、海底の上下の変動（縦ずれ断層）をとらえることができても、海底が水平方向に動いた横ずれ断層は、地殻の変動が音波の時間差として記録されないので、発見がきわめて困難になるという欠陥がある。

これらに対して、変動地形学は、陸上であれ、海底であれ、目の前にある地形や海岸線や河川が、上下・左右に曲りくねった形を観察することによって、「このような形ができるには、地下の構造はこのようになっているはずである」と、解読してしまう学問である。その解読には、音波探査の図も、空撮写真も、現地を自分の目で見るフィールドワークの観察も利用する。

渡辺満久教授は、東洋大学では変動地形学が理科系ではなく文科系の社会学部に分類されていることを興味深く語っているが、変動地形学を専門とする学者が、わが国には非常に少ないことが、いま大きな（重大な）意味を持っている。私はかねてより個人的な興味から、地球の成り立ちを調べてきたので、このような学者の人たちが、第一線で発言してくれるようになったことに、百万の味方を得たように感じている。

ただし、この解読ができるようになるには、地殻の運動の法則を知り、あらゆる土地における歴史の解析から、地形のパターンを、コンピューターのデータベースのように頭に記憶していなければならない。しかし人間は、コンピューターと違って推理力と好奇心を持っているので、機械より高度である。また逆に、そのデータベースを記憶していれば、地下の見えない断層でも、瞬時に正確に透視することができる。魔法のような透視術である。

これに対して、電力会社がおこなってきたのは、基本的に地底のボーリング調査である。パイプを深く打ちこんで、地下の岩盤や土壌をコアとして採取するので、縦方向にどのような層状に地層が堆積しているかを調べることができる。しかしこの工学的な方法は、パイプが打ちこまれた一点を調べるだけである。何十本のボーリングパイプを打ちこんでも、基本的には面でも立体でもなく、点の集合でしかない。あるいは、地面を掘り下げて、調査用の溝の中で地層を観察するトレンチ調査もおこなってきたが、このトレンチと呼ばれる線状の塹壕《ざんごう》を掘る場所を読み間違えれば、まったく何も発見できないことになる。原発の建設時代からずっと、電力会社は、このような工学的な目しか持たずに調査してきたので、全体の地形の形状から、地底に何が存在するかを読み取ることをしなかったし、できなかった。

原発を動かす資格もない素人集団

柏崎刈羽原発を例にとって説明しよう。その沖合には、海底に撓《たわ》んだ崖の構造が存在する。このような構造地形を撓曲崖《とうきょくがい》と呼ぶ。このような崖があれば、崖の下には、それを生み出した断層が、崖の斜面に向かって間違いなく走っていることが、変動地形学で分っている。しかも、これを海底の全面について調べなくとも、海底は陸地につながっているのだから、陸地の側の隆起の歴史と、現在の高さを海岸線に沿って調べることによって、この撓曲崖が海底でどこまで延びているかを正確に知ることができる。それはつまり、海底断層の長さを教えてくれる、きわめて正確な物差しである。

しかも新潟県中越沖地震で、この断層が動いたことが分っている。さらに、その時の震源深さの実測値もある。こうしたデータから、渡辺満久教授たちが正確に推定して六〇キロメートルの佐渡海盆東縁《かいぼんとうえん》断層の存在が明らかにされたのである。ところが、変動地形学など見たことも聞いたこともない電力会社の人間たちは、工学的な測定だけで、「海底断層を三六キロメートルに修正し、耐震設計の基準地震動を五倍に引き上げた」と胸を張って、原子炉の運転に踏み切ってしまったのだ。この違いは、マグニチュード七・〇の地震を想定する東京電力と、マグニチュード七・五を予測する渡辺教授の差になる。破壊エネルギーとしては、実際には、東京電力想定の六倍近い地震に襲われる危険性が高い、というおそろしい結果になる。

新潟大学の地質科学科教授である立石雅昭氏も、「東京電力は柏崎刈羽原発がある西山丘陵南部における地殻変動を無視してきたため、中越沖地震によって原発敷地が隆起して、大被害を受けることになった。現在もなお敷地は危険なままである」と、強く批判している。その根拠は、一帯の堆積層が形成された一二・五万〜一〇万年前の間氷期（温暖期）には、海面が現在より五メートルほど高かったという、実に興味深い史実にある。その事実から、西山丘陵が何メートル隆起したかを、立石教授が現地の測量から正確に推測しているのである。こうした変動地形学的な分析を、電力会社は一切してこなかった。

こうして、このまま原子炉の運転を認めることは科学者と技術者の良心から、放置することができないとして、「柏崎刈羽原発の閉鎖を訴える科学者・技術者の会」が設立され、この頭脳明晰な人びとの手によって、おそるべき事実が次々と明らかにされてきた。

この人たちの高度に学問的で緻密な説明は、まことに分りやすい事実ばかりである。はっきり言えば、本書は、日本人がその理論だけでなく、感情として納得するための、前座として、その一助になればと願って語っていることである。地震学の石橋克彦教授をはじめとして、材料工学の専門家である井野博満教授、機械工学の専門家である田中三彦氏、変動地形学の渡辺満久教授、この人たちが、なぜ本心から原発震災をおそれるかを、読者もまた本心から受け入れなければ、原子炉は止まらないのである。

この人たちが調べ上げた一連の貴重な事実を、日本人、とりわけ報道界のすべての人間が知らずに、すむものだろうか。もっと多くの人が、真剣に耳を傾けてすぐにも手を打つべきではないのか。

そのために、報道界は会社組織を超えてただちに力を結集するべきである。

東京電力と国の審査官には、いまだに、機械工学的にも、材料工学的にも、地質学的にも、地震学的にも、変動地形学的にも、最低限持っていなければならないはずの、まともな判定能力が、まったく備わっていないことが、白日のもとにさらされてきたのである。地球の歴史学の基礎がないのである。地質学・地形学についても、彼らが素人集団であることに、私は一片の疑いも持たない。彼らにあるのは、実に危険な「原発建設と原発運転」の醜い欲望と、傲慢な権力と資金力だけである。資金力とは、テレビコマーシャルに見られる宣伝力であり、これらを電力会社内部で担当して放映している部門の人間たちは、原子力の危険性について、それこそ何も知らない集団である。その資金を受けるマスメディアも、ここまで迫っている危険性について、まったく自覚を持っていなかったはずである。

ここまではかなり控えめに、学問的にだけ電力会社を批判したが、実は、この集団は、ボーリング調査によって得られたデータを、作為的に「安全側」に評価するという悪質きわまりない判定を下して、国民の受ける被害より優先して、原発の建設に邁進してきたのだ。彼らには、この危険なプラントを、大地鳴動する日本列島の上に建設したり、運転する資格など、微塵もない。

どちらが正しいのか、どちらに命を賭けますか、と私は読者に尋ねたい。そして、その人間たちが原子炉の運転を続けて、日本国民に対して、これから何が起こり得るか、このまま傍観していて、大地震の活動期に入った今、大事故までに間に合うのか、と強く尋ねたい。

このような日本の原子力の現状が、果たして全体としてどのようになっているのか、読者はそこに疑問を抱かないだろうか。

第四章

原子力発電の断末魔

運転再開を強行して大事故を待つ高速増殖炉“もんじゅ”

この最後の章では、数々の深刻な問題が原発現地で浮上しながら、日本人全体に充分に伝わっていないと思われる最重要のことにしぼって、現状をまとめてみたい。

本書執筆中の二〇一〇年五月六日に、火災事故以来一四年五ヶ月も運転をストップしていたボロボロの高速増殖炉〝もんじゅ〟が、「無謀すぎる運転再開だ」と全国から激しい反対の声があがるのを無視して、信じがたいことに福井県の敦賀市で運転を再開した。その目的は、「将来のプルトニウムの利用」であると主張している。

一方その前には、プルサーマルなるものがスタートした。プルサーマルとは、ウランを燃焼するように設計された原子炉に、大量にプルトニウムを混合した燃料（ＭＯＸ燃料――mixed oxide of uranium and plutonium の略）を使う危険な発電法なので、「大事故が起こる」と全国から激しい反対の声があがったが、それを押し切って、前年末、二〇〇九年一一月五日に、九州電力の佐賀県・玄海原発三号機が、国内初のプルサーマル運転を開始して臨界に達し、一二月二日に本格稼働した。続いて二〇一〇年三月一日には、四国電力の愛媛県・伊方原発三号機でも、国内で初めて、ＭＯＸ燃料と高燃焼度燃料を一緒に燃やすプルサーマル運転の原子炉起動に入り、四日に送電を開始した。このプルサーマルを、電力会社は「燃料のリサイクルだ。資源の節約になる」と主張している。

一方その前に、青森県の六ヶ所再処理工場では、四年前の二〇〇六年三月三一日から、全国の原子炉から出てくる使用済み核燃料の再処理を開始し、プルトニウムの抽出に踏み切った。ところが二〇〇七年から二〇〇八年にかけて、その再処理で発生する高レベル放射性廃棄物の不安定な爆発性の液体を、ガラスと一緒に固化する作業が不能に陥り、それができないと再処理もできないので、二〇一〇年八月現在も、工場全体がストップしたまま死体同然に眠っているのである。

ここまでの出来事は、高速増殖炉、プルサーマル、再処理のいずれもプルトニウムにまつわる三題噺《ばなし》であることが、お分りであろう。一体、原子力産業に何が起こっているのであろうか。なぜ日本は、これほどまでにプルトニウムをほしがるのであろうか。

さてその説明に入る前に、この原子力産業の末路を決定づけることがあるので、この章では、その問題から片づけてゆきたい。それは六ヶ所再処理工場で行き詰まった、高レベル放射性廃棄物の地層処分という致命的な問題である。

放射能の基礎知識

本書の冒頭に、大事故の危険性について述べた。そこで、原子炉一基が大事故を起こしただけで、日本の国家の存続が危ぶまれるほどの非常事態になることを示した。ところが、ここで論じようとしているのは、日本全土で運転されているすべての原子炉が、無事故で運転を終えたと幸運な仮定をしても、現在五四基あるすべての原子炉が大事故で放出する危険物の全部をまとめた分の放射能が、そっくりこの地上に残る、というおそろしい事実である。

つまり運よく私たちが大事故を免れても、原発を運転する限り、一回の大事故の五四倍に、さらに原子炉の運転期間三〇～四〇年分を掛けたもの、「日本を崩壊させる末期的な大事故ざっと二〇

○○回分」ほどの危険物を、管理しなければならないことが分っている。それを管理するのは、私の世代ではない。現在の原子炉を運転している世代でもない。わが国の年金制度が、高齢者世代のマイナス遺産によって崩壊し、これから世に出る世代がその負債を背負って生きなければならなくなったが、年金は金の問題である。この放射性廃棄物は、生命を直接脅かす危険物なので、比較にならないほど深刻である。

序章に述べた、原子炉大事故の危険性は、事故の確率論を述べただけで、まだ何も危険性の本体を説明していなかったのである。すべての日本人はまず、基礎知識として、日本を破滅させるかも知れない「放射能が何か」を知っておかなければならないはずである。最近の原子力論議では、この基礎の基礎を、ほとんどの人が省いているが、それは好ましくない傾向である。自分が知っているから、誰でも知っていると思うのは間違いで、最近の報道関係者が原発ルネッサンスなどという軽薄な言葉を乱用するのは、彼ら自身、自分が重大な罪を犯していることをまったく自覚していないからであって、話は、ここから始めなければならない。

アスベスト製造工場を支援する記者など一人もいないのに、なぜ原子力発電を支援する記者が、これほどまでにいるのか。報道関係者はまず最初に、以下の事実を読んでから、その疑問を自分の胸に尋ねることだ。

原子炉でウラン燃料が核分裂をして猛烈な熱を発生し、それで発電することを六三頁の【図25】で説明したが、この地球上に神が創った最大の原子であるウランが、中性子を受けて核分裂すると、

図69 核分裂が生み出す放射性物質と放射線

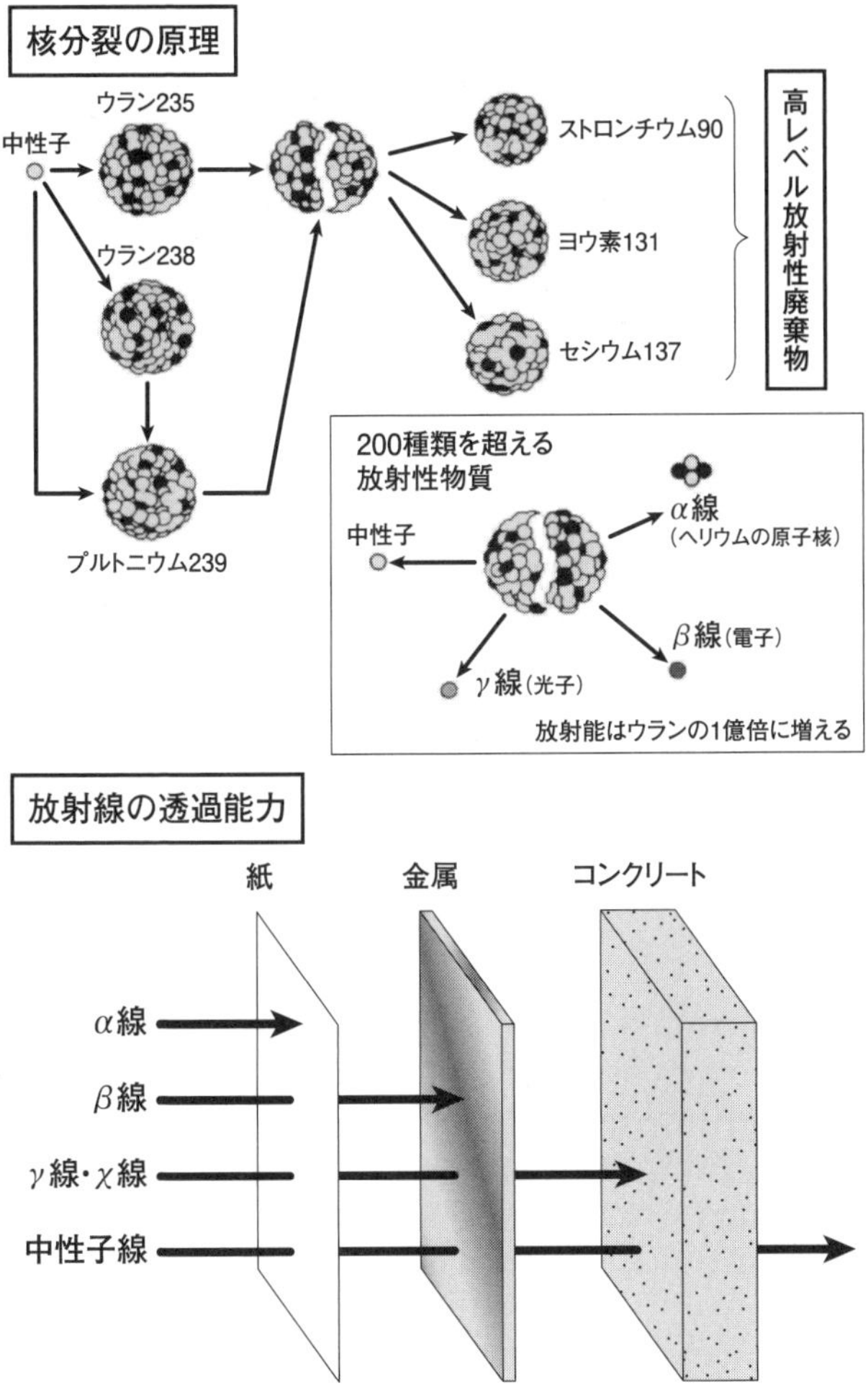

図の透過能力は、金属の種類や厚さによって異なるので、おおまかな概念を示す。

この大きな原子が二つや三つに割れる。割れることによって、小さな原子が誕生する。またウランが中性子を吸収して、プルトニウムのように寿命の長い新たな放射性物質が生まれる。前頁【図69】のように、ストロンチウム九〇、ヨウ素一三一、セシウム一三七のようなこれらのいびつな形の原子が、きちんとした形の原子になろうとしながら、揺れ動いて放射能と熱を出し続ける。これが、中越沖地震で柏崎刈羽原発を大事故寸前まで導いた崩壊熱である。

これらの不安定な原子は、α（アルファ）線、β（ベータ）線、γ（ガンマ）線と呼ばれる放射線を出し始める。また原子炉でウランの核分裂を起こす中性子線がある。これらが放射線を発している時、そこに放射能があると言う。

アルファ線は、二個の陽子と二個の中性子から成る粒子線で、ヘリウムの原子核と同じ大きな粒である。

ベータ線は、高速の電子が飛ぶものである。電子は、電線の中を流れて電流と呼ばれるが、電子が大きなエネルギーで空中を飛んで行くのがベータ線である。

ガンマ線は、光と同じ光子の電磁波である。私たちが見ている光は可視光線だが、エネルギーが大きくなって目に見えなくなると紫外線となって、皮膚癌などを起こし、さらにエネルギーが大きくなるとガンマ線になる。病院で使うX線は、人工的につくり出した放射線で、ガンマ線と同じものである。

これら放射線は、図のようにそれぞれ異なる性質を持ち、アルファ線は大きな粒子なので透過性が低く、紙一枚でも止められる。ベータ線は、紙は通り抜けるが、金属で止められる。ガンマ線（X線）は普通の金属を通り抜けて、鉛の壁やコンクリートで止められる。コバルト六〇やセシウム一三七などの放射性物質から発生するガンマ線は透過性が高く、癌の放射線治療に使用されるコバルトでは人体の深部まで透過するので、きわめて危険である。中性子線は、電気的に中性であるため、物質の電気的抵抗を受けず、ほとんどの物質の内部を透過してしまう最も危険な放射線である。一二センチのコンクリートや六センチの装甲鋼鉄でも突き抜けて行くので、建物を破壊せずに生物だけを消滅させる中性子爆弾の開発がおこなわれた恐怖時代があった。

放射線を受けることを「ひばく」と言う。体の外から放射線を受けた場合が「体外被曝」である。原爆や水爆から直接放射線の閃光を浴びた場合は、爆弾の「爆」の字を使って、被爆と書く。体外被曝でも、放射性物質やX線から放射線を浴びた場合は、爆弾ではないので、「曝《さら》す」という字で「被曝」と書く（次頁【図70】）。

それに対して、「体内被曝」は放射性物質が体の中に入ってくることである。放射性物質そのものが、人間の鼻から呼吸で、あるいは口から食べ物・水を通して体の中へ入ってくる。すると体の中へ放射性物質が入ってしまい、体内から放射線を受けることになる。広島・長崎で原爆の被害にあった人たちは、放射線の閃光を浴び、同時に死の灰と呼ばれる放射性物質が空から降り積もり、それを体内にとりこんだので、両者の「ひばく」になる。原発で知っておかなければならないのは、原発事故の汚染地帯でこの内部被曝を避けるため、野菜などすべての食べ物と水を摂ることができ

図70 体外被爆・被曝と体内被曝

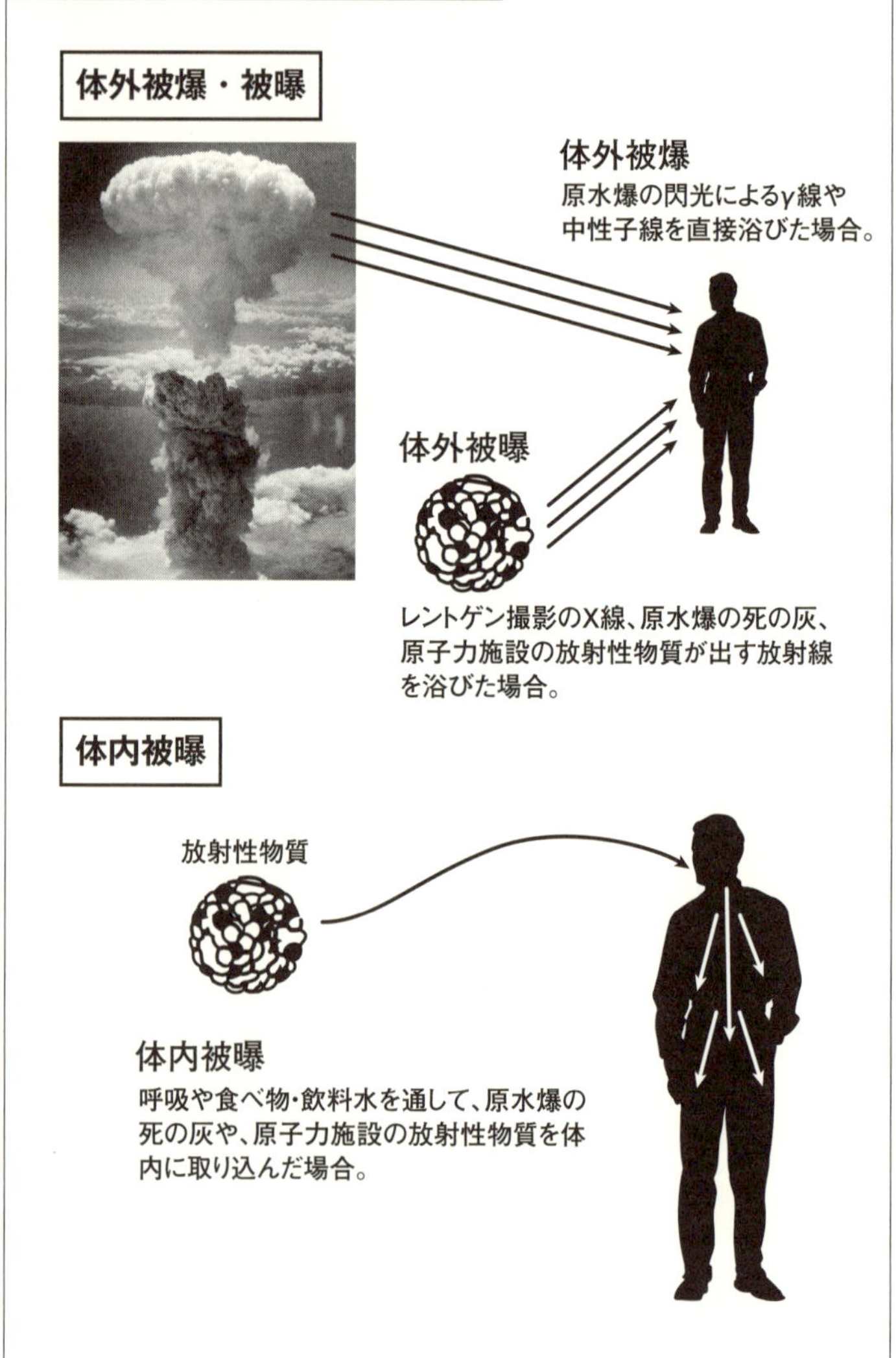
体外被爆・被曝
体外被爆
原水爆の閃光によるγ線や
中性子線を直接浴びた場合。
体外被曝
レントゲン撮影のX線、原水爆の死の灰、
原子力施設の放射性物質が出す放射線
を浴びた場合。
体内被曝
放射性物質
体内被曝
呼吸や食べ物・飲料水を通して、原水爆の
死の灰や、原子力施設の放射性物質を体
内に取り込んだ場合。

なくなり、空気が汚染されて呼吸もできなくなる事態である。

「体外被曝」と「体内被曝」の違いをもう少し説明すると、外から放射線を受ける場合は、放射能の被曝量は距離の二乗に反比例する。分りやすく言えば、近づくほど被曝量が大きくなるという原理がある。距離が半分に近づくと、二乗に反比例するので、二×二で被曝量が四倍になる。たとえばプルトニウムという放射性物質はアルファ線を出すので、紙一枚で止められるが、見えないくらいの一粒でも、それを吸い込んでしまえば、肺にペタっと貼りついて細胞組織に付着する。距離が一ミクロン（一〇〇〇分の一ミリ）単位になるので、二乗すれば一メートルの距離にあった時に比べて被曝量は一兆倍にもなる。したがって長期的な放射能でおそれるべきは、放射性物質が体内で濃縮することである。

日本全国で放射能漏れの事故が起こっている。新聞やテレビは、「微量である」、「人体に影響はない」と必ず報道し、みながそれを信じているが、これはまったく非科学的な報道である。なぜと言えば、それを測定しているのはモニタリングポストという測定器で、これが原子力施設のまわりに置いてあり、外からの放射線を測っている。しかし海や川や土壌に降った放射性物質を人間や生物が摂取する量は、このモニタリングポストには出てこない。除草剤や農薬の問題をご存知の方は分るはずだが、その原理と同じである。このようなモニタリングポストの数字をもとに新聞・テレビがすぐに電力会社の言う通りオウム返しに伝えること自体、医学的に無知な報道だと言える。

放射線の放つエネルギーは、体内の分子を結合するエネルギーを一とすれば、X線でその一万倍もある。医療で使われるレントゲン撮影も危険であるから、医師や看護師は鉛の壁などで防護された撮影室に患者を入れて、自分は室外から撮影する。セシウム一三七では一〇万倍、プルトニウム二三九は一〇〇万倍という巨大なエネルギーを持っているので、人体に遺伝的な放射能障害まで起こしてくる。

永遠に消えない放射性物質

それぞれの放射性物質が体のどこに濃縮しやすいかということは、すでに医学的に明らかにされており、プルトニウムは特に「肺」と「生殖器」に濃縮しやすい。男性では精巣、女性では卵巣に濃縮しやすい性質を持っているので、子供たちに影響が出てくる。

このことを実証したのは、アメリカのハンフォードにある再処理工場であった。プルトニウムの生産工場である再処理工場の工場排水が流れこむコロンビア川で、科学者がこの中の放射能を測定した。川の水の放射能を基準として一とすると、プランクトンでは二〇〇〇倍に濃縮され、プランクトンを食べる魚では一万五〇〇〇倍になっていた。この魚を食べるアヒルではなんと四万倍になっていることが分った。放射能は、自然界の食物サイクルで濃縮されるのである。さらに水鳥では五〇万倍、水鳥の卵では一〇〇万倍もの濃縮が起こっていた。したがって水の中の濃度が、微量であれば大丈夫というわけではない。生物サイクルによって、どんどん濃縮されていく。

結果、高い危険にさらされるのは、子供たちや若者である。幼い子供はどんどん食べ物を食べな

図71 放射能の半減期

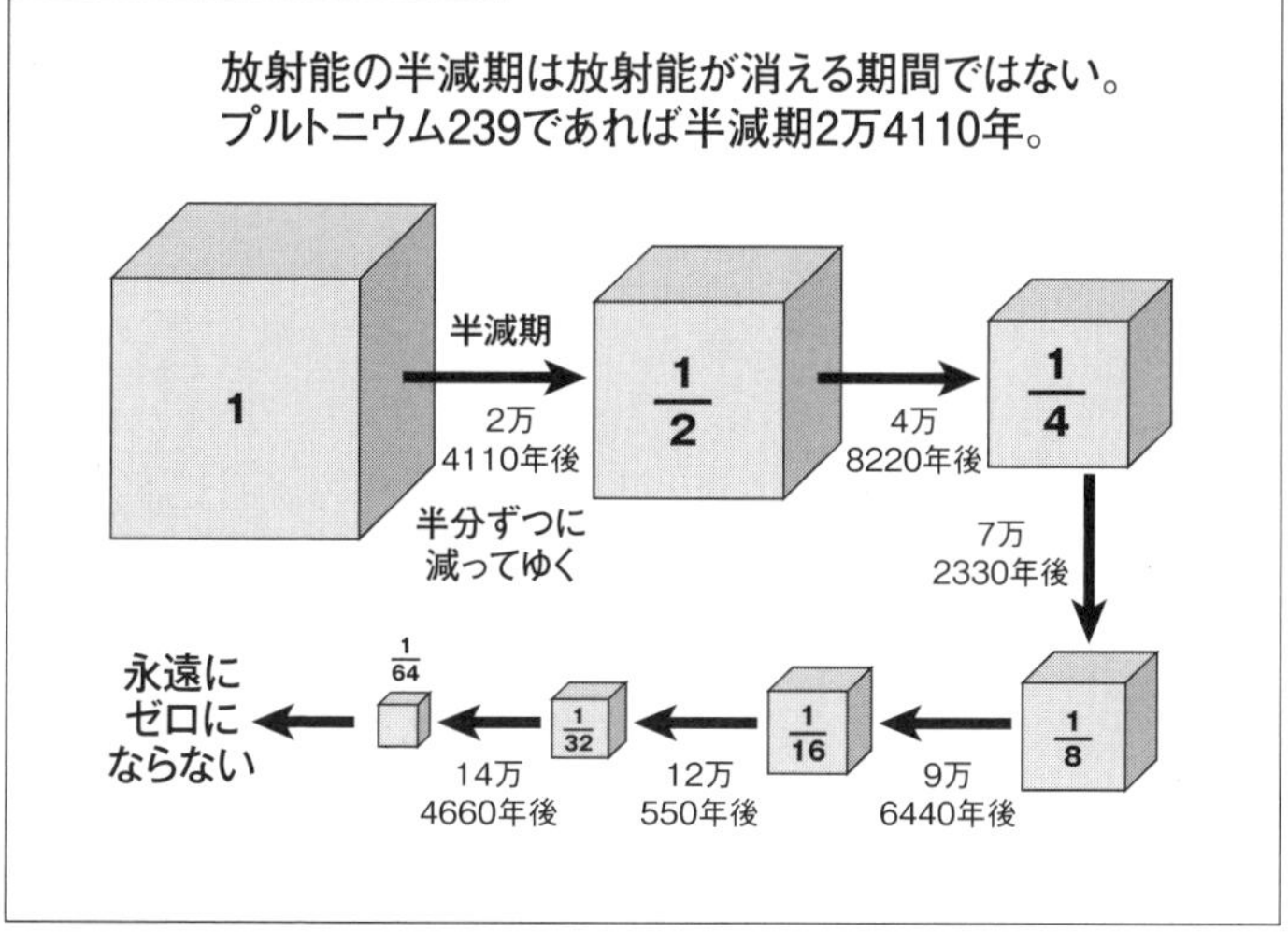

がら成長する。それを肉や骨にする過程で放射能を濃縮して、体内から放射線を浴びてしまう。特に幼いほど、放射性物質は体内濃縮度が高くなることが、よく分っている。これが、発癌の危険性である。しかし血液の癌である白血病と、肉腫を含めた癌は、放射能の影響のうち代表的な被害の一つであって、放射線による障害には、視神経を襲う白内障、脳に対する障害など、ほかに数々の実害が知られている。

化学物質の食品添加物や農薬で多くの人がご存知の通り、この話はそれらの毒性と非常に似ているが、放射性物質がこれらよりさらに悪いのは、この寿命が非常に長いことである。

放射能の半減期という言葉を聞かれた人は多いだろうが、放射性物質にはそれぞれの放射性物質に固有の「半減期」があって、放射能が半分に減る期間である。【図71】のように、初めに一あった放射能が、「半減期」が経つごとに二分の一、四分の一と段々にその半分ずつに減っていく。しかし二分の一を何度掛け算しても、永遠にゼロにならない。そのため大事故で土地が汚染されると、半永久的に住めない土地になる。プルトニウム二三九の半減期は約二万四〇〇〇年なので、私たち人類が存在するかどうか分らない一四万年後でもまだ六四分の一である。では半減期の短い放射性物質は安全か、というとそうではない。半減期が短いものは、その短い期間に大量のエネルギーを出す。プルトニウム二三九は半減期二万四〇〇〇年に対し、プルトニウム二三八の半減期は八七・七年と短い。そのため、プルトニウム二三八の放射能はプルトニウム二三九のおよそ二七〇倍以上になる。半減期が長いからこわい、短いから安全、ではない。

高レベル放射性廃棄物の地層処分

放射性物質の危険性の基礎について説明したが、このようなトリチウム、セシウム、ストロンチウム、ヨウ素、クリプトン、プルトニウムなどの危険な放射性物質が、実に二〇〇種類以上も原子炉で生まれる。これを全部集めたのが、原子力発電のウランの核分裂によって日々生み出されている「高レベル放射性廃棄物」と呼ばれているものである。

現在の民主党政権は、この超危険物を生み出す原子力を「クリーンエネルギー」と呼んでいるのだ。一五歳の子供にでも分ることを知らないのだから、ほとんど全員が人間の持つべき基本的思考力がゼロ以下なのである。

図72　高レベル放射性廃棄物の地層処分の概念図

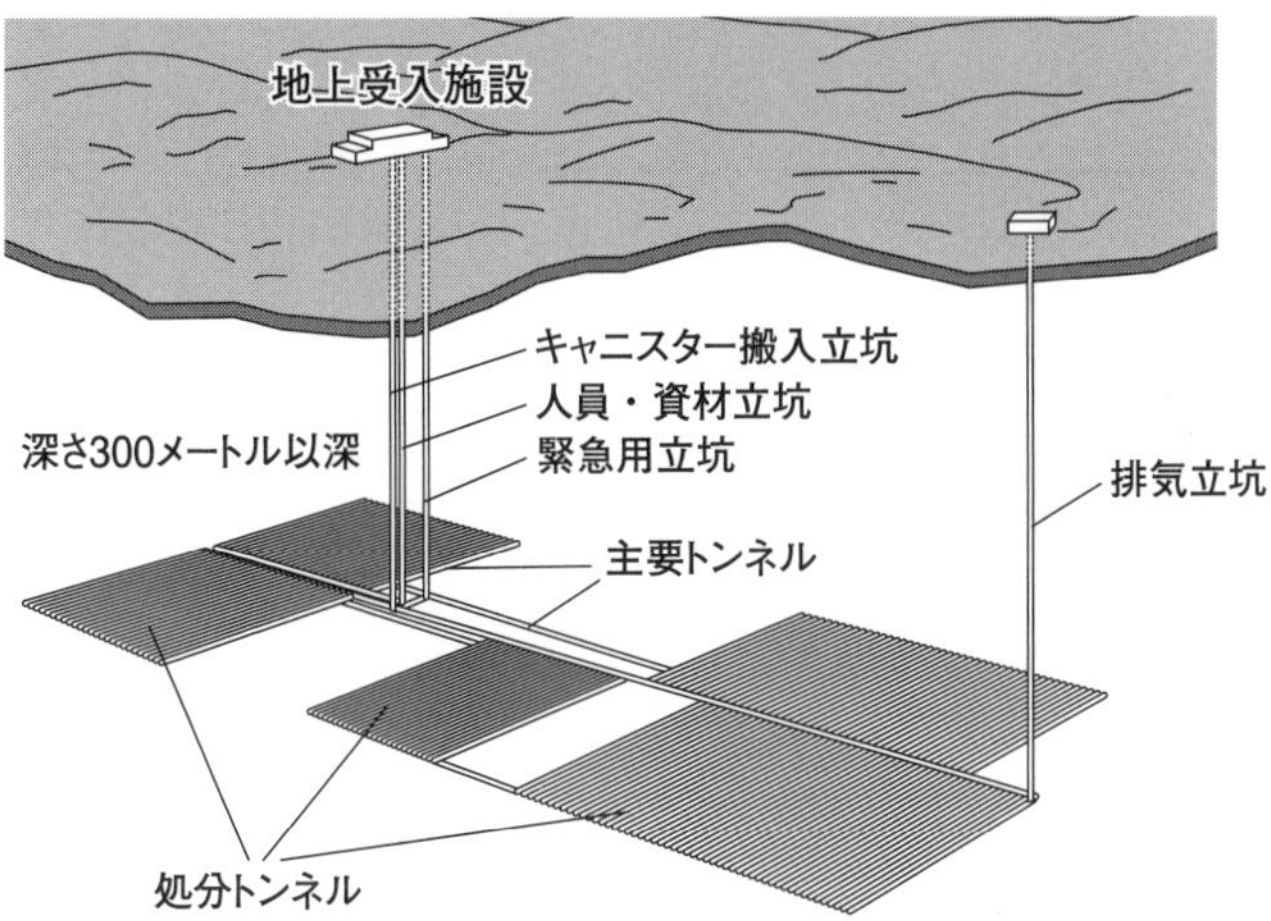

私たちは、一体これをどうするのか、と電力会社と国に尋ねてきた。この危険物を作り続けて、人類は管理できるのか、と訊いてきた。その答を全世界で、誰も聞いていない。彼らは、これを地層に処分します、と言っているだけだ。地底深く埋めるのだ。【図72】のように、地上から、縦坑の穴を掘って、そこから横穴を掘って、地下三〇〇メートルより深いところにずらっと埋める、と電力会社は言っている。このようなことをしてよいものか。

二〇〇九年二月、アメリカ政府が「高レベル放射性廃棄物は一〇〇万年監視しなければならない」と、オバマ政権誕生直後に発表した。これはオバマ政権が始めたのではなく、前のブッシュ政権からすでに環境保護局が進めてきた政策がようやく実った結果であった。一〇〇万年である。一〇〇万年管理しなければならない物質である。それほど寿命が長く、危険な毒性物質が「高レベル放射性廃棄物」である。

私が一〇年前にアメリカのネバダ核実験場を訪れた時、背後に、高レベル最終処分場のヤッカ・マウンテンが見えた。案内してくれたラスベガスの若い運転手は、私の説明を聞くまでもなく、「地元では州兵を出してホワイトハウスの計画は阻止する」と怒りをこめて語ってくれたが、その言葉通り、この計画は白紙となり、現在ではほぼ断念されたと伝えられる。

原子炉を運転したあとに出てくる放射能は、ウラン鉱石に比べて、一億倍にも高くなる。ウランは放射性物質である。

写真は、一九九一年の湾岸戦争で米軍がイラク攻撃に使ったウラン弾の被害を伝える特集記事の載った雑誌「ＬＩＦＥ」である。この表紙に、「わが国は彼らを見捨てたのか？　砂漠の嵐作戦の小さな被害者たち」と書かれ、米軍のポール・ハンソン軍曹が三歳の息子ジェイスを抱いて、心なしか淋しげな表情をしていた。ジェイスは、手が肩から直接出て、脚も義足である。かつて薬害として全世界を震撼させたサリドマイド症と同じである。

「LIFE」1995年11月号

その後、ウラン弾を使い、その粉塵を吸いこんだ従軍兵士とその子供たちに「湾岸戦争症候群」と呼ばれる膨大な被害が広がってきたことが裁判で明らかになった。そして現在も、二〇〇三年からのイラク攻撃で、現地イラク住民に大量の被害が出ている。

高レベル放射性廃棄物の放射能は、次頁の【図73】では、プルトニウム、アメリシウム、ラドン、セシウム、ストロンチウム、このような放射性物質がたくさん書いてある。これを放射能レベルで示すと、下の方に点線を引いたレベルがウランの鉱石で、ウランそのものが、いま述べたウラン弾の被害で明らかなように非常に危険なレベルである。ところがグラフは、これより一桁ずつ上がり、一〇倍、一〇〇倍、一〇〇〇倍、一万倍、一〇万倍、一〇〇万倍と、対数グラフになっている。これら放射性物質を全部足し合わせたものが、一番上の太い曲線である。

対数グラフなのでみるみる減るように見えるが、一年後でウラン鉱石の一〇〇万倍を超える。一〇〇〇年後でまだ一〇万倍。一〇〇万年後でも五〇〇倍。一〇〇〇万年後でも、まだ三〇倍。そのためアメリカ政府が、一〇〇万年の監視を要する、としたのである。私たちの寿命で考えれば、永久に消えない。作ってしまえば、もう消せない。これが放射能である。しかし一〇〇万年後に私たちは存在しないのだから、せめて縄文時代に戻る歳月を考えて、一万年後までの放射能と、その処分スケジュールを、もう一枚のグラフに示す（二一七頁【図74】）。

この図に使ったキュリーという放射能の単位は、一平方キロメートルに一キュリーがあっただけで、その全地域が立入禁止になるほど危険な数字だが、高レベル廃棄物の保存容器キャニスター一本には、一万年後でも六〇〇キュリー入っているのである。普通に私たちがおそれている食品添加

図73 高レベル放射性廃棄物の放射能の毒性

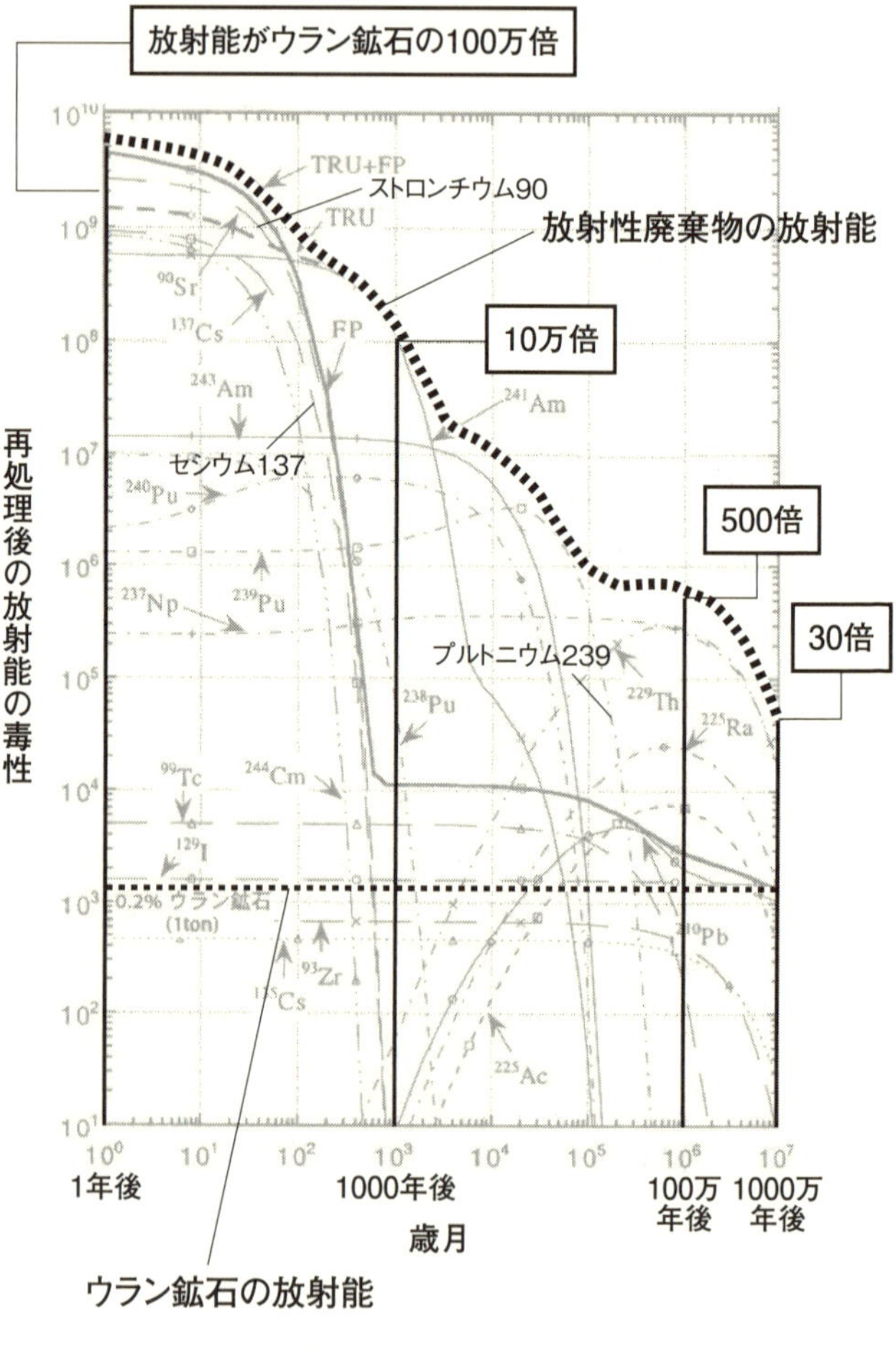

再処理後の放射能の毒性＝潜在的毒性指数（新燃料1トン当たり）
日本原子力研究所の資料より

図74 高レベル放射性廃棄物の処分スケジュール

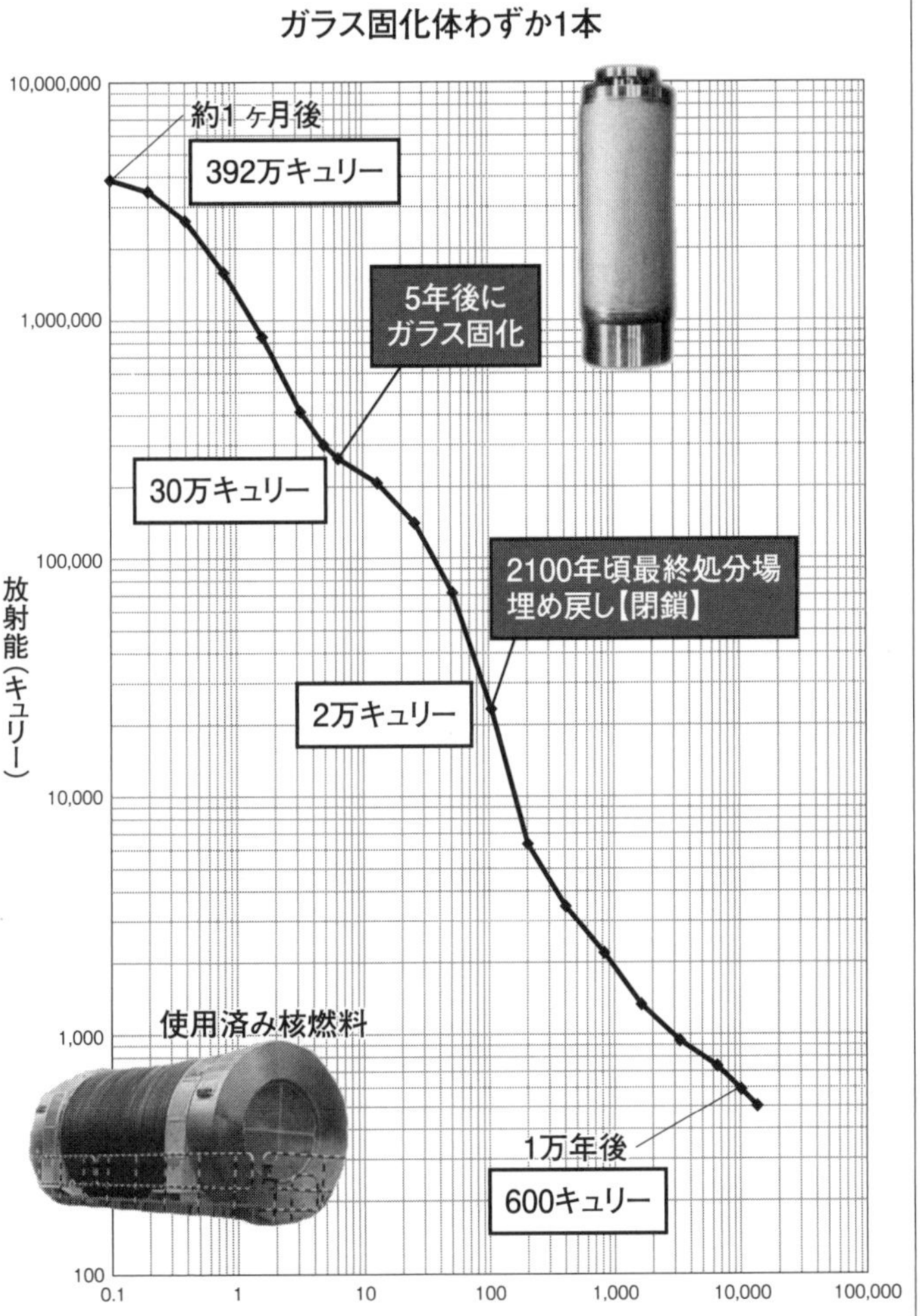

物とは、レベルの違うおそろしさがここにあるわけだ。そしてこれは、どこかに持って行かなければならない。これを電力会社が作っているのだから、電力会社が厳正に管理してもらわないと困る。どのように安全に管理できるのだろうか。

これを管理処分するため、原子力発電環境整備機構という組織ができ、NUMO《ニューモ》と略称しているが、その英語はNuclear（原子力）Waste（廃棄物）Management（管理）Organization（機構）of Japanで、日本語に訳しても環境整備機構にはならない。正しく放射性廃棄物管理機構と訳さないのは、なぜなのか。この人間たちが環境整備を名乗っている。自分たちが何をしているかを知っているので、どうすれば国民をだませるかと考える、おそるべき人間たちであることが分る。

NUMOの子供だましの宣伝文

インターネットでNUMOのサイトを引いてみればよい。四重の壁で守られた地層処分をする、と出てくる。「バリア1は、ガラス固化体で、その周りを鉄の容器で包みます。その上から粘土で固めます。それを深いところに埋めます。この辺りは岩盤です。大丈夫です」という子供だましの絵を描いている【図75】。

第一の壁は、高レベル放射性廃液をガラスで固め、ステンレスの容器に入れる。絵を見ると紙のように薄っぺらである。なぜこんなに紙のように薄いのか、頑丈にすればよいではないか、と考えてもダメである。放射性物質が永遠に大量の熱を出すので、熱を外に逃がすために薄くしなければ

図75　NUMOの子供だましの宣伝

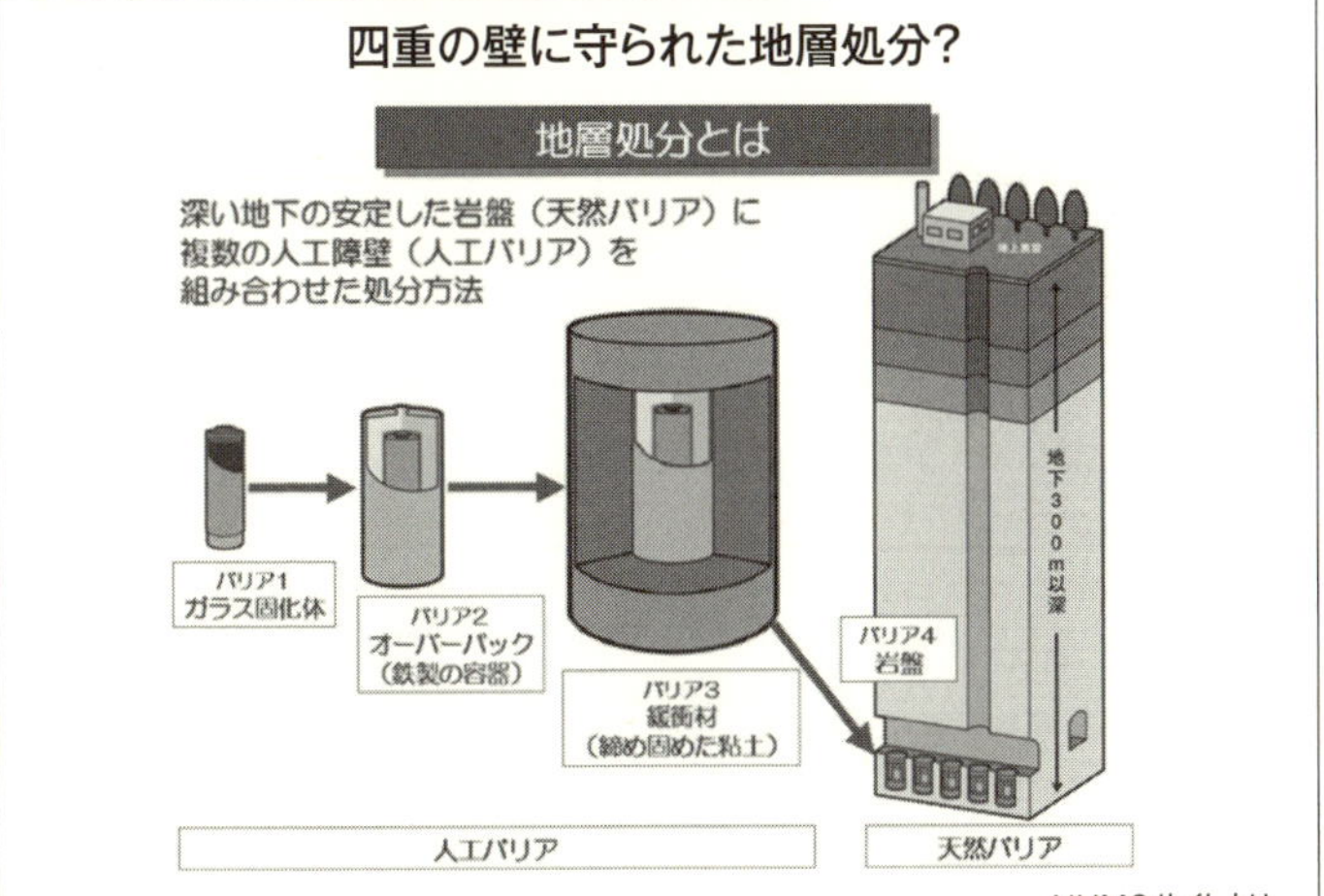

NUMOサイトより

ならない。最初から宿命的に薄い、弱いもので作る。サイズはボンベのようなキャニスターと呼ばれる容器である。これは地下水と接触すると腐食し始め、数十年で壊れてしまう。最後にはこの容器が影も形もなくなり、中身がむき出しで地底に出てくることが分っている。

第二の壁は、鉄製の容器だという。鉄製の容器？　鉄器は、弥生時代のものでさえ、出土されるのはボロボロである。弥生時代が終ったのはほぼ二〇〇〇年前にもならない。それがボロボロなので、弥生時代の鉄器を探すことは、考古学者にとっては大変である。

第三の壁は粘土だという。粘土は、水を含んだ珪酸《けいさん》アルミニウムを主成分とするので、高温の状態で置いておけば、カラカラにひび割れてしまう。こんなことは子供でも知っている。

第四の壁は、天然バリアだという。人間が住

図76 地下水が放射性物質を地上に運び出す

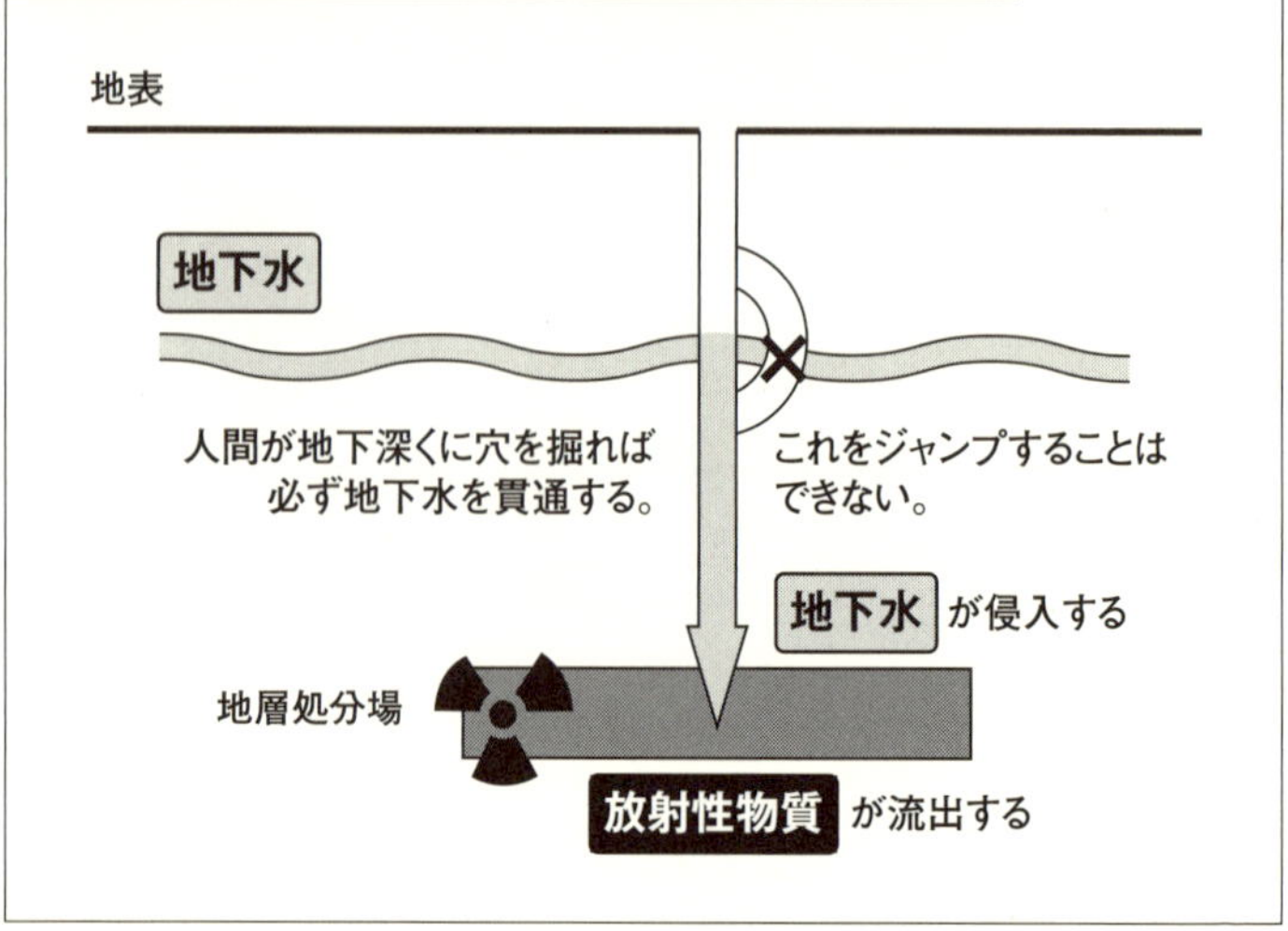
地表
地下水
人間が地下深くに穴を掘れば
必ず地下水を貫通する。
これをジャンプすることは
できない。
地下水 が侵入する
地層処分場
放射性物質 が流出する

んでいるこの地面のことをバリアだと呼ぶのだから、おそろしい人間たちではないか。いま九州新幹線ルートの工事をしているが、工事現場ではザーッと大量の地下水が流れ出ている。トンネル工事でもどこの地下でも工事をすれば水は出てくる。これが水の豊かな日本のいいところだが、地層処分とは、この地底深くに穴を掘るわけだから、途中で二層、三層にも流れている地下水をジャンプすることはできない【図76】。誰が考えてもこの地下道に地下水は入ってくる。地下水は、河川の川床に流れている伏流水《ふくりゅうすい》ともつながり、その伏流水と地下水が私たちの利用する水の源流である。キャニスターが最も苦手とするのは水分であるから、放射性物質が地下道を通って表に出てくるわけである。

日本ではこうして、処分場に地下水が入って

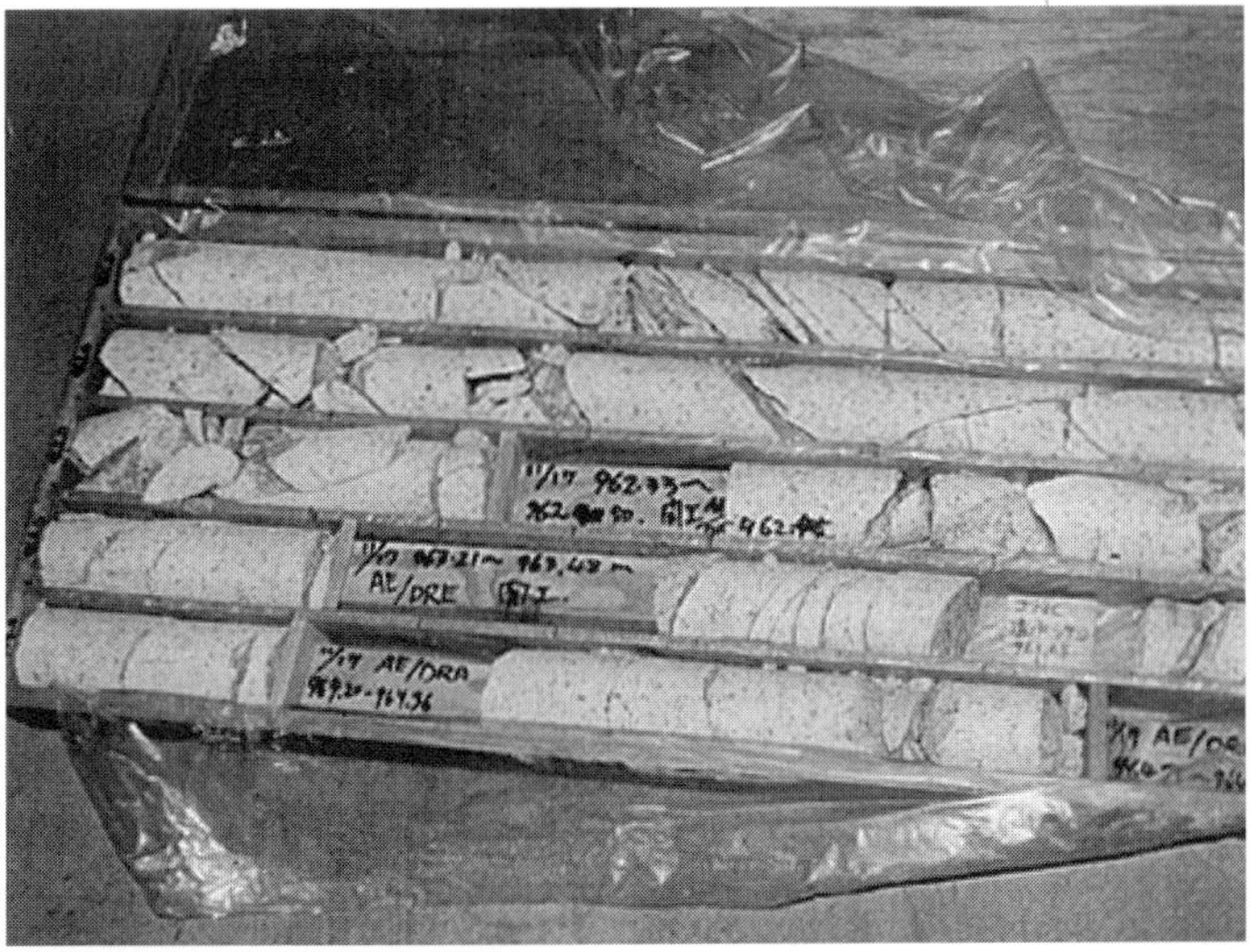

岐阜県東濃鉱山のボーリングコアはずたずたに割れていた

きて、四重の壁を簡単にするりと通り抜けて、私たちの生活圏に放射性物質が入ってくる。そもそも地下水とは、空から地上に降った雨が、地中にしみこんで生まれたものであるから、地上とつながった流れである。したがって、放射性物質は農地を通じて、農作物に入ってくる。農業用水にも、生活用水にも入ってくる。これを何重の壁だと呼ぶこと自体がナンセンスである。日本全国どこでも、湧水と清流を求め、また釣り人でにぎわっているこの水資源王国で、このような処分は、絶対にあってはならない許しがたいことである。

　地震を起こす断層で分る通り、日本の地下は地下水だけでなく、亀裂だらけである。岐阜県の高レベル処分場候補地と目されている東濃《とうのう》鉱山に行くと、地下ボーリングがおこなわれていたので、サンプルのコアが入っている箱を開かせると、地底の岩石はバラバラであった。こんなものを「強固な岩盤」と呼んでいるのだ。

NUMOの宣伝文には、廃棄物を埋める場所がどこにもないので、「火山活動は過去二〇〇万年前からほとんど活動地域に変化がない」と書いてあるので驚いた。一一九頁の【図45】を再び見ていただきたい。過去に火山活動の記録がなかった小笠原諸島の西之島近くで火山活動が始まったのは、一九七三年である。一体、このように火山のことさえ知らない人間が、最終処分場を選ぼうとしていることを、日本人はどう考えているのだろうか。日本列島の成り立ちと、地底の変化を、まったく知らない人間たちが、地上で最強の猛毒物を地底に埋めようとしているのだ。

岩手・宮城内陸地震が立証したこと

実例を話した方が、読者には理解しやすいと思う。一昨年、二〇〇八年六月一四日に岩手・宮城内陸地震が発生した。宮城県栗原市の荒砥沢《あらとざわ》ダム上流の山では、クレーターのような大規模な地滑りが起こり、二キロ四方が陥没して山がまるごとひとつ消える大崩落でグランドキャニオンのようになった。この光景はテレビで何度もご覧になったと思うが、山がまるごとひとつ消えてしまう、こんな地震があるのだろうかと驚いた。しかも活断層がないと言われたところに、長大な活断層が現われた。もしここが、高レベル最終処分場であったら、と想像して以下を読んでいただきたい。

翌日の東京新聞に、その地震の解析地図が出た（二二四頁【図77】）。今回の地震が起こった場所が示され、この辺りは地震多発地帯であったと書かれていた。確かに、過去に中地震を超えるかな

岩手・宮城内陸地震で山が消失した荒砥沢ダム上流

りの地震が多発しているベルト地帯であることが見てとれ、地震の専門家は、男鹿《おが》半島・牡鹿《おじか》半島構造帯と呼んでいた。この記事の図にはないが、二〇〇五年に女川原発を襲ったマグニチュード七・二の宮城県沖地震の震源も、この牡鹿半島のすぐ沖合である。

そこに岩手・宮城内陸地震が起こったのだが、長い間にわたって住民に断りなく高レベル処分場探しを全国でやってきた動燃（動力炉・核燃料開発事業団）が、最終処分場の「適正地区」は全国にたくさんあるとする秘密報告書を書き、その報告書に、このベルト地帯が「適正地区」として大量に選ばれていたのである。しかも地震前年の二〇〇七年七月に、この地震地帯にある秋田県の上小阿仁《かみこあに》村が高レベル最終処分場を誘致していたのだ。勿論、この計画は阻止したが、「もしこんなところに最終処分場ができて

図77 地震多発地帯にある最終処分場「適正地区」

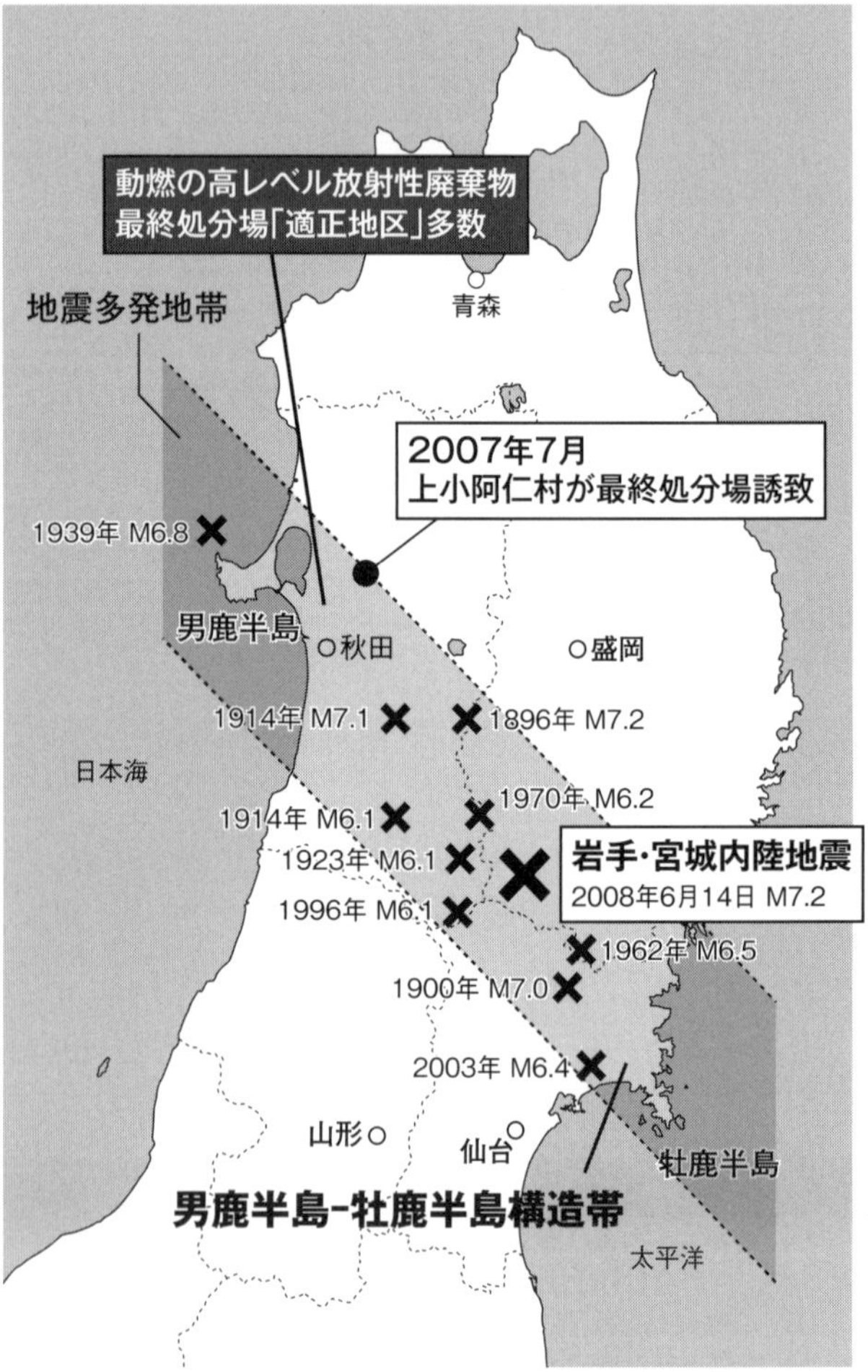

「東京新聞」2008年6月14日

いたら」という想像は、杞憂《きゆう》ではなく、現実に進行中の出来事なのである。そこに山崩れが起きて、高レベル放射性廃棄物が全部むき出しになって出ていれば、東北地方は全滅していたのである。

あるいは、もっと近い話をすればよいだろう。二〇一〇年三月七日に鹿児島県最南端の南大隅町《みなみおおすみちょう》役場文化ホールで、私は高レベル放射性廃棄物最終処分場を拒否するための講演会に臨んだ。拒否するためとは、NUMOが暗躍して、この町で処分場を誘致する声があがって、町民が危機感を覚えたからである。幸いにも反対集会の会場は満員の盛況で熱気にあふれていたが、私が会場で示したうちの一枚が次頁の【図78】であった。鹿児島湾（錦江湾）周辺に分布するカルデラはこのように六つもある。と言うより、ここは西日本火山帯のど真ん中である。なぜこの当たり前の図を示さなければならなかったかと言えば、二〇〇九年一〇月にNUMOが発刊した最新の『地層処分その安全性』という小冊子に、「火山が突然噴火して処分場を破壊しないのか？　火山は限られた地域にしかなく、現在ないところに突然できて処分場が破壊されることはありません」と、地元住民を愚弄しきった子供だましの文句を堂々と書いているからである。

講演会当日は、目の前で前年から桜島が噴火を続けている、その時なのである。カルデラとは、噴火によってマグマだまりが空になり、地表が陥没した地形であることを、少なくとも読者はご存知だから、このようなことを本書に書く必要はないはずである。しかしこのNUMOと組んで、高レベル最終処分場の誘致に走り回っているのが、写真家と称する浅井慎平なのだ。こうした驚くべき無知をきわめる原子力産業を統率指揮してきたのが、原子力「安全委員会」委員長だった東京大

図78 鹿児島湾（錦江湾）周辺に分布する6つのカルデラ

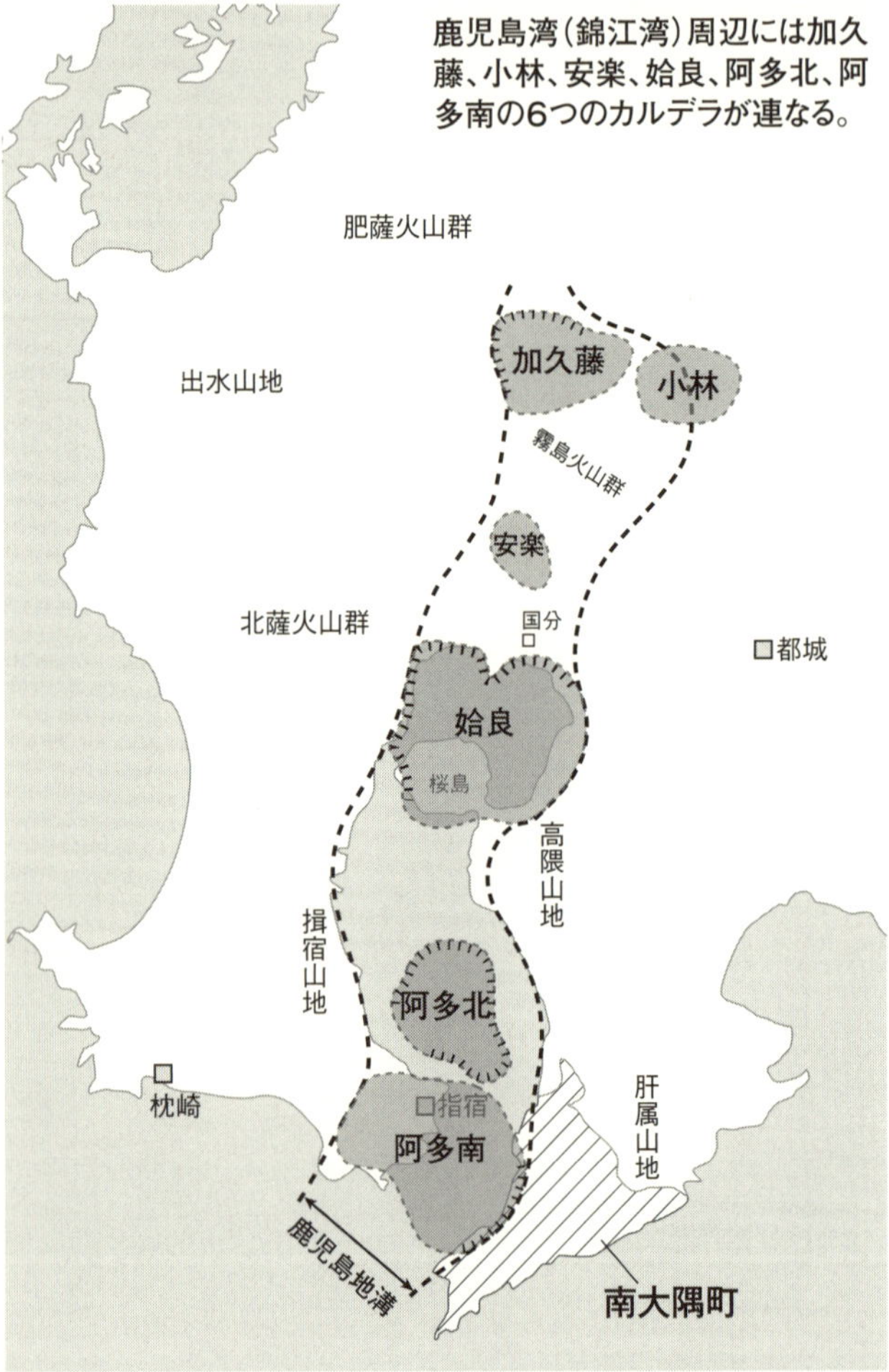

鹿児島湾（錦江湾）周辺には加久藤、小林、安楽、姶良、阿多北、阿多南の6つのカルデラが連なる。

『日本の地形7 九州・南西諸島』（貝塚爽平ほか編、東京大学出版会）

学教授・鈴木篤之である。

日本全国に広がる現代の名川柳に、「高レベルほしがる町議の低レベル」と謳われている。本書冒頭に、「二〇年後に、日本という国があるのだろうか」と尋ねられれば、「かなり確率の高い話として、日本はないかも知れない」と悪い予感を覚える、と書いた心境に読者も達したであろうか。

現在、NUMOをはじめとして、高レベル放射性廃棄物最終処分に関する研究は、ほとんどが、地底に放射性物質が漏れ出たあとの地下水中の挙動を調べることに集中している。そして「地下水中では放射性物質はほとんど流れない」とデタラメを書きなぐっている。ならば、四十七都道府県のどこで、どの町村の、誰が、その非科学的な話を信じて、それを引き受けるのか、その土地の実名を挙げた上で、電力会社は初めて、原子炉の運転を始める資格がある。その地名を言えない限りは、人間として運転する資格はない！

この国策は、日本全土で「恐怖の処分」と呼ばれて拒否され、「処分不能であるから原発の運転そのものを止めよ」という声が高まっている。科学的に根拠のない二酸化炭素温暖化論をふりかざして原発推進を叫ぶ民主党幹部の菅直人、仙谷由人、前原誠司、直嶋正行をはじめ、嘘だらけのエコ論者たちは、まず高レベル放射性廃棄物を、日本人の誰が引き受け、どこで、どのように管理できるのかという、この問いに大人として現地住民に責任を持って答えてから、原発推進を口にせよ。寺島実郎、毛利衛、舛添要一、大前研一、野口悠紀雄、吉村作治、浅井慎平に対して、処分場候補地現地の人たちに代って、私は尋ねているのである。沖縄に米軍基地を押しつけて平然として生きるのと同じように、どこかに、エネルギー大量消費地の都会人に都合のよい、そのようなお人好しが住む「理想郷」があるというのか。

本書に書いた内容を知った上で、知らぬ顔の半兵衛で、横を向いてはいけない。処分できないものを生み出しながら、発電を続ける原子炉を認める者はすべて、子や孫の将来世代に対して重大な罪を犯していることを、人間として恥じるべきである。

目的は、ただお湯を沸かす装置にすぎない原子炉である。これほどの危険物を生み出す原子炉に、なぜこれほど熱中するのか、私にはその気が知れない。電気を生み出す方法など、山ほどあることを、電力会社が知らないとでも言うのか。もし読者が、「原発がなければ停電する」と錯覚しているなら、先に紹介した『二酸化炭素温暖化説の崩壊』を読んで、ただちに希望ある未来を志向していただきたい。

青森県六ヶ所再処理工場で起こっていること

しかし、エネルギー大量消費地の都会人に都合のよい、お人好しが住む「理想郷」があるという。本州の最北端、青森県の下北半島の付け根、太平洋岸にある六ヶ所村である。しかしこの問題は、青森県民が被害者となればすむという地方問題ではなく、日本人全体の生存を脅かす状況が迫ってきたので、現状を報告する。

原子炉で発電後、使ったウラン燃料から発生した使用済み核燃料を、硝酸と爆発性有機溶剤（燐《りん》酸《さん》トリブチル）を用いて化学的に高レベル放射性廃棄物を取り除き、ウランとプルトニウムを取り出し、精製する危険な化学プロセスを再処理という。過去に発生した放射性廃棄物の多くは、一度イギリス・フランスに使用済み核燃料として輸送され、これら海外の再処理工場の化学処理によって抽出された高レベル放射性廃棄物が、一五年前の一九九五年四月二六日から青森県六ヶ所村の再処理工場に強行搬入されてきた。

この高レベル廃棄物の貯蔵管理は、六ヶ所再処理工場の当初計画にはなかったもので、当初の最終処分場予定地だった日本の最北端、北海道幌延町《ほろのべちょう》の計画が挫折したために、国から金で丸めこまれた青森県が一手に危険性を引き受ける羽目になったものである。そしてこの高レベル廃棄物は、青森県が日本政府と「青森県は永久保管場所ではない」との約束を取り付けながら、ここまで述べた危険性から分るように、全国で引き受けを拒否され、それが空文となることは火を見るより明らかであり、どこにも搬出されるあてのないまま、永久に保管される運命にある。

フランスからの返還高レベル廃棄物キャニスターの六ヶ所村への搬入は終了し、二〇一〇年三月九日からイギリスからの返還が始まった状況にある。しかしこれら英仏からの大量の返還廃棄物はこれでも一部であり、これから起こる最大の問題は、現在も全国の原子炉で発生中の使用済み核燃料に含まれる膨大な量の高レベル廃棄物をどうするかにある。したがって幌延町の処分場計画が完全に消えたわけではなく、むしろ逆に、「地層処分の安全技術を確かめるための研究」と称して幌延深地層研究センターが誕生し、二〇〇三年には深い地層の地下施設の建設に着工して穴掘りを進めているので、幌延がいつ本物の処分場に化けるか分らない。この間、六ヶ所村には使用済み核燃料からプルトニウムを取り出すための再処理工場が建設されてしまったのである。

ここまで述べた事情から、最終処分場が存在しないまま原子炉が運転を続けているため、一九九八年以来、過去一〇年ほど全国の原子炉から六ヶ所再処理工場のプールに強引に使用済み核燃料を搬入して、知らない人間が見れば、形ばかりは事もなく全国の原子炉の運転を続けてきたように見える。ところが、三〇〇〇トンの容量を持つ六ヶ所村の巨大プールは、二〇〇九年七月末までに三〇一四トンの使用済み核燃料を受け入れ、その間、二〇〇六年から強引に再処理（アクティブ試験）を開始して少量の燃料を処理したが、再処理工場は二〇〇八年にガラス固化がデッドエンドの壁にぶちあたって行き詰まった。

プールは満杯状態にあるため、全国の原子炉で発生する使用済み核燃料の一年分（ほぼ九〇〇〜一〇〇〇トン）さえ受け入れることもできない状況にある。全国の原子炉は、このまま運転を続ければ、いずれ高レベル廃棄物（死の灰）があふれて運転停止を余儀なくされるほどの深刻な状態に至った。

誰も言わないが、いま日本人全体に脅威となっているのは、再処理の化学処理で取り出される高レベル放射性廃棄物が液体であるため、これの管理に失敗すると、原子炉の大事故を上回る大災害になるという危険性である。

この事実は、一九七六年七月に、東西ドイツが分裂していた当時、西ドイツのケルン原子炉安全研究所が内務省に極秘レポートを提出し、その内容が翌年暴露されて明らかになった。この「再処理工場の大事故に関する解析」によれば、万一冷却装置が完全に停止すると、爆発によって工場の周囲一〇〇キロメートルの範囲で、全住民が致死量の一〇倍から二〇〇倍の放射能を浴びて即死し、最終的な死亡者の数は、西ドイツ全人口の半分に達する可能性がある」とのおそるべき事実を予測していたのである。つまり全国から放射性物質を集めた再処理工場が爆発すれば、原子炉を一〇〇基まとめて爆発させたと同じような、想像を絶する結果になるわけである。

高レベル放射性廃液は、さきほどから何度も述べているように、崩壊熱を出し続けるので、冷却し続けなければならない。つまり冷却に失敗すれば、大爆発を起こして、一地方ないし国家そのものを消滅させてしまう危険物である。たとえば六ヶ所村が大地震に襲われて、貯槽タンクの冷却配管が折れただけで、そのような事態になる。加えて二〇〇八年に、変動地形学の渡辺満久教授が現地の地形をくわしく調べたところ、マグニチュード八・〇を超える大地震のおそれが高いことが明らかになった。

日本の原子力産業は、米ロ英仏中の核保有国五ヶ国とは違って、核兵器を保有しないことを条件に特別に再処理を認められた国なので、再処理工場のプルトニウムが原爆化して核爆発を起こす最もおそろしい臨界事故についても、ガラス固化についてもよく分っていないまま、フランスから再処理技術を導入して、技術的に未熟なまま再処理に踏み切ってしまった。その結果、再処理して発生する高レベル放射性廃液にガラス粉末をまぜて、爆発しない固化体にするプロセスが、不能にな

図79 高レベル廃液をガラス固化する溶融炉の仕組み

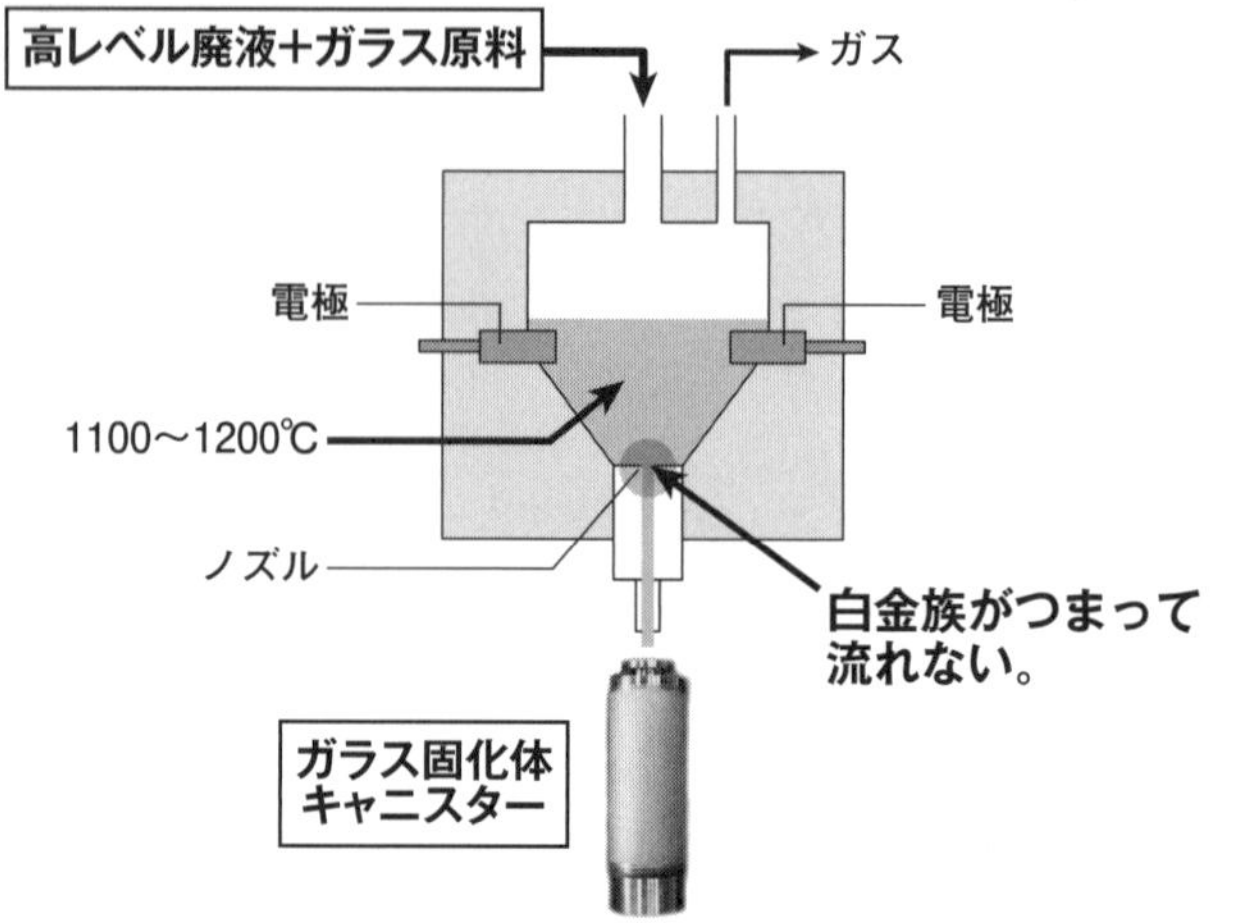

ってしまったのである。

このガラス固化をする溶融炉では、【図79】のように、上から高レベル廃液とガラス原料を入れて、左右の電極から電流を通じ、ニクロム線と同じように電気抵抗を利用して加熱溶融する方法を日本は採用した。フランスでは、電子レンジ方式の高周波加熱を採用してガラス固化をしているのに、日本がなぜパン焼きのオーブン方式を採用したのか詳細は不明だが、フランスから独立した技術を持とうとしたことが動機であると推測される。

放射性廃液には、核分裂で生まれたありとあらゆる物質が含まれているが、そこには白金族の金属も含まれる。白金族には、指輪などに使われる貴金属のプラチナだけでなく、ルテニウム、ロジウム、パラジウム、オスミウム、イリジウム、白金（プラチナ）の六種類の金属があ

図80 白金族の物性

	ルテニウム	ロジウム	パラジウム	オスミウム	イリジウム	白金	銀	銅
化学記号	Ru	Rh	Pd	Os	Ir	Pt	Ag	Cu
原子番号	44	45	46	76	77	78		
融点(℃)	2500	1966	1555	3045	2454	1772		
導電率 (10^6/m・Ω)	13.0	21.2	9.2	11.4	19.6	9.4	63.0	59.0

導電率は温度によって変化するので概略値を示す(ニクロム線の導電率≒1)。

融点が高い
1500〜3000℃

導電性がある
ニクロム線の
9〜20倍

り、その物性をおおまかに示すと【図80】の通りで、このように融点が一五〇〇〜三〇〇〇℃と高く、ニクロム線に比べて九〜二〇倍の導電性がある。つまりオーブンのように電気抵抗を使って加熱しようとしても、電気を通してしまうので加熱されないし、融点が高いので融けない、という性質を持っている。

再処理とは、硝酸のように強い酸の化学溶液を使って、放射性廃液中の物質を選択的に溶かして分離する処理だが、白金族は貴金属であるから、硝酸にも溶けない。そのため金属状態であるから、比重が重くて沈む。しかも導電性があるので、電流を通じても加熱されず、融点が高いので融けない。かくして白金族が、溶融炉の出口の細いノズルに詰まって流れないという、予想した通りの経過をたどって、まったく処理不能となったのである。この程度の知能レベルで再処理しようとすることが、日本の原子力産業には無理なのである。

そして運転するとストップ、運転するとストップ、をくり返し、二〇〇八年一〇月二四日に白金族が堆積して末期的状態に陥り、その時、この事業者である日本原燃は、何と棒を突っこんで、ノズルの穴を突っつくという、狂気のような作業をしたのだ。その結果、突っこんだ攪拌棒《かくはん》が抜けなくなり、危険なので近寄ることもできず、内部で何が起こっているかも分らず、仕方なしにテレビカメラで観察したところ、棒がひん曲がっていることが判明した。さらに炉の耐熱材として使われている六キログラムもあるレンガが落下して、ノズルのところに落ちこんでいることが判明した。ここまでくれば、ほとんど笑い話か、落語の世界である。私が原子力の講演会でこの状態を話すと、会場は笑いに包まれる。

ところがこの話の落ちはレンガではなく、笑っている日本人すべてが、彼らに生命を預けている張本人だということにある。固化することもできないまま、すでに二四〇立方メートルの廃液がたまってしまったのである。高レベル放射性廃液は、強い放射線を出して水を分解し、爆発性の気体「水素」を発生している。絶えず冷却して、完璧な管理をおこなわないと爆発する超危険な液体である。この廃液一立方メートルが漏れただけで、東北地方北部と北海道南部の住民が避難しなければならない大惨事になる。二四〇立方メートルの廃液が大気中に放出されれば、日本全土が終りになるのだ。

六ヶ所村の真下に走る大断層

二〇年前の報道によれば、核兵器工場であるアメリカのハンフォード再処理工場では、二八基ある廃液タンクのうち数基で水素ガスの発生が見られ、うち一基では相当に危険なレベルまでガスがたまったことがあった。その後は報道が途絶えたが、二〇〇四年には〝ニューヨーク・タイムズ〟が、「ハンフォードの高レベル廃棄物が大事故の危機」と題して、寿命二八年のタンクに大事故が起こる確率は五〇％であると警告を発した。

そこに、二〇〇八年五月二四日、六ヶ所再処理工場の直下に、これまで発見されなかった長さ一五キロメートル以上の活断層がある可能性が高いことを、東洋大学の渡辺満久教授、広島工業大学の中田高教授、名古屋大学の鈴木康弘教授のグループがまとめて、全国各紙で大きく報道され、三人は直後に次頁【図81上】に示される断層の存在を日本地球惑星科学連合の大会で発表した。再処理工場の目の前の沿岸には八四キロメートルにおよぶ大陸棚外縁断層（海底断層）が走っているが、新たに発見された断層は、この海底断層とつながって上陸し、六ヶ所再処理工場の敷地に走っていることが確実で、海底〜陸上部合わせて全長がおよそ一〇〇キロメートルに達し、これが動けばマグニチュード八を超える巨大地震を起こすことが確実だというのである。

しかし最悪の場合、マグニチュード八でもすまないだろうと、私は考えている。『新編日本の活断層』（一九九五年三月一〇日、活断層研究会編、東京大学出版会）の断層地図【図81下】を見ると、従来から八四キロメートルの海底断層と言われてきたが、その直上には、北海道海域に走る断

図81 六ヶ所再処理工場の巨大断層

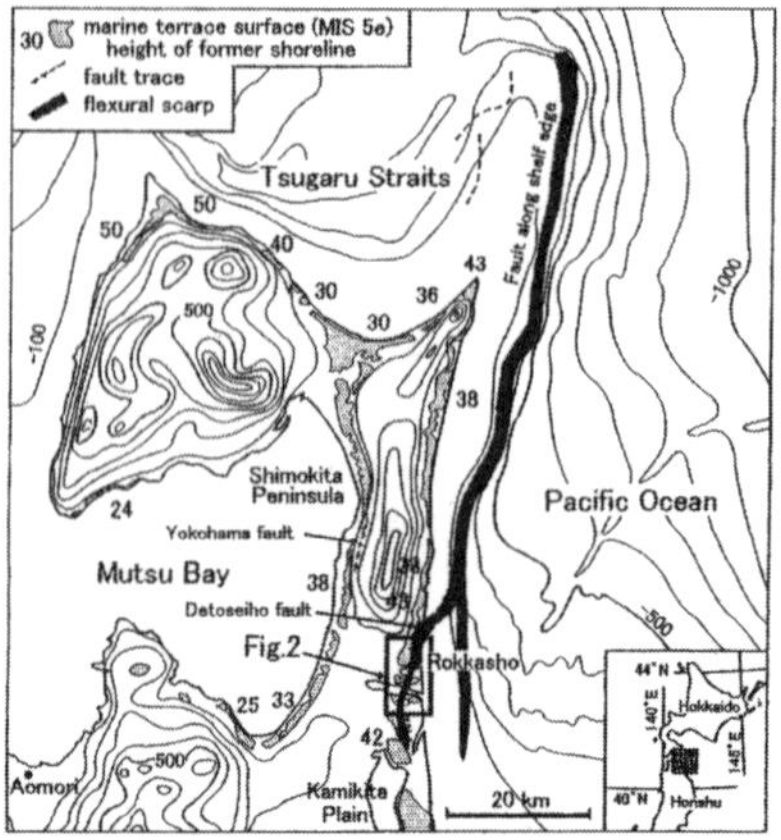

「下北半島南部における海成段丘の撓曲変形と逆断層運動」
渡辺満久・中田高・鈴木康弘論文より

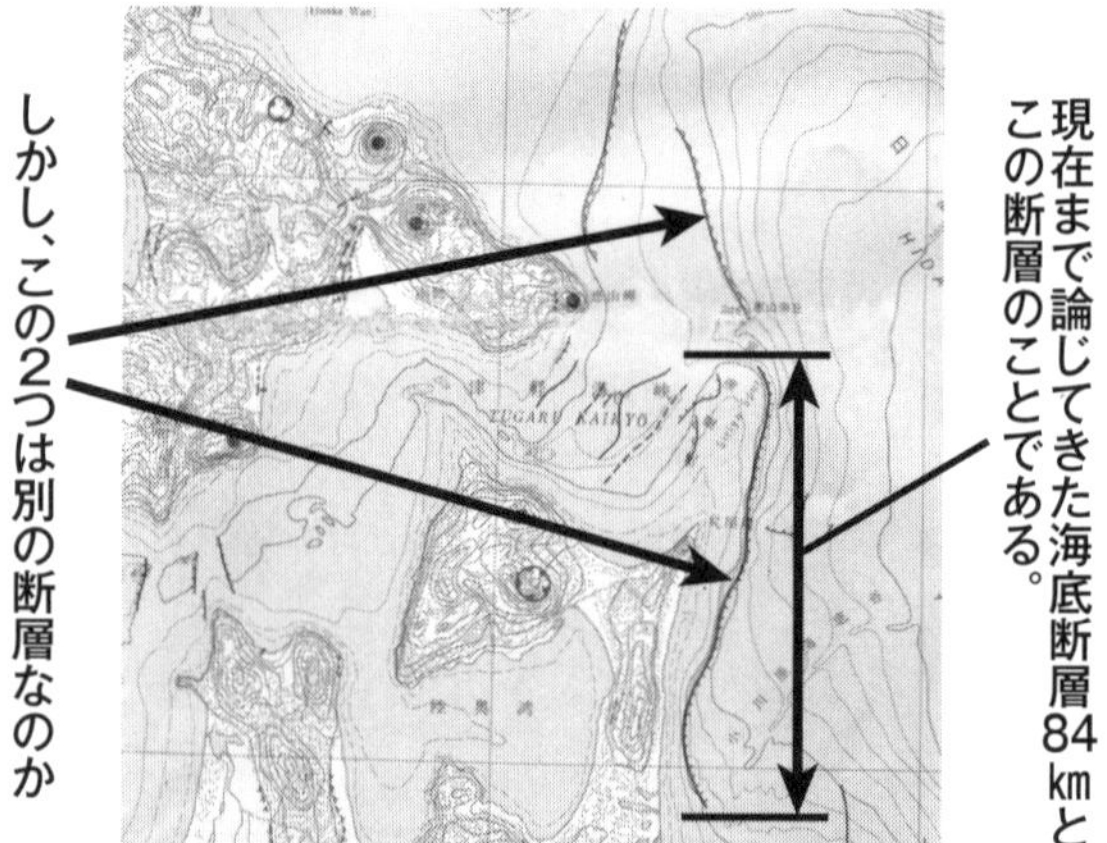

『新編日本の活断層』(活断層研究会編、東京大学出版会)

図82 六ヶ所再処理工場の内部を走る断層

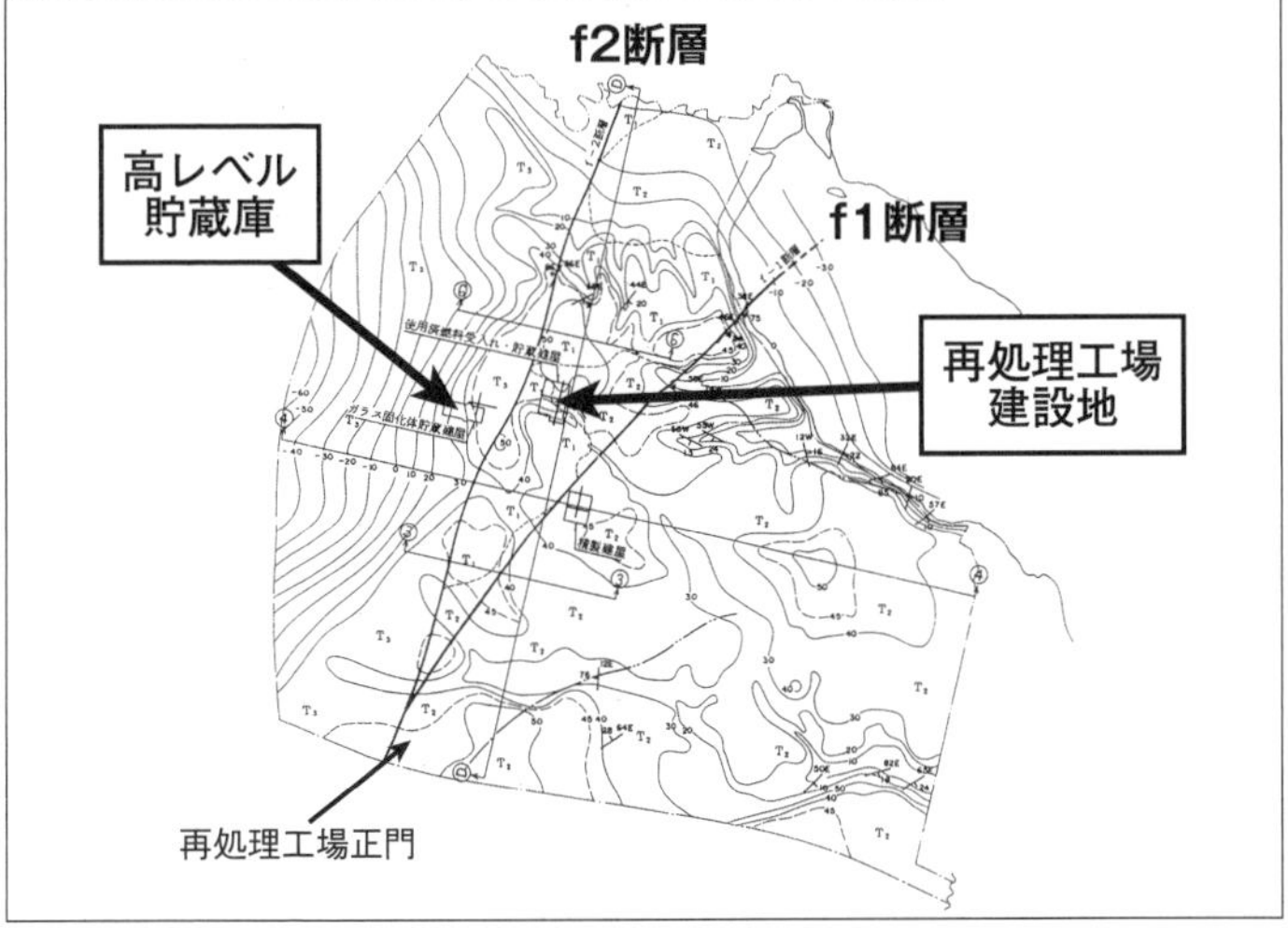

層線がある。原子力産業のように、これを二つの無関係の別の断層と見るのは、実際に起こる地震の動きを何も知らない人間である。

　このように同じ線状に並んだ断層は、日本列島を形成した構造線であるから、地下では一本につながっているので、動く時には、同時に動く。すでに述べたように、一本が動くと、他方も動いて大地震になることは、兵庫県南部地震の阪神大震災で体験ずみである。

　渡辺教授たちの発見を支持する資料がほかにある。【図82】は、日本原燃が六ヶ所再処理工場を建設する前、極秘の内部資料として作成した建設予定地に走る大断層二本である。ほとんど信じがたいことだが、六ヶ所再処理工場は、この断層の真上に建設されたのである。一九八八年に内部告発でこの図面を明らかにした人は、社内で「犯人探し」がおこなわれて左遷さ

図83 原燃内部資料に記された六ヶ所村の断層

再処理施設直下に断層

原燃内部資料で判明

核燃料サイクル施設のうち、再処理施設の予定地に二つの断層があり、安全性をめぐって国関係者が調査不足を指摘したり、安全性が印象づけられるようさまざまなアドバイスをしていることが、同施設建設を担当する日本原燃サービスの内部資料から明らかになった。これは社会党県本部が七日、独自に入手した資料として公表した。同施設は十一月に事業許可申請の予定で、同社は「この時期にそんな資料が出るはずはない」とコメントを避けているが、社会党は「事業者と国が『断層隠し』にやっきとなっている実態が明らかになった」として、今後は地質データの公表を求め、事実解明に乗り出すほか、国会の場でも追及する。

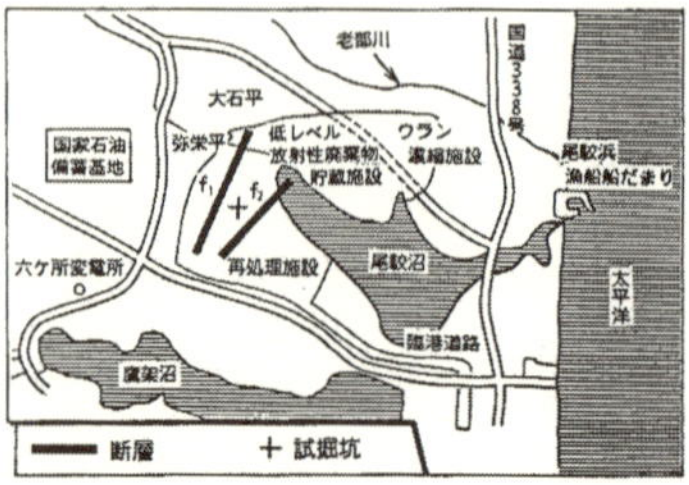

社会党 データ公開要求

同党が入手した内部資料は、再処理工場の立地に関する地質調査についての国関係者三人と同社とのやり取りと、現場の図面。図面にははっきりと二つの断層が示され、再処理施設のいくつかの建物はその真上に建設される設計となっている。

社会党が発表したやり取りの部分は資料からの抜粋。反対派を警戒し、安全性を印象付けるデータ作成に腐心している様子が生々しく記されている。例えば八月二十三日の科技庁安全審査官とのやり取りでは、派生断層の可能性をめぐり、原燃サービスの調査に対して「二つの断層の派生断層が数多く存在することが考えられる」とし、「（もっと調査することによって派生断層が）ないことを明らかにして反対派に論陣を張るべき。第二試掘坑を実施するのが申請受理の条件」と原燃サービスの資料に厳しく注文をつけている。

また、七月二十八日、現地へ断層調査に訪れた通産省工業技術院地質調査所環境地質部地震地質課の担当官は、「f－1断層の北の連続は、JNFI（日本原燃産業）サイトの断層とも関連するかもしれない」と述べ、原燃産業が担当するウラン濃縮施設や低レベル廃棄物貯蔵施設のサイトにも断層が存在する可能性を指摘する部分もある。

同担当官はさらに「今の状況の証拠だけでは第三者から活断層といわれたら十分説明できない」「将来裁判になったとき、このままの証拠では活断層でないとは言い切れない」と議論するなど「断層隠し」と誤解されかねないやり取りもある。

県や事業者はこれまで「サ

「東奥日報」1988年10月8日

三陸はるか沖地震で大破壊された尾鮫漁港（1995年3月19日撮影）

れたと聞くが、これは今から二二年前に青森県内で広く報道された事実である（地元紙「東奥日報」一九八八年一〇月八日【図83】）。この図中のf1断層が、北上して太平洋に出る。それが、渡辺満久教授たちが指摘した「海から上陸する断層」である。

実は阪神大震災が起こる三週間前、一九九四年一二月二八日に、マグニチュード七・六の三陸はるか沖地震が太平洋で起こり、六ヶ所村を直撃した。年が明けて、一九九五年三月一九日に、雪解けを待って、私が写真家の田嶋雅巳氏と共にその被害現地を歩いて調べたところ、まさに内部告発文書が示していた通り、f1断層の北東への延長線上にある尾鮫《おぶち》漁港は、コンクリート製の船だまりが、写真のようにひっくり返る惨状であった。ここは、再処理工場から数キロという至近の港であり、日本原燃がその破壊港を急いで修理して、何ごともなかったように隠してしまった。写真の左上に、工事用車輌が写っているのが、その時の証拠である。この一帯こそ、のちに渡辺教授たちが指摘したように、断層が上陸して南下する危険地帯だったのである。

ところが一七一頁の【図63】の一番下に示されるように、日本原燃も国も、渡辺教授たちが発見した知見を完全に切り捨てて、六ヶ所再処理工場の新しい耐震性は、二〇一〇年現在も、わずか四五〇ガルのままで安全としているのである。

北海道幌延町が日本最北端で、青森県六ヶ所村が本州最北端で、鹿児島県南大隅町が九州最南端である。そこが最終処分場の候補地というわけだ。東京・名古屋・大阪・福岡の大都市から遠いところが候補地とは、何を意味しているのか。そこに事故があっても、日本の都会人は自分だけは助かると思っているようだ。では、首都圏の人たちが怯える資料を見ていただこう。

そもそもこのような廃液を処分できない「末路の技術を開発した」のは、一九九五年に高速増殖炉〝もんじゅ〟の大事故を起こした悪名高い動燃である。彼らは茨城県に建設した東海村の再処理工場をほとんど運転できないまま、一九九七年三月一一日に、この再処理工場で爆発事故が発生して、作業者多数が死亡寸前で、かろうじて被害を免れた。このことをご記憶の読者は、もうほとんどいないだろう。かくして二〇〇六年二月に東海村の再処理が終了し、それを六ヶ所再処理工場に引き継いだのである。ということは、東京の目の前、東海村にも現在、高レベル放射性廃液が三八五立方メートルもたまったまま、必死で冷却しているのである。

図84 東海原発の活断層

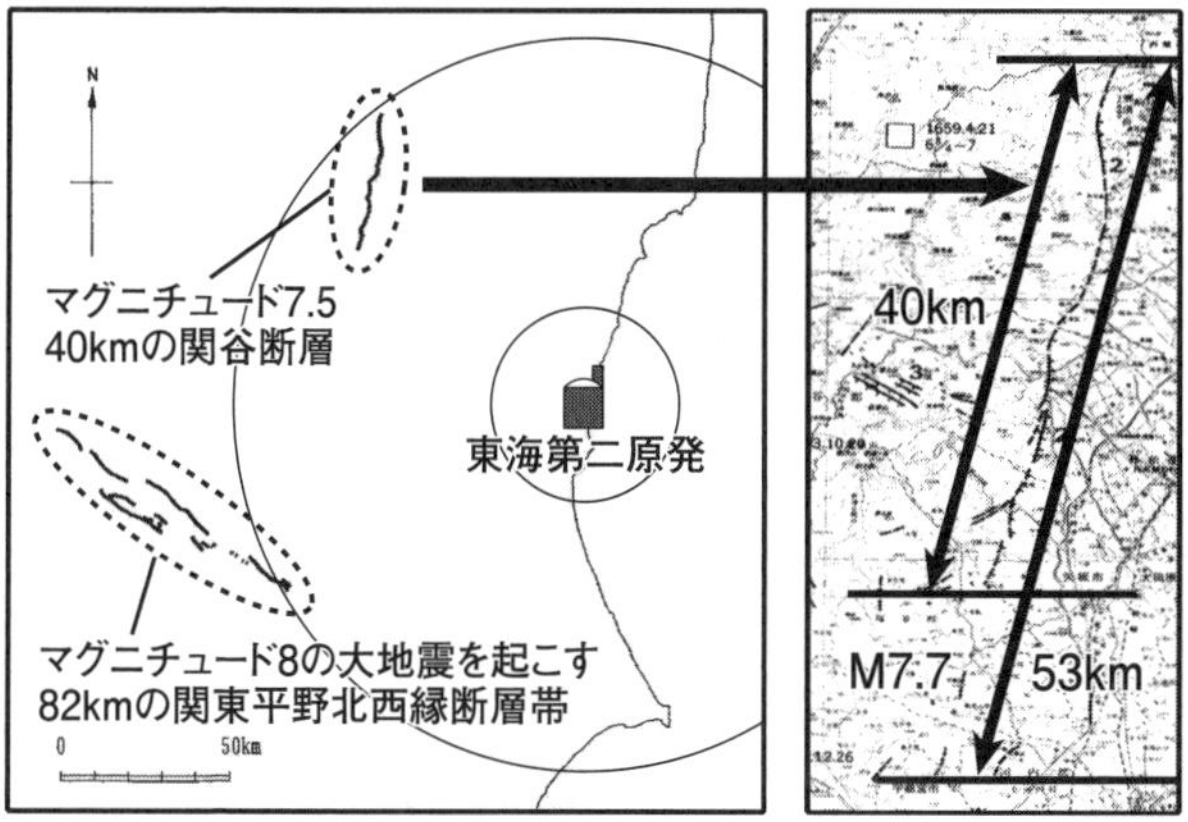

左は「新耐震指針に照らした耐震安全性評価（中間報告の概要）」（2008年4月14日、日本原子力発電）。右は『新編日本の活断層』（活断層研究会編、東京大学出版会）の関谷断層

太平洋プレートと北米プレートが太平洋岸で押し合うため、地震の巣と呼ばれる東海村にあるこの廃液保管施設も、一〇〇キロメートルの距離に長さ八二キロメートルにおよぶ巨大な関東平野北西縁断層帯と呼ばれる活断層群があり【図84】、これが動けばマグニチュード八の大地震が起こることが分っている。この断層群は、いままで細切れに評価されて、無視されてきたのが、まとまって動けば巨大地震を起こすという常識が、驚いたことにたったいま評価されたばかりである。

この巨大断層帯の延長が霞ヶ浦の湖水の下にあって見えなくなっていると推測すれば、五一頁の【図19】に示した関東大震災前の地震図が理解できる。一八九五年一月一八日（明治二八年）の霞ヶ浦地震がマグニチュード七・二で、一九二一年一二月八日（大正一〇年）の竜ヶ崎

図85 先年まで海底だった東海村

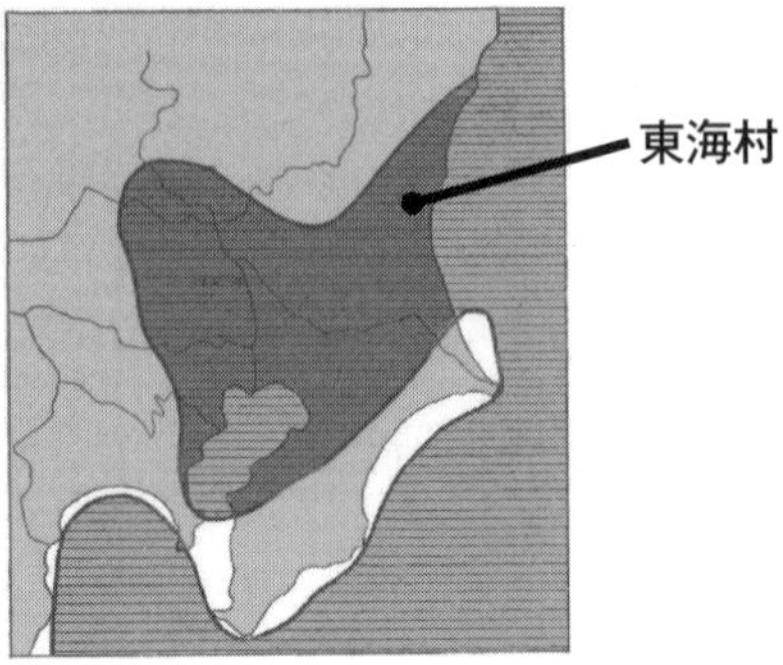

40万～20万年前頃のミンデル・リス間氷期の
古東京湾（小池清原図、改変）。
群馬県桐生付近まで、関東平野が海の底になってしまった。

『日本列島』（湊正雄・井尻正二著、岩波新書、1978年、87頁）

地震がマグニチュード七・〇もあったのは、そのためだったと、私は考えている。

もうひとつ、その北にある関谷《せきや》断層は、東海村にさらに近いが、これは過去も現在も長さ四〇キロと評価され、マグニチュード七・五の（阪神大震災の二倍の破壊力がある）震源断層としている。しかし【図84】の右側に『新編日本の活断層』の関谷断層を示したように、四〇キロは途中までの長さであり、実際には宇都宮まで達する五三キロの断層が、これも地中に一部もぐっているのを無視しているだけで、マグニチュード七・七（阪神大震災の四倍の破壊力）があることは疑いようがない。加えて【図85】に示されるように、東海村も地質学的にはほんの先年まで海底だった軟弱な地帯である。

首都圏数千万人の命は、浜岡原発の大事故が先か、東海村の大事故が先か、いずれでも風前の灯《ともしび》のように思われる。

原発震災は人災である

そろそろ、読者が抱いている最大の疑問に対して、答を明かさなければならない。なぜ日本の原発震災の危機は、このような一触即発のところまで進んでしまったのか。それは、人間が悪意を持ってしたことだからである。六ヶ所再処理工場の敷地内に走る二本の断層は、一九八八年当時、通産省の工業技術院・地質調査所（現・産業技術総合研究所）技官で、地震地質課長の衣笠善博が知って、隠していた事実である。

彼の上に立つ所長の垣見《かきみ》俊弘は、ほとんどすべての電力会社の原子炉に関わり、原子炉設置許可時に、原子力委員会の原子炉安全専門審査会の委員あるいは通産省の顧問をつとめ、全国で「〝地質は安全〟の保証人」と批判されてきた重要責任者であった。安全審査界に子分の衣笠善博と共に君臨し、柏崎刈羽原発の断層について衣笠と共に安全審査に関わり、東京電力が活断層を無視していることを放任したという意味で、重大犯罪者でもあった。六ヶ所村内部告発の文書に、その衣笠が六ヶ所村を視察した記録が残り、その文書で衣笠は、「今の状況証拠だけでは、第三者から活断層と言われたら十分説明できない」と語り、日本原燃に入れ知恵して、六ヶ所村に走っているのは危険な活断層と知りながら、ごまかすよう示唆を与えていた。

この六ヶ所村と同じように、衣笠善博は電力会社の顧問となる一方、国側の安全審査をおこない、犯人をとらえる警察官が、同時に犯罪者の弁護人であるという一人二役をつとめてきた。その衣笠善博が主導して原発の断層評価が下された地域は、ルポライターの明石昇二郎氏が調べあげたところ、以下の通り全国におよんでいた。

○福島県・双葉断層（福島第一原発・福島第二原発）
○福井県・柳ヶ瀬断層／福井平野東縁断層（敦賀原発・美浜原発・高浜原発・大飯原発・〝もんじゅ〟）
○静岡県富士川河口断層（浜岡原発）
○中央構造線（伊方原発）
○鹿児島湾西縁断層／出水断層（川内原発）
○新潟県内の断層（柏崎刈羽原発）
○能登半島沖合の海底活断層（志賀原発）
○島根県内断層（島根原発）

このすべてが、いま断層「過小評価」として現地で大問題になっているが、能登半島地震で想定の二倍の揺れを記録した志賀原発と、中越沖地震で大破壊された柏崎刈羽原発と、東海大地震の危機にさらされている浜岡原発と、新たに大量の断層が見つかりながら運転再開に踏み切った高速増殖炉〝もんじゅ〟、これらがみな衣笠善博の汚れた手にかかっていたのである。これで、地震が起こって破壊されないはずがない。二〇〇八年には、テレビで責任を追及されたが、「自分は何も法律に違反していない」と喋りまくる本物の悪党で、いまや東京工業大学教授である。

さらに二〇〇七年末には、破壊された柏崎刈羽原発の安全性を議論する新潟県の技術検討小委員会「地震、地質・地盤に関する小委員会」の委員として、この衣笠善博が入っていた。二〇〇七年一二月一一日の住民説明会では、「学問は進歩するのだから、過去と現在の断層評価が異なるのは当然だ」と、過去のデタラメ評価を自ら正当化した。

もう一人、この衣笠と組んで、重大な責任を問われる御用学者がいる。経済産業省が総合資源エネルギー調査会に設置した「中越沖地震における原子力施設に関する調査・対策委員会」委員長に就任した班目《まだらめ》春樹という東京大学教授である。浜岡原発運転差止訴訟で、被告・中部電力側の証人として証言に立ち、機械工学・材料工学に関する無知をさらけ出しながら中部電力の広報宣伝マンとして「原発は安全だ」とくり返し発言した男である。中越沖地震後に原子炉圧力容器などで発生した歪みを無視して、まだ原子炉内部の被害が不明であるにもかかわらず「一年後の運転再開」発言をくり返した。

さらに調査・対策委員長でありながら、情報公開によって新聞紙上に柏崎原発内部の崩壊写真が大きく報道されると、「これほど多くの画像記録を国が詳細に分類していたことを初めて知った」と新聞にコメントするほど、何も知らない委員長である。これら膨大な数の写真は、ごく一部を第三章に示したが、これらの写真は岡山県の石尾禎佑《ていすけ》氏が情報公開法を利用して国に公開させたもので、私たち市民がすでに見て原発内部の惨状に声を呑んで議論を重ねていながら、この調査・対策委員長は、その現場の破壊写真を見ることとさえしないで、柏崎安全論を振り回してきたのだ。二〇一〇年四月二一日に、鈴木篤之の後を継いで民主党内閣の原子力「安全委員会」委員長となったのが、住民から「デタラメハルキ」と呼ばれてきたこの無知無能の班目春樹である。こうして、自民党政権時代にさらに輪をかけて悪質な原発民主党政権となり、衣笠との悪名コンビで、二度と動かしてはならない柏崎刈羽原発が運転再開したわけである。

権力を握った国がこのような状況では、もはや、日本人の逃げるところは、どこにもないことになるが、まだあきらめるのは早すぎる。淡々と事実を知っていただきたい。すでに日本の原子力産業は大崩壊しているからである。

さて、ボロボロの高速増殖炉〝もんじゅ〟が運転を再開した裏には、何があったのだろうか。

高速増殖炉〝もんじゅ〟の運転再開

二〇一〇年五月六日の連休明けに、〝もんじゅ〟の運転再開が強行された。今から二五年前の一九八五年一〇月に〝もんじゅ〟の建設に着工し、一九九四年四月には臨界に成功したと大喜びし、翌一九九五年一二月八日に早くも大事故を起こしたのは、運転者の動燃である。事故隠しが次々と暴露されて「嘘つき動燃」の言葉が新聞とテレビで連日報道されたため、一九九八年一〇月一日に改組して核燃料サイクル開発機構（核燃機構）と看板をかけかえ、二〇〇五年一〇月一日には、さらに日本原子力研究所（原研）と合併して、再び日本原子力研究開発機構（原研機構）と看板をかけかえて、動燃時代の姿をくらましてきたが、中身は同じである。NUMOも動燃の分身である。

一四年五ヶ月も運転できずに、満身創痍《そうい》のままボロボロの〝もんじゅ〟の運転再開を、二〇一〇年に強行した原研機構トップの理事長・岡﨑俊雄は、科学技術庁原子力局長として、一九九五年の〝もんじゅ〟ナトリウム漏洩火災事故の監督責任者だった当人である。ところが原子力の世界では、ヤクザと同じようにこうした犯罪歴が勲章となるらしく、その後、科学技術庁トップの事務次官に出世したのだ。ところが、一九九九年には東海村で臨界事故が起こって、引責辞任に追いこまれた。ところが、二〇〇〇年には原研の副理事長、二〇〇四年には理事長に返り咲き、二〇〇七年一月一日から、原研機構理事長に出世したという、「ところが」だらけの目まぐるしい履歴の持ち主である。

高速増殖炉について、その目的を読者が知るため、メカニズムを簡単に説明しておきたい。少しややこしい話になり、このようなメカニズムを理解しても、「将来は百パーセント存在しない技術」であるから、地震を理解して地球を知ることとは違って、読者の人生にとって、まったく役に立たない知識である。しかし、この愚かをきわめる危険な国策が私たちに押しつけられ、電力会社の宣伝通り「高速増殖炉とプルサーマルは必要だ」と信じる人がまだいたり、新聞とテレビがその馬鹿げた言葉を受け売りしているので、日本人の危険を振り払うために、どうしてもこれを説明しなければならない。高速増殖炉とプルサーマルとプルトニウム利用という国策を知るためには、その前に現在の発電用として使われている商業用の軽水炉を理解すると、分りやすい。

まず、軽水炉と高速増殖炉の核反応の違いを説明する。軽水とは、実は私たちが使っている普通の水のことである。水素原子二個に酸素原子が結合して水 H_2O になるが、普通の水素原子と違って、原子核に中性子が一個くっつくと放射性物質の危険な水素になり、重くなるのでその水素を持った水を重水と呼ぶ。戦時中に原子爆弾の開発に使われて有名になった物質である。そこで原子力の世界では、重水に対して、普通の水を軽水と呼んでいる。したがって軽水炉という呼び名は、「普通の水を使って①原子炉の燃料を冷却し、②中性子を減速する原子炉」という意味である。現在の日本の商業用原発五四基はすべて軽水炉である。

①の冷却は、ウラン二三五の燃料が発した熱を水が奪って、水が水蒸気となり、発電用のタービンを回す作用である。この二三五の数字は、原子核をつくる粒子（陽子＋中性子）の個数を示す。もう一つの水の役割である②の中性子減速は、核分裂によってウラン二三五から飛び出した中性子が高速度なので、速度を落とすことである。というのは、この高速中性子が近くにあるウラン二三五に衝突しても、核分裂が起こりにくいからである。普通の水中では、中性子のスピードが減速されることによって、四〇〇倍も核分裂しやすくなる。このようにスピードが遅くなった（エネルギーが小さくなった）中性子を熱中性子（thermal neutron）と呼ぶ。このように中性子を減速して、ウラン二三五の核分裂を起こしやすくする作用を、水が持っている。

いま何度もウラン二三五という言葉を使ったが、ウラン二三五は、中性子が衝突すると核分裂してエネルギーを出す性質を持っている。ところが、天然に採掘されるウラン鉱石の九九・三％は、

図86 軽水炉と高速増殖炉におけるウラン238の変化

軽水炉

（水中）

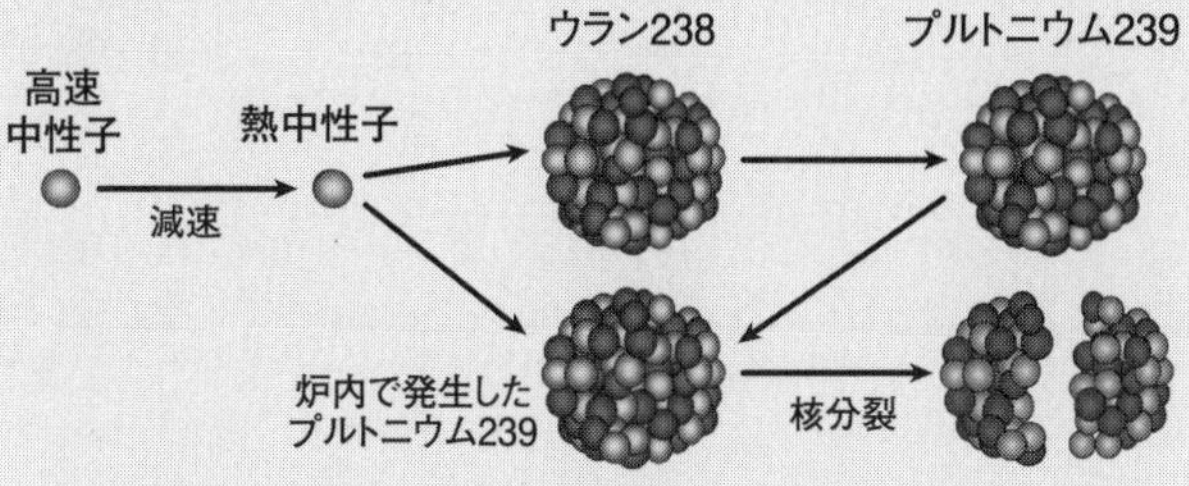

軽水炉では普通の水で中性子のスピードを減速する。その結果、生まれるプルトニウムが次々と核分裂してしまうので、増殖しない。

高速増殖炉

（ナトリウム中）

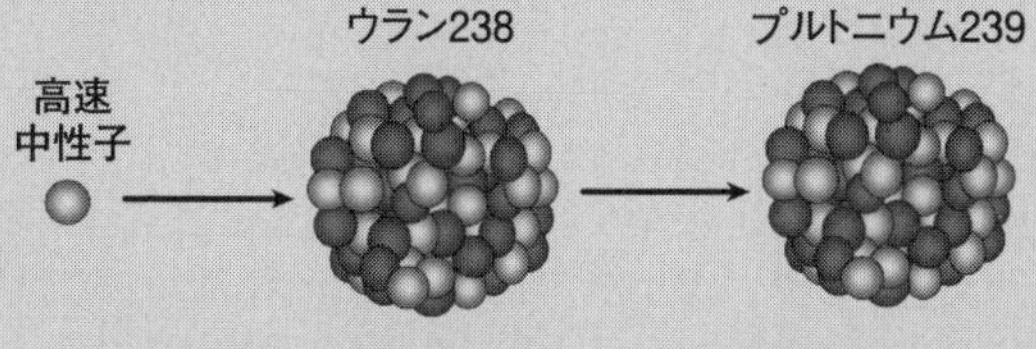

高速増殖炉では冷却水に水を使わず、液体ナトリウム（融点98℃）を使い、高速中性子のまま核分裂を進行させる。核分裂の効率は激減するが、その分だけプルトニウムを増殖させることができる。

「核分裂しない」ウラン二三八である。つまり核分裂するウラン二三五はわずか〇・七％つまり一〇〇〇分の七しか含まれていない。

ところがこの核分裂しないウラン二三八は、中性子を吸収してウラン二三九に変化し、さらにネプツニウム二三九になったあと、短時間でプルトニウム二三九に変化する性質がある。このように人間のつくり出した新しい原子プルトニウム二三九は、ウラン二三五と同じように、中性子を受けると核分裂する。

そこで、原子力を利用したい人間たちが、ウラン鉱石の大部分を占める無駄なウラン二三八を利用してプルトニウムを生み出せば、大量のエネルギー資源が得られる、という考えに到達したのは自然であった。どうすればよいか。前頁【図86】の上の図に描いたのは、軽水炉におけるウラン二三八の変化である。高速中性子が水中で減速されて熱中性子になり、ウラン二三八に吸収されると、プルトニウム二三九に変化する。そこに熱中性子が衝突すると、核分裂する。つまりプルトニウムは生産されながら核分裂してしまうので、増殖しない。これが現在の軽水炉で起こっているウラン二三八の反応である。

そこでプルトニウムだけを増殖して大量の資源を得るためには、特別の原子炉が必要になった。その考えに基づいて、プルトニウムの核分裂を進行させない目的で開発されたのが、【図86】の下の図に描いた高速増殖炉であった。冷却材として、「中性子を減速せず、また中性子を吸収しにくく、熱を伝えやすく、水のように安価に大量に手に入る物質」を色々検討したところ、塩の原料と

図87 高速増殖炉もんじゅの炉心の構造

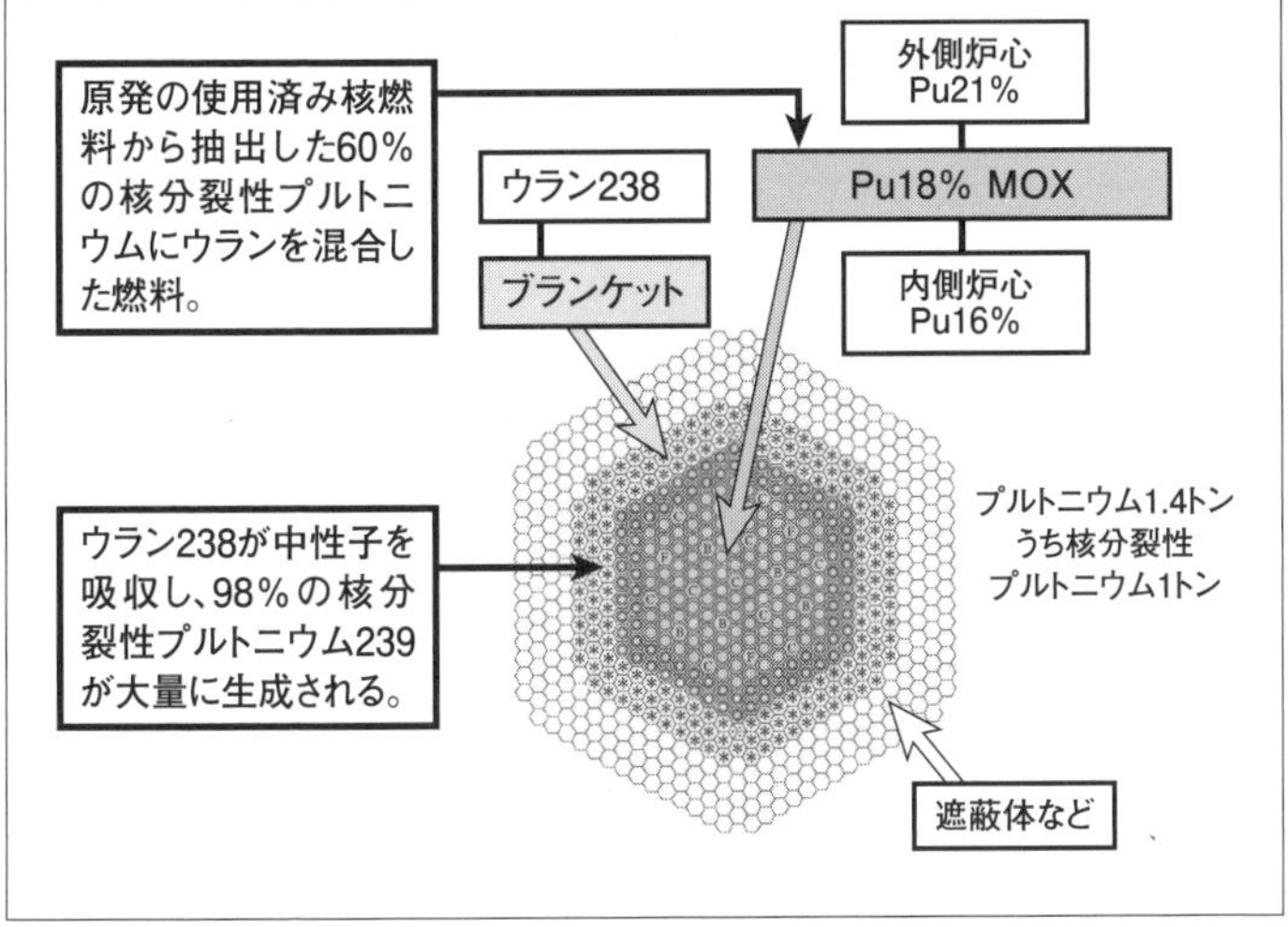

して海水中に大量に存在するナトリウムが最も適性があることが分った。しかしナトリウムは金属であるから、これを液体として使うために、高温で流すことになった。

冷却材に水を使わず液体ナトリウム（融点九八℃）を使って、高速中性子のまま核分裂を進行させると、核分裂の効率は大幅に低下するが、その分だけプルトニウムを増殖させることができ、発電と、資源増加で、一石二鳥だというわけである。つまり高速増殖炉（fast breeder reactor――FBR）とは、高速で増殖するという意味ではなく、核分裂で発生する高速中性子を使うことを意味するので、正しくは、高速中性子プルトニウム増殖炉である。こうして、【図87】のような高速増殖炉の炉心の構造が生まれた。これは、原型炉と呼ばれ、試験用につくられた原子炉〝もんじゅ〟における構造図である。

炉心は、おおまかに三つに分かれている。中心の濃い灰色部分に「ウランとプルトニウムの混合燃料（MOX燃料）」を二層に入れるが、このウランは核分裂しにくい、つまりウラン二三五が少ない組成にして、ここで核分裂をおこなわせる。すると核分裂によって大量の高速中性子が飛び出すが、これはその後の核分裂には適さない高エネルギーの中性子である。そのまわりを、ブランケット（毛布）と呼ばれる薄い灰色の部分で包んで、ここに核分裂しないウラン二三八を配置しておくと、ここに高速中性子が飛びこんで吸収され、次々とプルトニウム二三九が生み出される。そのまわりを白い部分の遮蔽体が取り囲む、という構造である。

〝もんじゅ〟の失敗は百パーセント保証済み

こうして運転すると、核分裂しやすいプルトニウム二三九がブランケットに生まれ、実に九八％という高濃度になり、原爆製造に必要な九三％よりはるかに高いプルトニウムが得られる。そこで、核兵器保有国では、高速増殖炉の開発にしのぎをけずることになった。つまり高速増殖炉は、核兵器用のプルトニウム製造炉としてスタートした、文字通り原爆製造用原子炉である。これに成功すれば、核分裂しないウラン二三八を使って、原子力発電でも燃料を一〇〇倍以上使える計算になる。ウランが四〇年で枯渇しても、〝夢の原子炉〟高速増殖炉があれば、四〇〇〇年以上も資源を使える。ところが、そうはならなかった！

原子力研究者たちは、核分裂の特性と、熱の伝導だけを考えてナトリウムを選んだが、その化学的特性を甘く見ていたようである。ナトリウムが持っている強い金属腐食力や、酸素や水との猛烈な反応性も深く考慮せず、しかも核分裂によって数限りない不純物が発生した場合にどれほど複雑な化学処理をしなければ運転を続けられないかということに気づかなかった。金属ナトリウムは水と接触すると、爆発的に炎上してしまい、空気に触れるだけで発火する危険物である。

本書では結論だけを書くが、一九五一年に世界で最初に電気を起こした原子炉は、アメリカの高速増殖炉「実験炉EBR1」だったが、一九五五年に暴走による炉心溶融事故が起こって、その危険性が明らかになって以来、一九六六年にも高速増殖炉E・フェルミ一号が炉心溶融事故を起こし、開発から三〇年後の一九八四年にアメリカは高速増殖炉の研究中止を決定し、増殖炉を全面的に断念した。イギリス、ドイツ、フランス、ロシアもすべて、重大事故を続発して、高速増殖炉の開発に失敗し、ついに断念した。〝夢の原子炉〟は〝悪夢の原子炉〟だったのだ。

残った、後発の日本だけが成功するというストーリーを信ずる人間などいるはずがない。一九九五年八月二九日に電気出力五%で発電を開始し、ほんの三ヶ月余りあと、一二月八日に四〇%出力試験をしようと原子炉出力を上昇したところで、冷却系配管の温度計部分からナトリウムが漏洩して火災事故を起こし、文殊菩薩がお釈迦になった。これが成功しないことは、百パーセント保証済みである。電力業界でも増殖炉が成功すると思っている人間は、まずいない。問題は、それが小事故で終るか、それとも末期的な大事故に日本国民を巻きこんで幕を閉じるか、その違いにある。アメリカとフランスで起こった原子炉暴走か、イギリスのようなギロチン破断事故か、イギリス・ドイツ・ロシアで続発したナトリウム火災事故か……。福井県で、このいずれかが起こるのは時間の問題だが、本書では原発震災の主題に沿って、地震問題だけを述べる。

軽水炉は三〇〇℃前後の温度で運転されるが、高速増殖炉での運転は炉心で五〇〇℃を超える高温でおこなわれ、そこにナトリウムと発電用の水を循環させて原子炉の熱を奪う構造になっている。そのため高温で運転する時と、運転を止めて冷えた時の金属の膨張・収縮がおそろしく大きい。真夏に鉄道の線路が曲がるように、この膨張・収縮の力を吸収するためには、配管に使われる金属を薄く、曲がりくねらせて配管しなければならなかった。そのため、機械的に地震にきわめて弱い構造であり、敦賀半島で続々と明らかになっている断層は、まことに無気味な存在である。しかも水蒸気をつくる部分は、金属の壁一枚をへだてて圧力差が一三〇気圧もあり、そこにナトリウムと水が隣り合わせに流れているので、ここが破れると、ナトリウムと水が爆発的に反応して、日本は一巻の終りとなる。

このように無謀としか思えない原子炉だが、さらに無謀なのは、その建設地として選ばれた福井県敦賀市白木《しらき》地区である。〝もんじゅ〟の敷地の真下には、長さ一五キロメートルの白木・丹生《にゅう》断層が走っているばかりか、沿岸には長さ一八キロメートルのC断層が走り、以前からこれが活断層であることは誰の目にも明白であった。ところが、〝もんじゅ〟を運転する動燃が「白木・丹生断層は活断層ではない」と言い張って事故を起こしたあと、その後身の原研機構が、二年前の二〇〇八年三月に、ようやく活断層と認めたばかりである。

これらが直下で動けば、まず日本人は助からないと思われるが、もともと四半世紀前に耐震性四五〇ガルで設計されて建設されてしまってから、二〇〇六年の指針改訂で数字だけ六〇〇ガルに引き上げ、さらに二〇〇九年八月には七六〇ガルに引き上げた、という何の根拠もない耐震性である。この一帯は、琵琶湖の東岸沿いに、日本海まで山のような断層群が見られる地帯であり、柳ヶ瀬・関ヶ原断層帯は、全長が一〇〇キロメートルにも達するので、マグニチュード八を超える大地震の震源域である。

さて、再処理工場、高速増殖炉に続く最後の三題噺は、プルサーマルである。いまこれが、全国の住民を不安に陥れている。

プルサーマルが加速する原子炉の危険性

ここまで「再処理」技術の確立と、取り出したプルトニウムを燃やす専門の原子炉「高速増殖炉」、この二つの技術開発が、原子力の技術開発の真の目的であったことを述べた。ところが増殖炉が将来プルトニウムを増殖することは百パーセントあり得ないことが全世界で明らかになり、一九九五年末の〝もんじゅ〟事故で、高速増殖炉という言葉が電力業界でも死語となった。そこに、事故からほぼ一年後の一九九七年一月から、プルサーマル計画なるものが、いきなり表舞台に登場してきた。プルサーマルとは、ウラン用の軽水炉でプルトニウム燃料を核分裂させる発電法のことで、実は高速増殖炉が事実上、完全破綻したため、「六ヶ所再処理工場で取り出すプルトニウムの目的がなくなった」事実を隠すための、苦肉の策であった。

日本の軽水炉では、前述のように核分裂で飛び出した高速中性子が水中を透過し、ウラン二三五の核分裂を起こしやすい中性子（熱中性子）に減速する方法をとってきた。プルサーマルでは、そのウラン燃料のかなりの部分を最初からプルトニウム燃料に置き換え、従来のウラン用の軽水炉を運転しようという方法である。したがって使われるプルトニウム混合燃料は、〝もんじゅ〟と同じようにＭＯＸ燃料である。プルトニウムと熱中性子（サーマル・ニュートロン）を組み合わせた和製英語がプルサーマルである。ウラン・プルトニウム混合酸化物燃料を略してＭＯＸ燃料と呼び、プルトニウムの言葉を隠したことからして、プルトニウムの危険性がどれほど大きいか分る。

プルサーマルで使われるＭＯＸ燃料の危険性が、まず大きな問題である。【図88】のように、これまで日本の原子炉で使われてきたウラン燃料と、プルサーマルで使われるＭＯＸ燃料が放出する放射能を比較すると、γ線で二〇倍、中性子線で一万倍、α線で一五万倍という、とてつもない危険性を持っている（グラフの目盛は、一桁ずつ上がる対数目盛であることに注意）。原発に搬入する時に、もし事故があれば被害は想像を絶する惨事となる。

さらに、これを原子炉でプルサーマル燃焼させた場合、「使用後のＭＯＸ燃料」（高レベル放射性廃棄物）がどれほど危険な中性子を出し、また発熱量がどれほど大きいかを、二五八頁の【図89】に示す。Step1、Step2、Step3 とあるのは、ウラン燃料を従来より高い燃焼度で使用して、放射性

図88 ウラン燃料と比較したMOX燃料の放出放射能

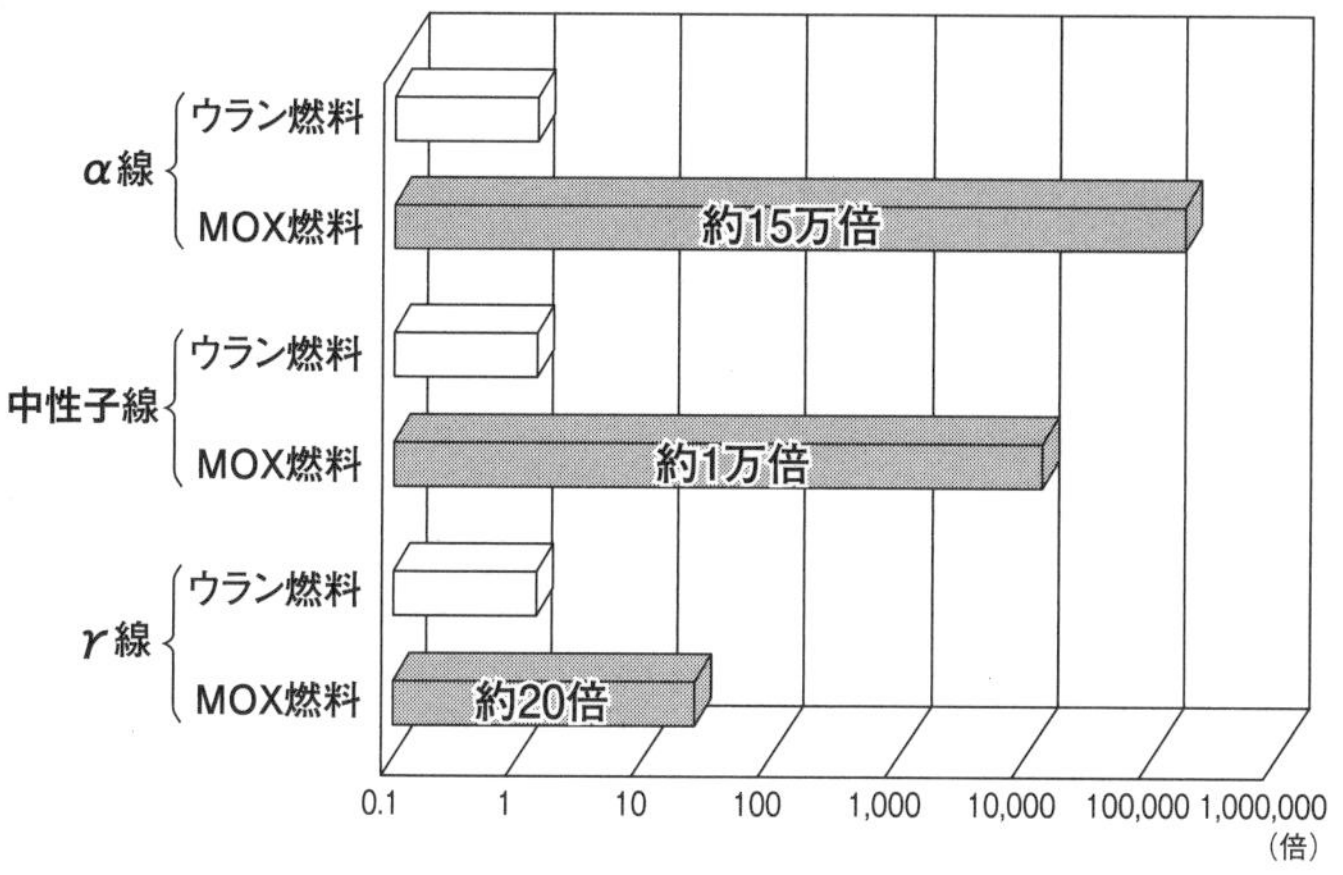

廃棄物が大量に入った危険な使用済み核燃料の場合であり、それに比べて使用済みＭＯＸ燃料が、さらに、とてつもなく危険であることが一目瞭然である。

　そうなると、プルサーマル運転で生まれる超危険な使用済みＭＯＸ燃料が最後はどうなるかが、重大な問題となる。これまで全国で拒否されてきた高レベル放射性廃棄物より、桁違いに危険な物質だからだ。二〇〇九年一二月からプルトニウム営業運転に入って、プルサーマル計画の人体実験場と呼ばれてきた佐賀県玄海原発では、これが大問題となり、九州の住民と九州電力とのあいだで次のような順序で、やりとりがおこなわれた。

「プルサーマルを実施すれば、危険性の高い発熱量の大きな使用済みＭＯＸ燃料が発生する。これをどうするのだ」という疑問に対して、二

図89 ウラン燃料と比較したMOX燃料の危険性

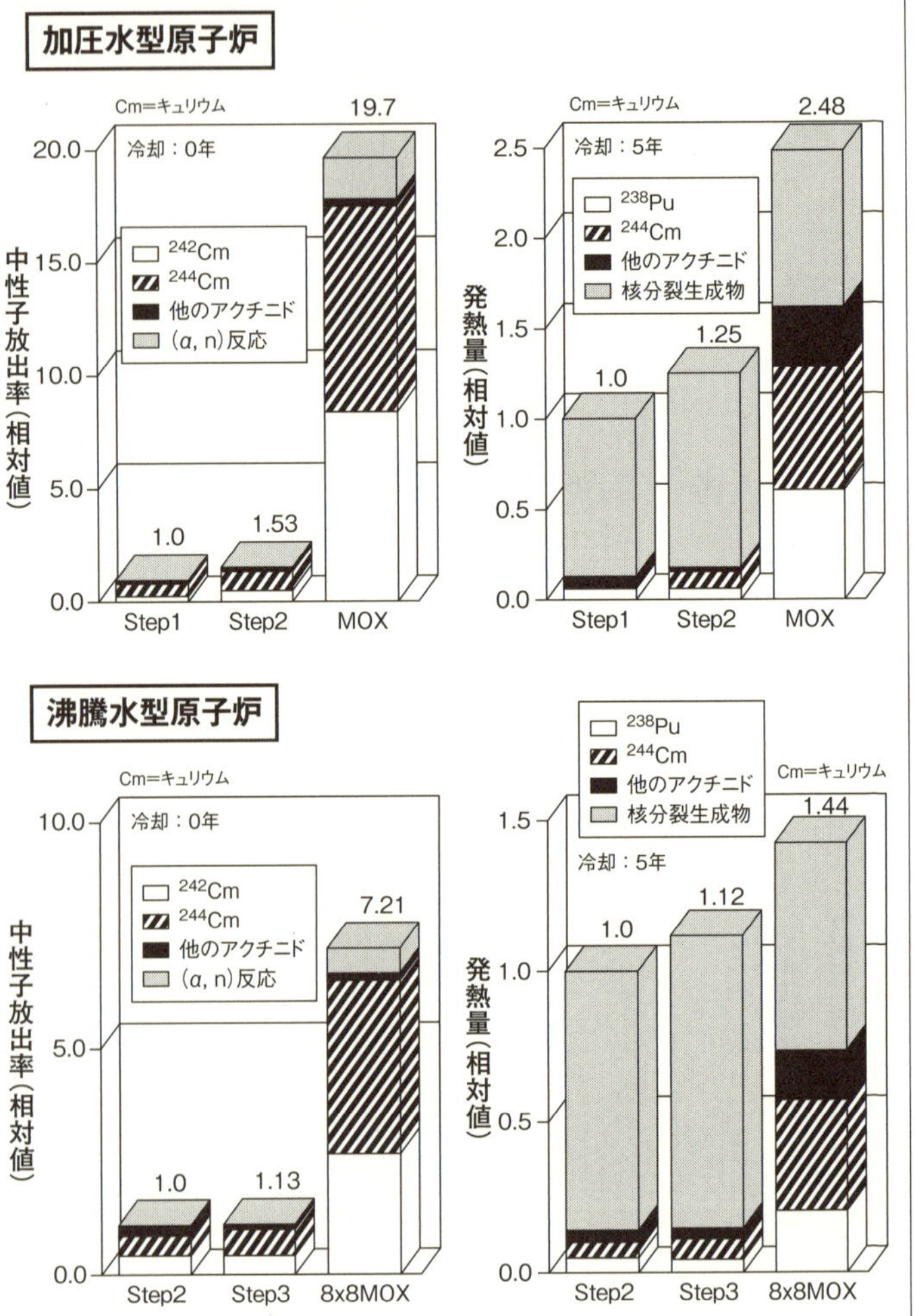

『最新核燃料工学』(「高度燃料技術」研究専門委員会編、日本原子力学会、2001年6月)

〇〇四年七月一三日に、「使用済みMOX燃料は発熱量が高いので、地下に埋められる温度に下がるまで約五〇〇〇年かかる」と核燃機構（旧・動燃、現・原研機構）が発表したのである。五〇〇〇年前といえば、室町時代に「応仁の乱」が起こって京の都が丸焼けになったあと、足利幕府が滅亡に向かった時代である。織田信長が生まれる二〇年以上も前のことだ。そんな長期間、地元で保管しろというのか、と佐賀県住民がみなビックリした。

そこで、住民に突き上げられた佐賀県が「使用済みMOX燃料は玄海町から持ち出せないのではないか」と、九州電力に質問状を出したところ、『使用済みMOX燃料は、種々の選択肢から電気事業者が決定していくものと考えられる』というのが国の方針」と九州電力が訳の分からない回答をした。電気事業者とは、自分のことである。まるで他人事のような、無責任な答え方であった。ところが一方で、原子力文化振興財団のプルサーマル広報用パンフには「使用済みMOX燃料は当分、サイトの使用済み燃料貯蔵プールに保管しておく」と書かれていることが明らかになった。サイトとは、原子力発電所の敷地のことである。織田信長の時代まで、置いておけ、というわけだった。

福井県の高浜原発でもプルサーマル計画が持ち上がったので、同じように住民が問い質すと、「使用済みMOX燃料は第二再処理工場で処理する」と関西電力が発言した。えっ？　そもそも第二再処理工場の建設については、何の計画も存在しない。現在の六ヶ所再処理工場でさえ、まったく運転不能だというのに、それよりはるかに危険な使用済みMOX燃料の再処理など、日本人にできるはずがない。これまた百パーセント不可能な絵空事が実現するかのように大嘘をつく始末だった。

行き場を失った高レベル放射性廃棄物

結局、発熱量が高いため、五〇〇年間は地下に埋めることもできず、サイト=原発の敷地で保管しなければならない。ところが電力会社にとっては、どうしてもこの危険な賭けをしなければならない理由があった。【図90】が、現在の原子力発電の断末魔の全体図である。

左上から矢印を追ってみればよい。軽水炉でウランを燃やして発電をする。すると、プルトニウムと高レベル放射性廃棄物を含んだ使用済み核燃料が発生する。これを六ヶ所再処理工場に運んで、プルトニウムと高レベル放射性廃棄物を取り出す計画だった。ところが、六ヶ所村は破綻したまま動かず(×)、高レベルの最終処分場は、全国で拒否されて、どこにも行き場がない(×)。またプルトニウムは、高速増殖炉〝もんじゅ〟(×)が運転できなかったので、使い道がない。ましてや高速増殖炉は、大型炉に成功しなければ、プルトニウムの増殖などまったく成り立たないのだから、これも将来絶対にあり得ない(×)。そこで、今でもプルトニウムの使い道があるように理由づけないと、再処理工場が完全閉鎖されてしまう(×)。六ヶ所村のプラントがなくなると、全国の原子炉から毎日発生する使用済み核燃料(廃棄物)の置き場所がなくなるので、原子炉の運転をストップしなければならない。

図90 原子力発電の断末魔の全体図

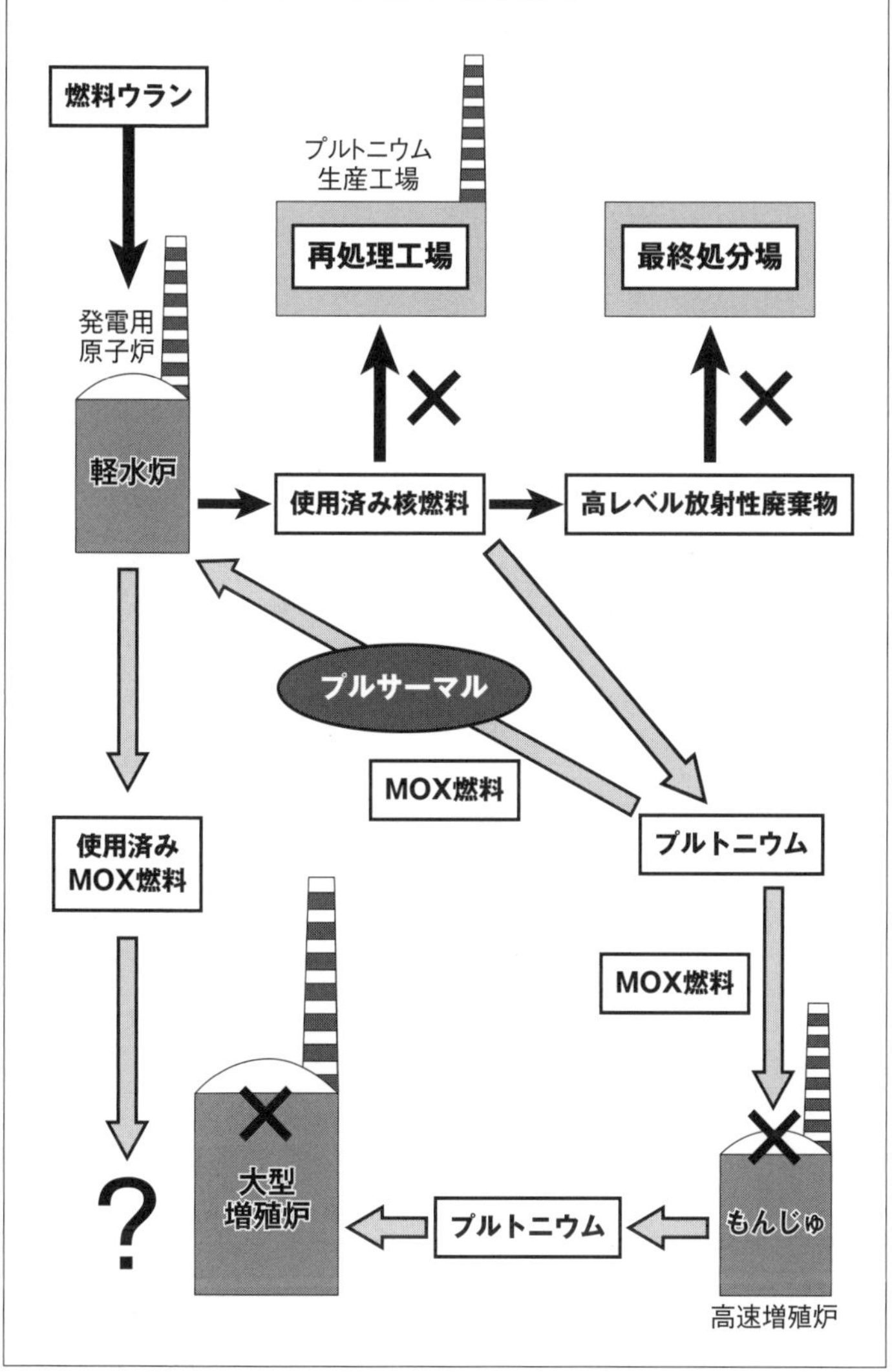

【図91】のように、原発サイトにおける使用済み核燃料の保管可能な残り年数は、すでにほとんどの原子力発電所で一〇年を切っており、単純平均で七・三年しかない。電力会社は、莫大な投資をしてきた原子炉の運転だけはストップしたくないので、廃棄物の持ち出し場所を何とか確保したい。そこに出てきた民主党政権は、血のめぐりがおそろしく悪く、二酸化炭素二五％削減だ、原子力だと息巻いているので、ますます原発が尻をたたかれる状況になった。

電力会社にとっては、愚かな子会社の日本原燃が六ヶ所再処理工場の運転を再開する見通しもないまま、青森県民に向かって「青森県は最初から死の灰の墓場なんだから廃棄物を引き取ってくれ」と、本心は言えないし、六ヶ所村の再処理はどうでもよいが、プールが再開されることだけを祈っている。それまでの間を乗り切るため、大金を浪費して、まったく気乗りしないながら、六ヶ所再処理工場の門が閉鎖されないよう、「プルサーマルによってプルトニウム利用ができる」という大々的な宣伝に踏み切ってしまったのだ。エジプトでミイラの包帯の糸の数でも調べていればいいような食えない哀れな大学教授に「考古学調査の金をあげますから」とテレビの宣伝に駆りだし、「資源のリサイクルだ」と言わせて、強引にプルサーマルを始めてしまったのである。

電力会社の中で、原子力を担当する人間で、「プルサーマルをやれば資源のリサイクルになる」などと本気で思う人間などいるはずがない。いれば、それは本物の××だ。リサイクルにならないことは、原子力界の常識である。彼らは、日本の国民や報道記者など簡単にだませると、内心で舌を出しているだけである。

図91 原発サイトの使用済み核燃料の保管可能年数

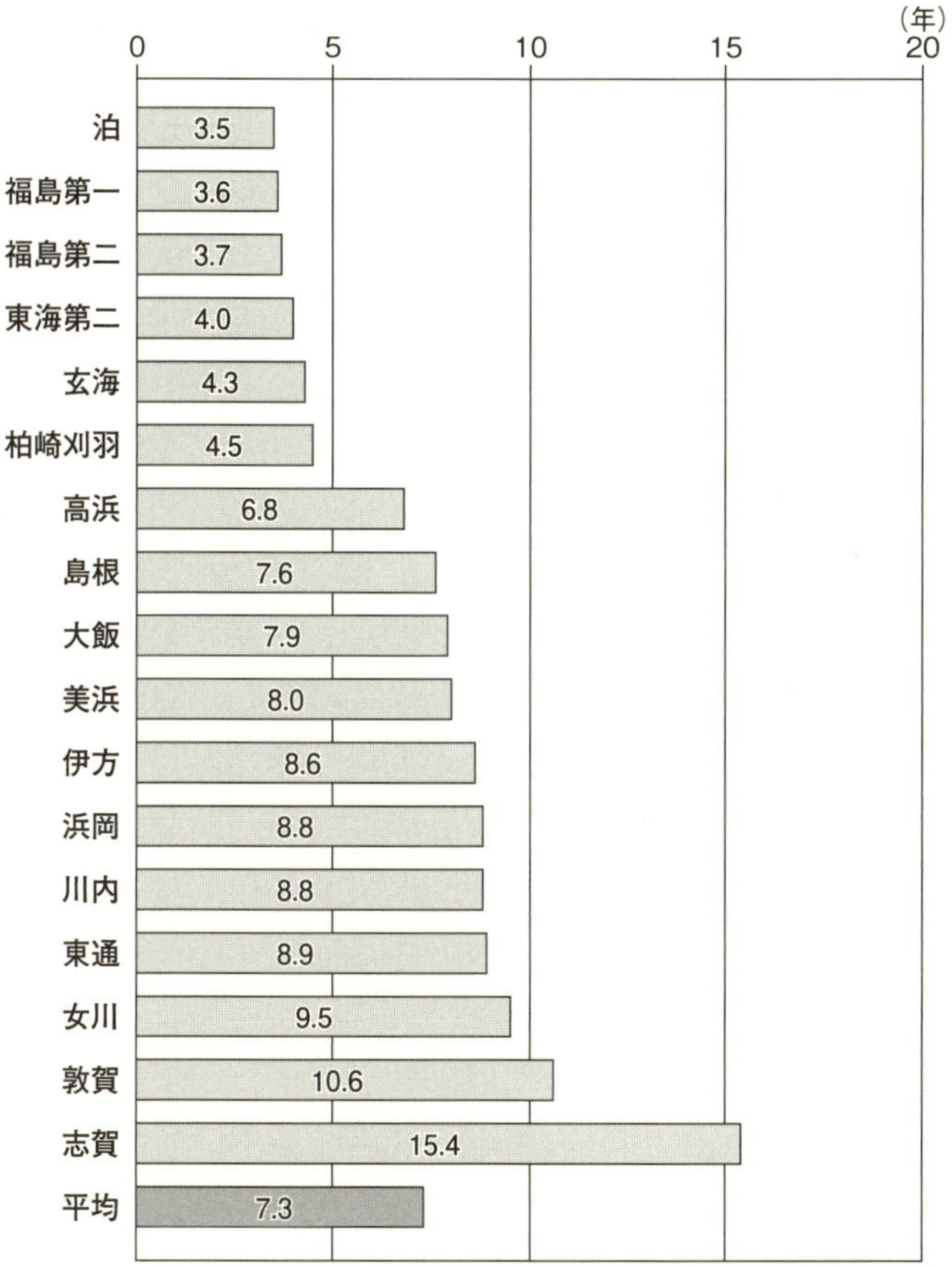

(2009年9月末現在)

2010年現在は、約13ヶ月に1回運転を停止し、約3ヶ月間検査＝16ヶ月なので、電気事業連合会の「使用済燃料の貯蔵量」資料から、1.33年ごとに燃料交換として求めた各原発サイトの保管可能な残り年数。

ところが、である。これがおそろしい結果を招く。このように経済産業省の原子力担当者と共に悪知恵をしぼって、政治的に決めたプルサーマル運転なので、彼らの頭には、またしても核暴走しやすいプルトニウムが大事故を早めるという重大事が抜け落ちてしまった。まったく当てにならない原子力安全委員会の原子炉安全専門審査会の原発御用学者は、机上の計算だけで「安全性に問題はない」と承認してしまい、プルトニウム燃料が暴走して、炉心溶融という最悪の原子炉事故を発生させる可能性を無視してしまったのである。

プルトニウムが大量に使用される場合には、【図92】の上の図のようにプルトニウムが中性子を大量に吸収し、その周囲の中性子が減っているため、いざ緊急時に、中性子を吸収して核分裂を停止させる制御棒を挿入しても、停止機能が遅れる。とりわけプルサーマル運転中に地震が発生すれば、すでに現在でも危険すぎる原子炉が、一〇〇万分の一秒単位で急速に出力上昇するので、ごくわずかな停止の遅れであっても、そのままチェルノブイリ型の大爆発事故に突入するおそれが高いのである。

特に、現在プルサーマル候補にあがっている浜岡原発、女川原発、福島原発、島根原発、東海原発では、沸騰水型なので、地震で原子炉が揺さぶられると、内部の流体（水）の流れが変化したり、あるいは振動そのものによって、燃料の表面にあった泡がいっせいに流れ出し、そのために出力が増大する。このように、泡が消えたり、水が押しつぶされて密度が高まると、いきなり出力が急上昇する性質を持っている（巻末最後A19頁に詳細を記す）。

図92 ウランとプルトニウムの比較

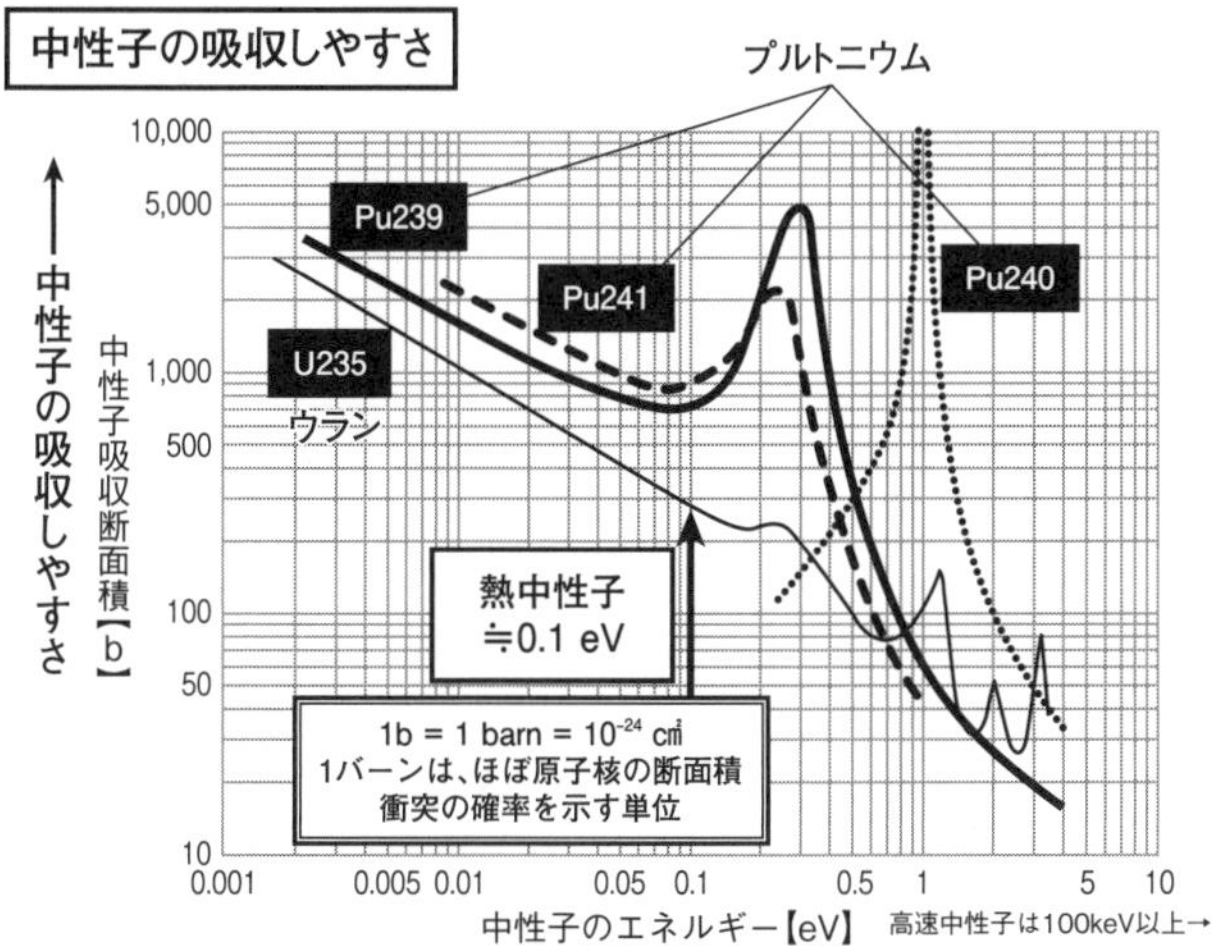

ウランに比べてプルトニウムは中性子を吸収しやすい。

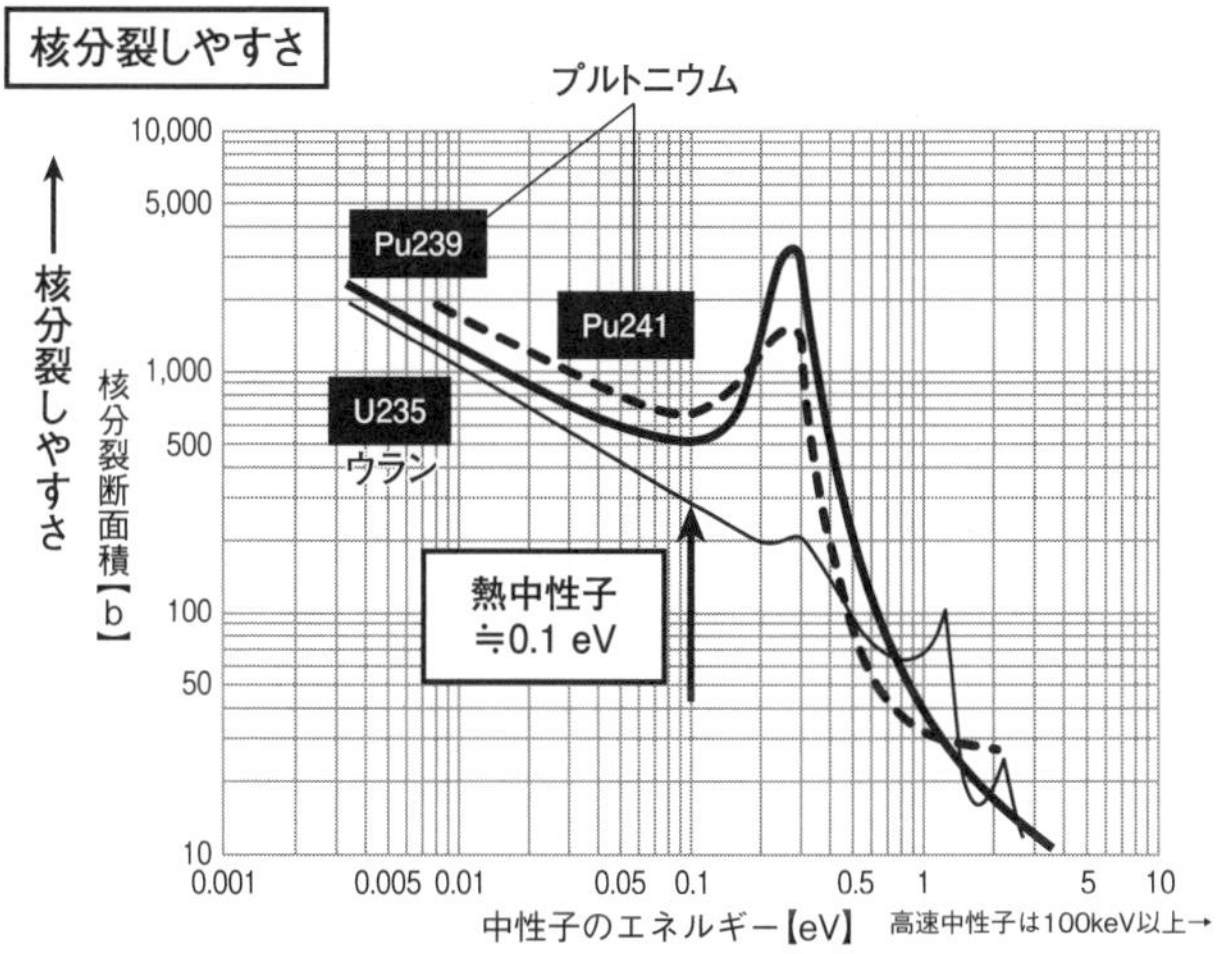

ウランに比べてプルトニウムは核分裂しやすい。

従来のウラン燃料でも、先ほど述べたように核分裂しないウラン二三八がプルトニウム二三九に化けて核分裂していたので、電力会社は、「プルトニウムは普通の原子炉でも使われている」とプルサーマルの安全性を宣伝してきた。しかしこの説明は、原子力の危険性を論ずる態度ではない。軽水炉ではプルトニウムの核分裂がすべての燃料棒でほぼ均一に起こっていたのに対して、プルサーマルでは不均一にプルトニウム燃料（ＭＯＸ燃料）を配置するので、これまでとは比較にならない危険性を秘めている。

しかも従来のウラン燃料を使用する原子炉では、運転中のプルトニウムの濃度は、最大でも一％程度であった。ところが日本のプルサーマルでは、まったく体験もなく、いきなりプルトニウム含有率が最大一三％という「世界で経験のない高濃度」で運転するため、暴走の危険性が著しく高まる。【図92】の下の図に、ウランとプルトニウムの核分裂しやすさを比較してあるが、矢印で示してある熱中性子の平均的エネルギー〇・一eV（電子ボルト）の位置を見ても、プルトニウムはウランよりはるかに核分裂しやすく、暴走しやすい危険な物質である。また、ヘリウムなどのガス発生が特に大きくなる。ガスによる燃料棒の破裂は、そのまま炉心溶融（メルトダウン）という末期的事故を招くので、最も危険な現象の一つである。そして一九九七年には、フランスのカブリ試験炉でのプルサーマル実験中に、実際に燃料棒が破裂して破片が飛び散り、その重大事故の可能性が証明されて、プルサーマル計画の縮小へと向かったのである。

読者は、決して誤解のないようにしていただきたいが、プルサーマル運転をするから原発が危険なのではない。すでに、ウラン燃料を使った平常の運転で、地震がなくともいつ大事故が起こるか分らないほど原子炉は老朽化して、危険は目前に迫っている。そこに大地震の到来を考えれば、残された時間は、刻々と近づいている。さらにその危険性を何十倍にも加速するのがプルサーマルなのである。

原子力産業が置かれた末期的な状況

この章では、最近ほとんど議論しなくなった「放射能の基礎知識」に始まって、行方の知れない「高レベル放射性廃棄物の地層処分」の絶望的な未来について述べた。この一事だけで、原子力を断念するべき状況であることはお分りであろう。さらにそこに、青森県六ヶ所村の「再処理工場」が完全に行き詰まり、百パーセント失敗が保証されている福井県敦賀市の「高速増殖炉〝もんじゅ〟」が無謀な運転再開に踏み切り、絶対にやってはいけない「プルサーマル運転」によって、全国の原子炉の危険性が加速しているのである。打ちひしがれて希望の絶えた原子力産業が置かれた末期的な状況がこれである。しかし大地震は、決して待ってはくれない。

このような全身衰弱した状態にある原子力の全体像は、新聞とテレビを見ても、まったく教えてもらえないという、不思議な国に私たちは生きている。むしろ、原発ルネッサンスなどという大嘘が横行して、あたかもこれからは原子力の時代だという、三〇年前の悪夢を再び日本人に植えつけようと、新聞とテレビがやっきになっている。

実際、原子力についてよく知っている人たちと話し合っても、電力会社の集団が、いま一体何を考えているのか、いつまで自分たちの口にする嘘の幻想が続くと彼らが信じているのだろうかと議論すると、私たちにさえその答が分らないほどの迷走状態にある。答は、電力会社が、自分が何をしているかさえ、誰も分らないまま、全体が集団的な無責任体制のまま、無自覚に暴走してしまっていると、私は確信している。かつての原子力産業界は、「再処理をして、プルトニウムを増殖しなければ原子力には意味がない」ことを知っていたので、そこに向かって無我夢中で安全論を踏みつけにするまま突進していた。だが今は、その本来の目的さえも失って、ハンドルもブレーキもない車に国民を乗せて、目的地を知らずに暴走させている。

あえて本書ではひと言も述べないが、再処理・増殖炉・プルサーマルと、これほどまでにプルトニウムに固執する、残る別の政治的な理由があるとすれば、読者ご賢察の通り、日本の核武装計画である。憲法を改悪して日本が先制攻撃できるようにし、原爆を持ちたがる政治家が、国会に山のようにいることを忘れてはならない。日本のテレビと新聞は、北朝鮮の核兵器開発を悪魔のように騒ぎたてるが、北朝鮮はプルトニウムを取り出す再処理工場を持たないのだ。万一プルトニウムを取り出せたとしても、せいぜい四〇キログラムだと推定して、長崎型原爆を五発製造できる〝可能性〟がある北朝鮮に対して、日本は六ヶ所村が破綻する前から、すでに三二トンのプルトニウムを持っているのだ。一トンは一キログラムの一〇〇〇倍だと、小学校で習ったはずだ。日本は立派なロケットも持っているのだし、一〇〇〇倍の悪魔だという事実を報じてから、北朝鮮を非難しなければ、理屈に合わないはずだ。

その話には別に一冊の本が必要なので深入りせず、ここで置いておくが、電気を供給する電力会社として、当面、必要なことが原子炉の運転続行だとすれば、いま進行していることは、使用済み核燃料という名の廃棄物の保管場所の確保である。

二六三頁の【図91】に示した、原発サイトにおける使用済み核燃料の保管可能な残り年数の数字は、二〇〇九年九月時点で運転中の原子炉を基にした計算なので、泊三号が運転開始した現在の北海道の事情は変っている。今後、島根三号、浜岡六号、川内三号の増設計画が加わった場合には、さらに年数が逼迫してくる。そこで、原発増設と抱き合わせに使用済み核燃料の保管場所を敷地内に広くとってくるはずである。

だからこそ、これまでプルサーマル計画現地では、どこでもその死の灰の保管場所をつくろうと、次々に「中間貯蔵」に名を借りた、事実上の永遠の保管計画が持ち上がっている。プルサーマル運転後の、原発現地は、これから大変である。悪知恵に長けた東京電力だけはこの事態を見越して、早くから青森県むつ市に使用済み核燃料五〇〇〇トンを五〇年間も貯蔵できる「中間貯蔵施設」と銘打った事実上の永久貯蔵場所を確保してきた。首都圏の電気が生み出した死の灰を、すっかり青森県に持って行くのだから、東北人は徹底的に馬鹿にされ、人間と思われていない。

一方、中部電力は浜岡原発リプレース計画として、一・二号機の廃炉と共に、六号機を新設すると言いながら、その運転開始より先に、二〇一六年度までにサイト内の使用済み核燃料乾式貯蔵施設完成の計画を打ち出した。つまり六号機増設も、放射性廃棄物の保管場所の確保を大きな目的とした計画である。一～二メートルも隆起すると分っている東海地震の震源地に、巨大な放射性廃棄物の保管場をつくろうというのだ。トヨタなどは、早く名古屋から撤退したほうがよいだろう。

すでに最も深刻なのは、玄海プルサーマルで全土に先行する計画をぶちあげて、手を染めてしまった九州電力である。五〇〇〇年間にわたって使用済みMOX燃料を佐賀県現地で管理しなければならないため、電力会社丸抱えとなった玄海町長が二〇〇九年三月に中間貯蔵施設の建設計画を打ち出して、地元住民に「死の灰の永久保管場所になる」との大きな危機感を呼び起こしている。中央構造線の真上にある伊方原発も、プルサーマルを始めてしまったので、同じである。

中国電力が、全国的な強い反対運動を押し切って山口県の上関原発の建設着工を強引に推し進めてきた動きも、浜岡と同じように、瀬戸内海に浮かぶ島、上関を死の灰の保管場所とすることが大きな目的であろう。しかしその中国電力は、自分の足元がふらついて、瀬戸内海どころではなく、日本海に落ちておぼれかかっている。

二〇一〇年三月三〇日に、島根原発一号機で、「原子炉の重要機器を点検していなかったことが判明した」と、彼らは発表した。急いで再調査したところ、一号機で七四件、二号機で四九件、合わせて一二三件もの重要機器が点検されていなかった。そのため、運転中の一号機を止めて点検整備をやり直し、二号機も改めて点検整備することになったが、機器の中には、一九八九年以降、二〇年以上一度も点検されていなかったものもあった。さらに四月三〇日になると、約七万ヶ所の点検記録を調査した結果、新たに点検漏れ三八三ヶ所を確認して総計五〇六ヶ所に達し、まだ点検時期を迎えていないが、このまま問題を放置していれば点検漏れになっていた〝点検不備予備軍〟が一一五九ヶ所、定期検査で自主点検の計画通りに点検しないなど計画書自体の不備などを含めて合計で一六六五件あったことも判明したという。ところがその後の原子力安全・保安院の立ち入り検査で、中国電力が点検・交換漏れの機器を数え間違え、事実誤認や記載ミス、重複が多数あったことが分り、六月三日の最終報告で点検漏れ総計五一一ヶ所、〝点検不備予備軍〟一一六〇ヶ所に増えた。

ちょうどこの三日前の五月三一日に、住民が起こした島根原発の運転差し止め訴訟に対して松江地裁での判決が下され、片山憲一なる裁判長が「中国電力は必要な対策や検査を実施しており、島根原発が安全性に欠け、住民に具体的危険があるとは認められない」という住民請求を棄却する判決を出したのである。「点検をしなくても、必要な対策や検査を実施している」とは、新しい裁判制度と共に生まれた新しい裁判用語なのか？

この裁判で明らかになったことを記録しておく。中国電力は一九七四年に島根原発一号機、一九八九年に二号機を運転開始しながら、原発の目の前、ほぼ二・五キロ南に走る長大な宍道《しんじ》断層について、「活断層はない」と言い張ってきた。ところが、一九九八年になって「八キロの宍道断層が確認された」、二〇〇四年に「一〇キロの活断層だった」、二〇〇八年に「二二キロと評価する」とした。そして、「最新の知見に基づいて原発の安全性は確保されている」とした。つまり「活断層は、このようにゼロから、八キロ、一〇キロ、二二キロと年々成長する」というのが中国電力による世界に類を見ない新しい地震学である。この裁判官と電力会社と国に、全生命を預けている山口県・島根県・鳥取県・岡山県・広島県の中国地方の住民は、日本一の勇気ある人たちであると思わないだろうか。

広島工業大学の中田高教授のグループが次々と活断層の存在を実証して、実際には三〇キロを超えるのだ。この長さの断層が動けば、揺れは兵庫県南部地震（阪神大震災）を超えることが分っている。その暴れん坊の出雲《いずも》の大蛇《おろち》が、原発の目の前に長々と横たわっている。現在の中国電力が想定する「成長不良の」蛇では、その半分の揺れにしかならない。二〇〇〇年一〇月六日に起こった鳥取県西部地震は、兵庫県南部地震と同じマグニチュード七・三だったが、問題の宍道断層のすぐ南で起こり、この時点で観測史上最大の加速度一四八二ガルを記録したのだ。それがほんの一〇年前だったということを、中国地方の誰も記憶していないらしい。地元民でなくとも地図を見れば分るが、鳥取県と島根県は、県境が南北方向に重なり合っている。「鳥取県西部」地震の震源域は、「島根県南部」地震、あるいは「島根原発」地震と呼ぶべき地域で起こったのだ。

こうして中国地方のみならず、四国において次々と起こる高レベル最終処分場誘致活動の動き、あるいは長崎県対馬市において数百人の住民を六ヶ所村見学旅行に招いたNUMOの高レベル最終処分場誘致活動など、どこの地域も絶望的な計画を金で釣るほかない「原発断末魔」の時代が到来している。こうした実情を原発学習会で話すと、会場から必ず、「では、すでにつくってしまった高レベル放射性廃棄物をどうすればよいのですか」という質問を受ける。だが、それは、私に質問するべきことではない。それを尋ねるべき相手は、無計画きわまりない電力会社と国家に対してではないのか。そして彼らに、高レベル放射性廃棄物最終処分場となって間違いなく破滅する、確たる地域名を答えさせる必要があるのではないか。

私の言っていることに、どこか間違いがあるのですか。

電力会社へのあとがき──畢竟《ひっきょう》、日本に住むすべての人に対して

本書に記述した原発震災の可能性についての内容は、まずどれも科学的・技術的なありのままの事実である。電力会社は、これだけの原発震災について、被災者である国民と企業に対して責任を持てないことも事実である。本来あるものが見えた時、これを事実という。しかし電力会社の立場としては、科学的・技術的に異なる見解を持って、今日まで原子炉の運転をしてきたに違いない。だが、あなたたちの内心で、一パーセントでも本書に述べた内容にその可能性があるという危惧を持っているなら、あなたたちが、決して原子炉を運転してはいけないことはお分りだろう。ところがあなたたちは、設計の想定を超える大地震が起こることを認め、それが原発の大事故になり得ることさえ認めているのだ。これはルーレットでも競馬でもない。一か八かで、原子炉を運転し、大事故を起こすことだけは、絶対にあってはならない。

すでに商業運転中の原子炉が五四基と、高速増殖炉〝もんじゅ〟と、六ヶ所再処理工場という、日本を破滅に追いやる可能性が高い危険なプラントが日本中に存在している。これらをすべてつぶさに調べてみたが、そのどれもが、地震の直撃を受けた場合に、とてつもない危険性を持っている

ことに確信を得た。なぜなら、これらはすべて地球と日本の成り立ちから、共通の弱点を持っているからである。そのため本書では、あえて一基ずつの断層と地質を解析せずに、代表的な原子力プラントにしぼって解説した。本書で詳細を述べなかった運転中・計画中のすべての原子炉が、まったく同じレベルの危険性にあることをここに付記しておく。どれが危険で、どれがそれほど危険性が小さいというランク付けをすることに意味はない。

だが今は、あえてそのすべての運転を即刻止めろと、求めないようにしたい。まず何よりも、この問題に対して、第一歩を踏み出していただきたい。すべてを止めないと危ないことは分っているが、時間的な切迫感から、申し上げたいことがある。東海大地震という、百パーセント起こる巨大地震が、その歴史的な周期性をもって、日本の中心部、富士山を噴火させたフォッサマグナ地帯で、静岡県の目の前に迫っていることだけは、すべての人が認めているし、中部電力も認めている。

浜岡原発の危険性について、これまでのように実りのない対立した論争を続けるより、今は、まず日本人が「共に」生き延びることが第一である。残された時間はあまりない。中部電力は、浜岡原発の一号機と二号機の危険性に気づいて、これを廃炉にすることを決断できたのだから、残っている三号機、四号機、五号機も運転を止めて、内部に入っている危険なウラン燃料を、静岡県外のどこか安全な場所に移してほしい。

引き取る場所がないと言うなら、国会議事堂内や、名古屋市の中部電力本社ビル、霞が関の経済産業省ビルに移すことを、真剣に検討するべきである。これらは、皮肉で列挙しているものではなく、この問題に対して最大の責任を負うべき場所である。それほど事態は切迫しているのだ。互いに異なる議論を戦わせるのは、この一歩を踏み出してから、そのあとにしましょう。私はこれまで一度でも電力会社に頭を下げてお願いしたことはない。だがこれは、涙しながら、伏してお願いすることである。大事故が起こる前に、中部電力は一刻も早く、その決断を下していただきたい。

そして中部電力が決断を下したあと、返す刀で、原子力発電所と再処理工場を抱えるすべての自治体と電力会社は、それに学んで、地震が迫っている問題を一から真剣に、急いで検討する時期にある。高速増殖炉〝もんじゅ〟と六ヶ所再処理工場を設計した、あまりに脆い耐震性は、危急の問題である。私は、大事故について調べ、考えながら、それが現実に日本を襲う時の光景を、やはり本心からは想像することができない。そのような地獄図があってはならないからだ。

正直を言えば、この事実を忘れなければ、生きて行くことはできないので、そうつとめている。それでも時折、心が騒ぎ、落ち着きを失う。いきなり胸の朗らかさが曇る。そのおそろしさは、わが身のことではない。手を握りあって、街を歩く思春期にある男女の若者たちが見える。幼稚園や小学校・中学校に通いながら、大きく育ってゆこうとしている幼い子供たちの声が聞こえる。この子たちの未来がないかも知れないと、底知れぬ瞑想に深く沈む、慄然として戦《おのの》く情である。

時折、胸騒ぎのすることがある。それは、スリーマイル島原発事故の時、チェルノブイリ原発事故の時がそうであったように、いつも原発の重大事故が起こる少し前である。勿論、神がかり的なものではなく、原発の事故を考えている時に思考が呼び覚ます自然な心理だが、二〇〇九年春から、浜岡原発のことで考えが行きつ戻りつして眠れず、再び一帯の地殻変動をくわしく調べていた夏に、駿河湾地震が起こった。

すでに日本では、一九八八年二月一日に浜岡原発一号機で電源喪失による出力迷走事故が起こり、一九八九年一月六日に福島第二原発三号機で再循環ポンプの大破壊事故が起こり、一九九一年二月九日に美浜原発二号機で蒸気発生器のギロチン破断事故が起こってＥＣＣＳ（緊急炉心冷却装置）が作動し、中部電力・東京電力・関西電力がいずれも大事故寸前の危機を体験してきた。これらの重大事故は、地震と無関係に起こった不幸中の幸いだったので、最後の大事故を免れた。美浜事故のあと、私はこれで大地震がくればどうなるかと計算して、奇蹟でも起こらぬ限りは、もう日本はそう長くないだろうと望みも絶え、打ち沈んだ気持に襲われた。すぐにも原発震災が起こると目算し、危ういと見て取った。ところが以来二〇年近く、全国の原発で数々の事故を踏みながらも、まだ最後の大事故は起こらなかった。

私がそのころ想像していた大地震の脅威は、地震学的には漠然としたものであった。日本が戦後の半世紀近く、「大地震のない静穏期にあった」ことを知らなかったからである。そうして一九九五年の兵庫県南部地震（阪神大震災）から、「日本は地震の活動期に入った」という地震学者の言葉を聞き、ついに本当の危機の時代を迎えたことを教えられた。戦後の一九六〇年代における原発の運転開始以来ほぼ四〇年、たまたま大地震が原発を直撃しなかったため、大事故が起こらなかっただけだ、というのだ。日本人は、なんと幸運な民族だったのだろう。これからもその悪運の強さが続くと断言できるのかと、再び地震学に戻って、歴史を調べ直してみると、確かに日本は江戸時代、明治時代、大正時代、昭和前期まで何度も「地震の激動期」を体験しながら、私たちはそれを忘れていた。しかしついに、その時期を迎えたことを知った。日本人が、気づかないうちに、地雷原に足を踏み入れたのだ。

そのあと、一九九七年に川内《せんだい》原発を地震が襲うと、初めて地震の脅威が現実のものとなった。電力会社が宣伝していた「大地震の揺れが起こる場所には原発は建設していない」という大嘘が暴かれ、二〇〇三年五月二六日の三陸南地震と二〇〇五年八月一六日の宮城県沖地震で女川原発、二〇〇七年三月二五日の能登半島地震で志賀原発、二〇〇七年七月一六日の新潟県中越沖地震で柏崎刈羽原発、二〇〇九年八月一一日の駿河湾地震で浜岡原発が襲われ、いずれも電力会社の想定を超える揺れを記録した。しかし幸いにも、これらは私がおそれていた最後の大地震ではなく、中地震より小さいものであった。

今また、本書を書いていながら、自分の計算と想像が間違いであってくれればよいと、何度も何度も、くり返し事実の確認に念を押しながら、東海大地震に対してふくれあがる胸騒ぎを覚えて本書を執筆し終えた。大地震は原発を襲わない、という電力会社の嘘を信じる迷信を持てば幸せだ、という気持になる。そしてこの「電力会社へのあとがき」を書き加えたいと切望する心理に至った。ともかく今は、対立をしている時ではない。何ヶ月後か何年後か分らないが、大地震は迫っている。この議論には、勝者も敗者もない。勝った負けたはどうでもよいことである。被害者となるのは、どちらも同じである。

浜岡原発の危険性について、電力会社は、日本という国家の「原子力安全・保安院」や「原子力安全委員会」から独立して、判断を下してほしい。これらの国家的組織の御用学者と官僚集団は、政治家と同じである。まったく微《かす》かにも、人間性についても、思考力についても、国民が信頼を寄せることのできない低レベル廃棄物集団だからである。

中部電力が、浜岡原発を止めるという英断を下すなら、電力会社の信用は、大きく回復するはずである。その英断が、まだ間に合ってほしい。何とか間に合ってほしいのだ。そう、同じことを大地に対しても祈っている。


本書を読まれた読者は、私が内心で原発震災を信じたくないと同じように、きっと、日本が破滅するという現実を、にわかには信じられないはずである。しかし、地震研究所員だった寺田寅彦が「天災は忘れた頃にやってくる」と言い残した警句の「忘れた頃」に、私たちはいるのだ。起こってしまってからでは、取り返しがつかない。私たちには、原発事故に関して、いかなる日々の生業《なりわい》の口実があっても、後悔があってはならない。

読者もまた、中部電力に対して、地元の電力会社に対して、日本原燃と日本原子力発電に対して、さまざまの豊かな言葉をもって、働きかけていただきたい。テレビと新聞と雑誌もまた、この一件だけは、子供たちの世代に対して、「その危険性は分っていた」という事後の釈明は、通らないことを自分に言い聞かせていただきたい。これまで、原子力の危険性についてほとんど報道もせず、警告も発しないマスメディアに、私たちは命を預けられない状況に置かれているからである。

ここで、テレビで放映されている番組や、紙誌に書かれる特集を否定するわけではない。政治と国民生活・年金・消費税の問題、若者の就職難と経済崩壊、医療問題、地方の衰退を食い止めるための地方紹介や温泉訪問記、郷土の名物紹介、野球をはじめとするスポーツ、オペラをはじめとする音楽、芸術探訪《たんぼう》、骨董品の鑑定、日本史探訪、古代の考古学論争、世界遺産など海外の文化・文明の紹介、憲法論議、沖縄の米軍基地、映画界の名画上映、サイエンス、落語・漫才、日々起こる事件ニュースの数々、気象の予報、どれも意味があって伝えられているだろう。私にも関心の深いものが数々ある。

しかしひと言述べるなら、これらは、「今後私たちが生き延びて初めて成り立つ」内容である。もし明日、日本という国家が、人間の生きられない国土に一変するとすれば、これまでの人生でおこなってきたすべての意味ある行為の意味が失われてしまうことに、私たちは気づかなければならないはずである。そして、日本人が生き延びるのに大きな壁が立ちふさがっているなら、それを取り除いてからでなければ、現在の行為にも何ら意味がないはずである。日本に住むすべての人が、芸能人、物書き、スポーツ選手、報道関係者、企業人間、ヤクザに至るまで、いま第一に取り組むべきは、ほとんどの人が気づかないうちに日本を破滅させようとしている原発震災の防止なのである。「それほど大変なことがあったのか」と、すべての人が気づかなければならないのだ。そのことに気づいてほしいと願って書いたのが本書である。

原発震災の脅威について、これほどまで日本人の無知を助長してきた最大の責任は言うまでもなく、報道関係者にある。記者クラブでお上から貰った物語を、もっともらしく広めるだけの宣伝媒体、それが報道機関であってはならないはずだ。こと原子力については、報道界の常套句である公正中立という言葉にとらわれず、学者への取材や彼らの意見を紹介して満足してはならない。そのように小さな作業が報道の役割ではない。「日本を守る」という報道人としての最後の責任をもって、誰にも頼らず、怯《ひる》むことなく、自分の調査力と判断力で事実を調べ直し、結論を導かなければならない。

本来、報道界の人間の頭が悪いということは考えられない。あなたたちは、この問題について「自分で真剣に調べたことがない」だけではないのですか。ならば、みなさんが考え始めれば、きっと、本書と同じ結論に到達するものと信じている。その時、原子力の危険性について、報道したり批判するだけで満足しないでいただきたい。原子力とは、原子炉の運転が止まるまで危険なのである。批判しても、原子炉が動いていれば、結果として、何の意味もないことである。原子炉を止めるまで、私たちの危険は去らないからである。私はこう尋ねたい。

日本人は、なぜ死に急ぐのか？

いま必要なことは、地下激動する日本列島に住むすべての人が、原発の耐震性の議論に参加することである。国民すべて、赤児から高齢者まで、男女を問わず、誰もが一瞬で人生を奪われる被害者になる可能性を持っているのだから、「原子力についてよく知っている」と自負する人間に任せないで、自らの手で調べて、自らの頭を使って考えるべきである。ここまで原子力発電所を大地震の脅威にさらしてきたのは、この「原子力についてよく知っている」人間たちなのだから、その人間たちに任せてはいけない。まさに醜議院・惨議院と呼ばれるべき政治屋たちが、これまで一体何をしてきたというのだ。今は「原子炉廃止法案」が国会に提出され、直ちに原発震災の危機から国民を救うべき時なのである。

ここ十数年の日本で、大きく変ったことがある。それは、二〇代、三〇代、四〇代の若者と働き盛りの人たちの大半が、このような社会的な問題に立ち上がって、活動しなくなったことである。勿論、活動する勇気ある若者はいるが、私たちの時代とは比較にならないほど少数である。私たちの世代から見れば、ワカモノと言うより、バカモノになった、とさえ思われる激変である。綾小路きみまろに言わせれば、日本人全体が、「あれから四〇年……」の変りようである。ところが若者が、いきなり頭が悪くなるということは考えられない。昔も、日本には悪いところがあったし、現在の日本の原子力産業を生み出したのは、昔の世代の責任である。しかし放射能にまみれておそろしい被害者になるのは、現在の若者より下の世代である。被害を受けるのは、決して、私のように六七歳になった世代ではない。

ならば、若者と働き盛りの人たちが、自分の人生を、大地震と、無責任な社会任せにするほど、愚かなことはない。私たちの時代には、体当たりをしても、社会悪を食い止めることが、良識であった。その良識を失っては、人間としての生きる価値がないと思っていた。こうした時に、社会を変えるのは、若者の最大のつとめであるという信念があった。しかし、責任や義務や権利のために、行動することではないと思う。自分の身を自分で守る、それだけが大切なことである。私自身も、原子力の危険性に気づいたのは、ようやく三〇代後半であった。誰でも、気づくまでは、無知の塊である。しかし気づいてすぐに、みなと共に行動を起こした。

現代の若者も、そろそろ傍観する優柔不断な評論家スタイルの自分を捨て、立ち上がって、知性的な声を上げるべき時である。室内にとじこもって、インターネットだけに頼るようでは、道は開かれない。インターネットで計算ずくの行動をしたとて、社会は変らない。では、どうすればよいか。それは自分の知恵をしぼって考えることだ。沖縄や徳之島の人たちが、目の前で行動の模範を示してくれている。上関原発に反対する祝島の人たちが、人としてあるべき意気を示している。敬愛するこの人たちのどこが違うかといえば、私たちの心を揺さぶってくれるところにある。

江戸時代の名君、上杉鷹山《ようざん》の言葉をもって、本書の扉を閉じたい。

――為《な》せば成る　為さねば成らぬ何事も　成らぬは人の為さぬなりけり――

救うのはあなただ！

二〇一〇年八月六日

広瀬 隆

[著者]
広瀬 隆（ひろせ・たかし）
1943年東京生まれ。早稲田大学卒業後、大手メーカーの技術者を経て執筆活動に入る。『東京に原発を！』『ジョン・ウェインはなぜ死んだか』『危険な話』『柩の列島』などで原子力の危険性を訴え続けるとともに、反原発の市民活動を展開。その他の著書に『一本の鎖』『持丸長者』（以上ダイヤモンド社）、『赤い楯』『二酸化炭素温暖化説の崩壊』（以上集英社）、『世界金融戦争』『世界石油戦争』（以上ＮＨＫ出版）など多数。

原子炉時限爆弾——大地震におびえる日本列島

2010年8月26日　第1刷発行
2011年4月12日　第4刷発行

著　者——広瀬 隆
発行所——ダイヤモンド社
〒150-8409　東京都渋谷区神宮前6-12-17
http://www.diamond.co.jp/
電話／03・5778・7232（編集）03・5778・7240（販売）
装丁————川島進（スタジオ・ギブ）
図版作成——桜井淳
製作進行——ダイヤモンド・グラフィック社
印刷————勇進印刷（本文）・慶昌堂印刷（カバー）
製本————ブックアート
編集担当——小川敦行

ISBN 978-4-478-01359-5

[写真提供]

時事通信社

・雲仙普賢岳の大火砕流（p43）
・燃え続ける神戸の住宅街（p43）
・倒壊した阪神高速道路（p140）
・脱線した柏崎駅の鉄道（p177）

PANA通信社

・西之島近くの海底火山活動（p119）

共同通信社

・第一章扉（p27）
・噴火を続ける現在の桜島（p47）
・崩落した牧之原東名高速道路（p81）
・第三章扉（p155）
・第四章扉（p201）

ロイター＝共同

・序章扉（p1）
・大地震で倒壊した高速道路（p161）

中日新聞社

・浜岡５号タービン建屋外の地盤沈下（p61）

毎日新聞社

・山が消失した荒砥沢ダム上流（p223）

小藤文次郎氏

・水鳥の地震断層崖（巻末A13）

田嶋雅巳氏

・破壊された尾鮫漁港（p239）

【巻末資料】

地震学用語などについての解説

◉震源と震源域

地底や海底で最初に岩盤の割れが発生し、地震を起こした地点を震源と呼んでいるが、岩盤という物体を点で破壊することはできない。したがって、実際の震源は点ではない。岩盤の破壊は面として発生し、大きな広がりを持っているので、地震現象は、正確には震源域として範囲をとらえることが必要である。震源として発表される地名や緯度・経度は、各地の地震計の記録を総合して、地図上で求めた「計算式のための位置」である。

◉震度

震度は、地震のエネルギーを受けた場所によって異なる影響度(揺れや破壊の程度)であり、無感地震から激震まで、ランクが定められてきた。兵庫県南部地震は、家屋が30%以上倒壊した場合に該当し、最大級のランクの震度7であった。ただし震度7の「激震」は、1948年の福井地震で、福井平野の北部が潰滅的な打撃を受け、家屋が100%倒壊したため、それまで最大地震の定義だった「烈震」以上の地震を定める必要から、戦後につくられた尺度である。また兵庫県南部地震後に、さらに震度を細分化するようになった。このように破壊度の定義が変遷しているので、報道界が好んで使う「史上初」という表現は、地震にとって初めてではない場合が多い。

◉マグニチュード

マグニチュードは、地震計の針の振幅から計算される地震の発生エネルギーの単位であり、マグニチュードの国際的な定義には何種類もある。日本の気象庁で採用しているマグニチュードは、「震源深さが60km未満」という危険な地震の場合、マグニチュード5.5以上では次の式によって求めている。

マグニチュード$M = \log A + 1.73 \log \Delta - 0.83$

Aは地震計の最大振幅（μ）（1 μ =1000分の1mm）

Δは観測地点から震央《しんおう》（震源の真上の地表）までの距離（km）

地震が発生すると、各地の観測所でこの式によって計算し、その平均値が出される。つまり対数で計算・表示されるものである。マグニチュードが0.1上がるごとに、エネルギーが約1.4倍になり、マグニチュードが0.2上がるごとに、エネルギーが約2倍になる、と考えればよい。したがってマグニチュード7がマグニチュード8になれば、2倍の5乗であるから、エネルギーが32倍にもなり、マグニチュード6からマグニチュード8になれば、32×32で、1000倍を超える。

マグニチュードの威力を、エネルギーとして計算すると次のようになる。

地震のエネルギーE（エルグ）は、マグニチュードをMとして次の式で求められる。

$\log E = 11.8 + 1.5M$

（換算単位$1\,erg = 1\,dyn \cdot cm = 10^{-7}J$（ジュール）$= 1\,g \cdot cm^2/sec^2$）

◉地震の揺れを示す加速度と速度および耐震性の基準地震動

地震の揺れの大きさを物理学的に評価する尺度として、地震波

が伝わる速度と加速度が広く用いられ、地震計の針の動きを分析して得られる。速度は、新幹線が時速何キロというように、単位時間当たりに進んだ距離であり、地震では単位としてカイン（kine=cm/sec）で表わされる。加速度は、自動車のアクセルを踏みこんだ時のように、次第にスピードが増してゆく割合であり、加速度単位としてガル（gal=cm/sec^2）で表わされる。

最大加速度と最大速度は、必ずしも一定の関係にはない。

日本の原発は、前半に建設されたものは耐震性をガルで規定し、後半はカインで規定して耐震設計がおこなわれてきた（一部の原発は、ガルとカインの両者が定められている）。耐震性としてはさまざまな数値が定められてきたが、原子力発電所の敷地において「起こり得ると想定される最強の地震」を設計用最強地震S1とし、「起こりそうにもないが、万一を考えて想定した地震」を設計用限界地震S2とし、この揺れに対する耐震性の数値を採用してきた。最強地震S1と限界地震S2の違いを説明すると、次のようになる（耐震指針での表記はS_1とS_2）。

普通の人間であれば、本来原発は絶対に大事故を起こしてはならないものだから、万一を考えて想定した地震に耐えられなければならない、と考えるが、原子力産業がこのように二重の基準をもうけてきたのは、あまり起こりそうもない大地震にまで耐えられる強度を求めると、とてつもないコストがかかるので、このように手抜きの設計を認めてきた。つまり「起こる可能性がある最強の地震」に耐えられる最強地震S1とは、その想定地震が起こっても、原発の構造物が本文75頁の【図28】応力～歪み線図に示した弾性限界内におさまり、完全に元の形に戻らなければならない、という基準である。それに対して「起こる可能性はあるが

起こりにくい大地震」に耐えられる限界地震S2とは、その地震が発生した時に、原発の構造物がどれほど変形しても破壊されなければよい、という最後の大事故回避のための限界である。これに関しては、『まるで原発などないかのように――地震列島、原発の真実』（原発老朽化問題研究会編、現代書館）を参照されたい。

しかし2006年の耐震指針の改訂によって、S1とS2を区別しないことになり、一括してSsとするのが現行の指針である。つまりこれを超える地震の揺れに襲われれば、原子炉が破壊され、大事故を起こす可能性が高くなる。

加速度や速度の正確な記録が得られた実際の大規模地震としては、アメリカで1994年1月17日に発生したノースリッジ地震と、奇しくも翌1995年同日に発生した兵庫県南部地震がある。前者では、岩盤上での揺れとして1550ガル、129カインが記録された。後者では、大阪ガス神戸の台地上で833ガル、神戸大学工学部の岩盤上で上下方向に447ガルの揺れが記録され、速度としても同じ岩盤上で南北方向に55カインの揺れが記録された。

ところが以後、原発では、あり得ないと考えられる万一の大地震でも絶対に超えてはならない耐震指針の限界地震S2を超える揺れが、以下の中地震であっさり記録されてきた。

2003年5月26日　三陸南地震（震度6弱、M7.1）
東北電力女川原発

2005年8月16日　宮城県沖地震（震度6弱、M7.2）
東北電力女川原発

2007年3月25日　能登半島地震（震度6強、M6.9）
北陸電力志賀原発

2007年7月16日　新潟県中越沖地震（震度6強、M6.8）

東京電力柏崎刈羽原発

これらの原発で、いずれも想定を超える揺れを記録し、わずか5年間に4回も各原発の設計用限界地震S2を上回る地震が発生した。そしてさらに、

2009年8月11日　駿河湾地震（震度6弱、M6.5）

中部電力浜岡原発

で設計用最強地震S1を超えた。

残念ながらわが国最大の記録地震である濃尾地震については、100年以上前の明治時代に発生したため、原発の耐震性と比較できるガルやカインの記録が残っていない。濃尾地震が、兵庫県南部地震の16倍というエネルギーを持っていた事実から、原発の耐震基準をはるかに超える揺れが起こったのである。

内陸直下型地震については、最大マグニチュード6.5に耐えられればよい、というのが原発の耐震基準であった。しかし耐震基準マグニチュード6.5とは、濃尾地震クラスのマグニチュード8.0ないし安政東海大地震クラスのマグニチュード8.4に対して、わずか“180分の1”、あるいは“720分の1”のエネルギーしか考慮されていないことを意味する。

◉活断層の定義と地震の関係

地震学では、地層に明確な亀裂（岩盤の破壊）の跡があるとき、これを断層と呼ぶ。170万～180万年前からはじまる地質年代の「第四紀」以後に、地震を起こした形跡のある断層が認められれば、「活断層」と定義してきた。これは、ヒマラヤ、アルプスなどの大山脈が形成されて地球が安定したのち、人類発生時代と重なって動いた亀裂であるので、まだ活動しやすい危険な断層とい

う意味である。一方、2009年6月30日の国際地質科学連合による定義変更で、この問題とまったく無関係に、第四紀という地質年代が258万年前以降に変更されたので、定義がややこしい話になったが、いわゆる二足歩行する猿人から原人に移行する時代を節目として、それ以後に動いた断層は「生きている」として活断層を定義してきたと考えればよい。

しかし、一般に「活断層が地震を誘発する」と言われてきたのは、地震発生のメカニズムの説明としては誤りで、断層(および活断層)は、岩盤に亀裂が走った結果として、たまたま地表や地底、断崖などで人間に認識された破壊跡である。ものごとの順序で言えば、活断層が地震を起こすのではなく、地震が発生して断層ができたため、以後も頻繁に地震を誘発しやすいと考えられる亀裂が活断層である。

しかも、内陸の岩盤に走った亀裂は、必ずしも人間によって発見されない。むしろ実際に大型の地震が発生した震源地域では、断層を発見できない例が多数あり、マグニチュード7を超えても、1900年の宮城県西部地震や1961年の北美濃地震などのように、数々の地震が地表に断層を出現していない。アメリカでは1993年8月、「カリフォルニア州の地底には、隠れ活断層が存在するので地震の新たな危険性がある」と警告が出されてわずか5ヶ月後の1994年1月、ロサンジェルス一帯をノースリッジ大地震が襲い、サンフェルナンド・ヴァレーの高速道路が完全破壊した。

したがって、これまで原発の立地点を選択する尺度の根拠となってきた概念――「今後、地震を誘発する可能性のある活断層が存在しない場所」――は、事実上、存在しない。

また一方、最近注目されているのが「地震の空白域」という概

念で、これは、活断層を判断基準としてきた考え方を根本からくつがえすものである。兵庫県南部地震後、「ここしばらくは、神戸は大丈夫だろう」、「いや、断層の大きさから計算して、まだ充分にエネルギーが発散されていない」という議論が展開された。つまり、大地震が発生した地域は、すでに岩盤の歪エネルギーが解放されて地震が起こりにくく（しばらくの期間は安全度が高く）なるが、これから危険性が高いのは、むしろまだエネルギーを発散せずに地震が発生しなかった地域、すなわちエネルギーをためこんでいる空白域である。この場合は、過去の地震の発生記録がまったく当てにならない。

こうした数々の事実から、将来の地震の脅威を予測する場合、活断層は単なるひとつの物差しにすぎない、というのが地震学者の一致した見方となっている。

ところが原子力発電所の耐震設計、および高レベル廃棄物最終処分場の用地選定に関しては、「地震はプレート境界部と活断層で発生する」と前時代的な知見で規定し、地震の要因を狭く限定したばかりか、根本的に誤った概念に基づいて計算と安全解析がおこなわれてきた。これらの事実から、原子力発電所の耐震設計の安全性に、神戸大学の地震学専門家である石橋克彦教授は、重大な疑問を投げかけ、人知の及ばない深い地底で発生する岩盤の破壊と、近年多発しつつあるスラブ内の大地震を考慮していないという点で、きわめて危険であることを警告してきた。この警告が受け入れられて、2006年の新指針に「スラブ内の大地震を考慮する」一項が加えられた。

◉活断層の定義にからむ5万年の大きな謎

前述のように、活断層だけに注目することは誤りだが、既知の活断層さえも、原発の耐震設計では科学的根拠が曖昧で、地質学の常識を無視した計算がおこなわれている。つまり一般に、活断層は「170万～180万年前」から始まる地質年代の第四紀（旧定義）以後に地震を起こした形跡が認められるもの、と定義されてきた。したがって、東大出版会の権威的な書物『新編日本の活断層』など、いかなる地震関係の文献においても、この定義に従って日本全土の活断層が命名され、解析されてきた。

ところが原発の耐震設計では、「最強の地震による地震動」を想定する場合には、なぜか過去1万年間に活動した活断層を計算に用い、また「およそ現実的でないと考えられる限界的な地震による地震動」を想定する場合には、なぜか過去5万年間に活動した活断層を計算に用いてきた。このように短く1万年と5万年に定義した科学的根拠を科学技術庁や通産省（現・文部科学省と経済産業省）に尋ねても、今日まで一切明解な回答が得られず、これを定めた責任者さえ明らかにできない状態である。

こうして「170万～180万年前」が、根拠もなく「1万年」と「5万年」に短縮されたため、原発周辺にれっきとした活断層が存在していながら、それらが耐震設計で公然と無視されている実例がある。そうした危険性が現地住民によって具体的に指摘されてきたのが、日本最大の原発基地となり、新潟県中越沖地震で破壊された柏崎刈羽原発である。そこで、2006年の指針に「考慮すべき活断層」が従来の5万年前から、約13万年前の古い時代まで拡大したが、まだこれでも活断層は「170万～180万年前」から始まることを無視している。

◉断層長さによる地震マグニチュード推定の巨大な誤差

原子炉の耐震性は、敷地周辺に認められた断層の長さから、想定される地震の規模を推定し、これに耐えられるよう計算することになっている。発生する地震の大きさは、一般的に断層が長いほど大きくなる傾向が知られており、この関係を数学的に計算で求める手法として、1975年に東大の活断層研究の第一人者である松田時彦が、学会誌「地震」第2輯第28巻に「活断層から発生する地震の規模と周期について」と題して、過去の発生地震から次式を提唱したため、これに基づいて将来の推定がおこなわれてきた。

$\log L = 0.6M - 2.9$（Lが断層長さ、Mがマグニチュード）

しかし実際に松田時彦がこの計算式を導くために用いた過去の地震のオリジナル・グラフ（次頁）を見ると、この式を導いた点線の斜線に対して、グラフのデータが大きくばらついていることがお分りだろう。図中の○は、表面に現われた地震断層を示し、●は、地震学などから計算したデータであるという。濃尾地震だけでなく、北丹後地震、福井地震、鳥取地震など、いずれも過去に実際に日本で起こった地震について、断層の長さを測定し、マグニチュードと対照してグラフにプロットしたものである。この図のように分散しているデータに対して、平均的なところに斜線を引けば、その勾配と切片から、前記のような式が得られるので、技術者が目安を知る式として、よく使う方法である。しかし、この式を使って数値を求めるとなれば、耐震性の計算では、深刻なことになる。式から得られる数字と、実際の地震のあいだに大きな差が認められるからだ。

たとえば断層長さ10kmのところを見ると、松田が引いた平均

断層長さとマグニチュードの関係（松田時彦の式）

同じ断層長さ10kmでも、マグニチュードは松田式の点線上で6.5と推定されるが、実際には7.3の地震が発生している。これは、エネルギーの大きさとして「16分の1」に過小評価する危険性がある。

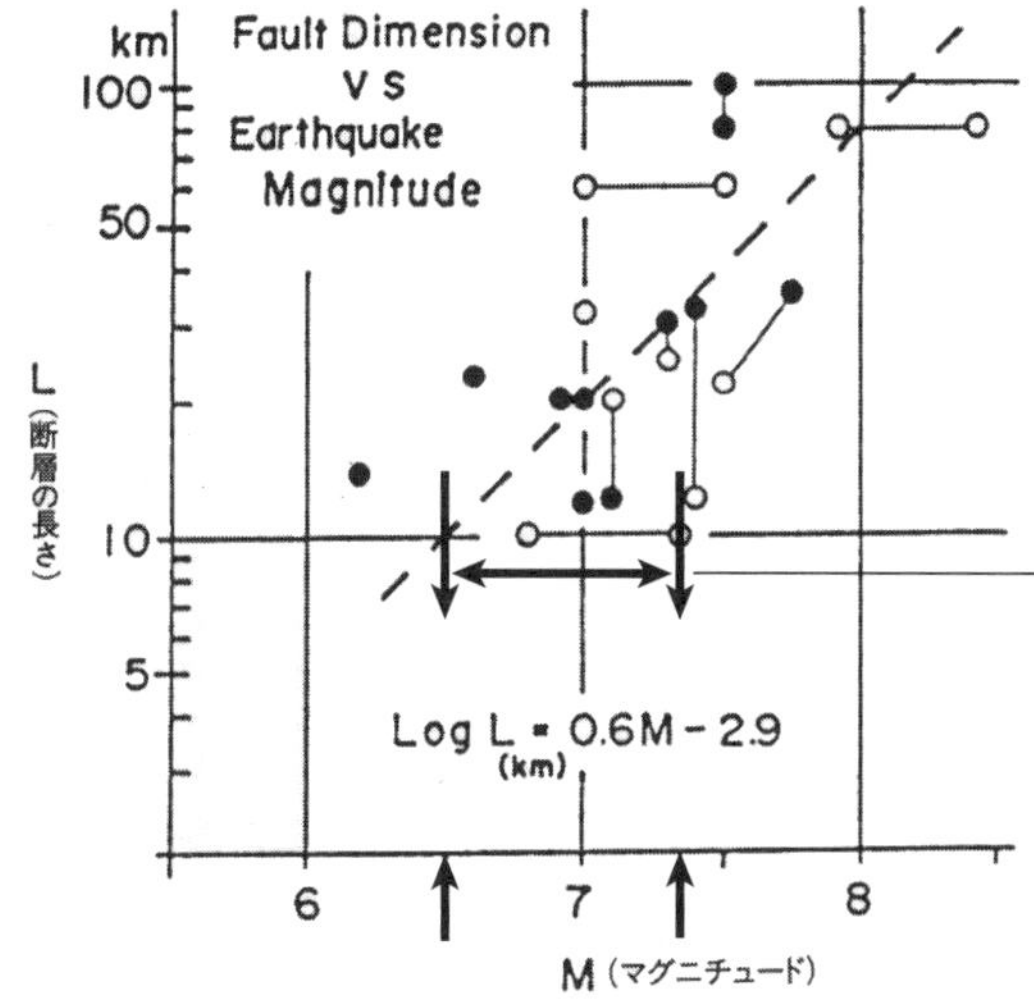

(a)

Fig. 1. Magnitude-fault dimension historic earthquakes in Japan

「活断層から発生する地震の規模と周期について」（松田時彦、学会誌「地震」第２輯第28巻、1975年）より
図中の矢印は筆者が加筆したもの

的な点線から下線をおろして読み取ると、マグニチュード6.5となるはずである。しかしデータ（○）は、断層長さ10㎞でマグニチュード7.3の庄内地震（1894年10月22日、死者730人）の地震が発生したことを示している。マグニチュード7.3を6.5にしてしまう式なのだから、エネルギーを16分の1にも過小評価する危険性がある。したがって松田式は、平均的な地震についてのおおまかな目安にすぎないものである。これを使って耐震計算をおこなえば、現実に発生する地震に対して重大な危険性を伴う。ところが現在も、電力会社は、松田式を用いて、断層長さとマグニチュードの計算をおこなっている。

また一方、原子力発電所の設計者は、敷地周辺に認められる断層を、それぞれ個別にとりあげて計算し、「最大の想定地震にも耐えられる」という安全論の根拠としてきた。たとえば原発の周辺に断層Ａと活断層Ｂ、活断層Ｃがある場合、Ａ・Ｂ・Ｃひとつずつの比較的小さな断層長さから、それぞれの想定地震の規模を求め、三つのうち最大マグニチュードが最大地震である、という結論を導いてきた。

しかし実際の地震では、断層Ａと活断層Ｂが同じ方向性をもって並んでいる場合、断層Ａと活断層Ｂのいずれかが動けば他方もその地震動に引きずられて動き、大型地震に至る例は多々ある。兵庫県南部地震では、震源となった淡路島の野島断層が動いたあと、海底に分布していた未知の断層が次々と亀裂を伝播し、本州側に上陸して五助橋断層が動いて神戸市内を破壊、さらに波動は六甲山麓にまたがる六甲断層にまで至っていた。このように比較的小さな断層が連鎖反応となって動いたため、全体として大型活断層が動いたと同じ結果となり、マグニチュード7.3の大被害を

もたらしたのである。

またこの地震では、横浜市立大学の菊地正幸教授のデータ分析から、地震波も大きく2本の波形が重なりあい、複数の地震が同時多発したことを証拠づけていた。2つ以上の地震が重なる場合の相乗効果は、巨大な瞬間的共振現象を起こす。こうした理由から、これまでの原子力プラント周辺の想定地震の規模は、ほとんどが著しい過小評価となっている。

現在特に、島根原発、福島原発、高速増殖炉“もんじゅ”、青森県六ヶ所再処理工場などの想定マグニチュードは、複数存在する断層や活断層の連続性が無視され、現実に起こりやすいエネルギー相乗効果が計算されていないため、きわめて信頼性の低いものとして多方面から批判されている。

このような過小評価を電力会社が採用した最大の理由が、先の松田時彦の式にある。従来の耐震指針において、「原発は直下型地震に対して、マグニチュード6.5に耐えられなければならない」とされていた。松田式によれば、6.5は前記のように断層長さ10㎞に相当する。そのため電力会社は、至近にある断層を、いずれも10㎞未満に細かく切りわけてしまい、マグニチュード6.5未満の地震しか起こらないように「処理」してきた。それでも切りわけられない場合には、「死んだ断層」であるとして、存在そのものを闇に葬ってしまい、そして「充分な耐震性がある」と主張してきた。

その実例が、新潟県中越沖地震によって破壊された柏崎刈羽原発である。原発至近の沖合にある4つの断層を、東京電力は、1.5㎞、4㎞、7㎞、9㎞と評価してきたが、これらの数字は、綺麗にみな10㎞未満である。ところが実際に中越沖地震で動いたと見

られる断層は、36㎞であることを、広島工業大学の変動地形学の中田高教授と名古屋大学の鈴木康弘教授が明らかにした。

◉耐震性を土台からくつがえす地底の大きな運動

兵庫県南部地震では、震源地の淡路島北部に1m以上の大きな段差ができ、地底の動きを示す野島断層が地上に姿を現わした。しかしこれは、地震断層としては、かなり小さなものであった。本格的な大地震が起こった時に、どれぐらいの地震断層が生まれるかを、水鳥《みどり》地震断層崖の写真で見てみよう。

この岐阜県の根尾谷《ねおだに》にある水鳥断層は、記録上日本最大の内陸直下型地震である濃尾地震によって発生したものである。写真が撮影されたのは1893年だが、地震が発生したのは1891年（明治24年）で、100年以上も前である。しかし地球は好きなときに、

濃尾地震における水鳥の地震断層崖（1893年撮影）

好きなところで大地震を起こす。100年前の話は、きまぐれな地球にとって、明日にもある話と心得ておかなければならない。

田んぼの真ん中に走っている白い道が切れ、下に落ちている場所が断層で、水平に段差となっている。現在この水鳥断層は、地下が掘り下げられ、特別天然記念物として保存されている。地下の断面を見学すると、まっすぐ縦に切れ目があり、その断層の左右に天然の岩が広がっていた。

垂直方向に目もくらむような6mの段差ができたこの地震断層は、岩が動いた記録として残っている日本最大のものである。しかし判明している記録として最大であり、ほかに未知の最大の地震断層が存在する可能性はいくらでもある。

またこの地震では、水平方向に8mの巨大な地震断層が発生している。しかも濃尾地震では、断層長さが80kmにおよんだ。高速道路を自動車で平均時速80kmで1時間走り続ける距離である。これが、マグニチュード8.0の地震の破壊力を教える大きな岩の動きである。

これほどの距離にわたって巨大な岩が裂け、地響きたてて一瞬に動く、これが大地震における岩盤の動きである。このような地震が原子力発電所や原子力プラントの至近距離で発生すれば、揺れに対する耐震性がどれほど強固であったとしても、土台が消失してしまうため、一瞬で基礎が崩壊する。

過去半世紀近く、原子力プラントがこうした大地震によって破壊された例がないという事実は、将来の安全に対して、何ら保証とならないことが今日の常識となりつつある。地震には「静穏期」と「激動期」があるため、ちょうど過去半世紀がその静穏期にあたる幸運であったにすぎず、地球の年齢という大きな物差し

から見れば、50年間もほんの一瞬でしかない。兵庫県南部地震や台湾地震ばかりでなく、これから数々の大型地震が発生する可能性が高くなっている。2007年の新潟県中越沖地震では、柏崎刈羽原発の敷地が大きく傾いたが、これは中地震によるものである。予期される大地震では、原子炉がゴロリとひっくり返ってしまう。

◉縦揺れにも耐えられるという学問のトリック

地震の揺れには縦揺れと横揺れがあるが、兵庫県南部地震では、縦揺れが非常に大きかった。どーんと下から突きあげるような力が作用し、そのため新幹線や高速道路などの巨大な橋脚が破壊された可能性が高い。物理的には、地球の重力（980ガル）より大きな上下方向の加速度を受ければ、建造物が地底から浮きあがるからである。記録された最大加速度は、大阪ガスの833ガルだったが、鷹取駅では共震現象によって上下方向に1500ガルの加速度に達した。

ところが兵庫県南部地震を解析した原子力安全委員会の検討会は、「兵庫県南部地震では、縦揺れ（上下動）は横揺れ（水平動）の半分以下であった」との結論を出し、この程度の地震では原発は破壊されないとの見解を示した。しかしそのデータを見ると、上下動／水平動の比率が0.5を超える数値がほぼ半数を占め、特に震源に近く、大被害を受けた場所ほど上下動／水平動が大きくなっており、事実とはまったく矛盾していた。原子力安全委員会の結論は、震源より遠い地点でのデータを大量に入れ、その水増しによって平均値を出す作為的な数値だったことが判明したのである。

この作為の理由も明らかであった。日本列島が体験してきた大部分の地震は、横揺れが大きな破壊の原因となってきたので、原子力発電所などの原子力プラントは、水平方向の揺れ（横揺れ）を主体にして設計がおこなわれてきた。耐震設計では、横揺れの2分の1の上下動（縦揺れ）に耐えられればよい、とされてきた。ところが兵庫県南部地震では上下動／水平動の比率が0.5を超えたので、原子力プラントが安全ではないと立証されたため、水増し平均データを使って安全を強弁しなければならなかったのである。

2008年6月14日に起こった岩手・宮城内陸地震では、震源から最も近い岩手県一関市内の観測地点で、3866ガルというとてつもなく大きな上下動を記録したのだから、このような上下動であれば浜岡原発でも完全に浮き上がってしまうのである。

◉「破壊される強固な岩盤」の上に建っている原発

「原発は強固な岩盤の上に建っているので、大型地震に対しても大丈夫である。堆積層のやわらかい土の上に建っている場合に比べて、地震の揺れは3分の1に抑えられる」と主張する耐震設計の安全論が、しばしば原発のＰＲに登場してきた。

これは、三つの点で、誤りである。

第一に、すでに新潟県中越沖地震によって、柏崎刈羽原発では1号機の東西方向では「限界地震」の設計値として273ガルしか想定せず、その2.5倍の680ガルが記録された。2号機では想定167ガルの3.6倍の606ガル、4号機でも想定194ガルの2.5倍の492ガルであった。さらに3号機タービン建屋1階では、2058ガルの揺れが観測された。これは原発で確認された地震の揺れとし

ては国内最大で、世界でも最大とされる。

第二に、原理的にも、岩盤の上に建っているから大丈夫という説明は、地震学的に誤りである。関東大震災を招いた関東地震は、神奈川県西部の地底に横たわっていた岩盤が大破壊することによって発生した地震である。当時、岩盤の破壊は、たちまち関東地方南部全域の広大な領域に拡大し、亀裂は相模湾から千葉県の房総半島まで達した。

兵庫県南部地震では、時速9000㎞で岩盤の破壊が突っ走った。大地震は、堆積層と呼ばれるやわらかい土が割れる現象ではない。原子力発電所が直接建設されている岩盤が割れる巨大なエネルギー噴出現象である。

地震学者・石橋克彦氏は、著書『大地動乱の時代〜地震学者は警告する』（岩波新書）のなかで次のように記している。

——M（マグニチュード）八の地震では、地表のすぐ下から深さ数十キロくらいまでの地底で、とつぜん生じた岩盤の激しいズレが時速一万キロほどの猛スピードで百数十キロも突っ走り、東京・神奈川・千葉・埼玉の一都三県全体に匹敵するような広大な面を境にして、両側の巨大な岩盤が二〜三分のあいだに数メートル以上ずれ動くのである——

この石橋氏の記述にある時速1万キロを、秒速に換算すると、

10000キロ÷3600秒＝2.7キロ／秒

つまり「岩盤上に直接建設されている」という原子炉は、100分の1秒単位という、まったくの瞬時にこの巨大なエネルギーを受けることになる。これは、核分裂を止めるための制御棒を挿入する時間もないことを意味する。また、この激震が少なくとも「二〜三分のあいだ」続くことによって、無数の危険な事態が同

時に発生する。

第三に、「原発は強固な岩盤の上に建っている」という説明自体が、著しく事実と異なる。

岩石は、地質工学的に「軟岩」と「中硬岩」と「硬岩」の三つに分類される。地震の波が岩盤の中を伝わるとき、岩が硬ければ音波が速く伝わり、軟らかいとゆっくり、途中にクッションがあるような形で伝わる。これを弾性波速度といい、1秒間に3km以下の速度が「軟岩」、3～4.5kmの間がほぼ「中硬岩」、それ以上が「硬岩」と分類される。ところが日本には、強固な岩盤と呼べるような硬岩はほとんどなく、特に原発現地の地質は、ほとんどが弾性波速度3km以下であり、最大の地震が予想される浜岡原発の基礎岩盤では2kmしかない。

これは岩と土の中間と言ってもよいほど軟弱な岩盤である。

◉原発は関東大震災の3倍の地震に耐えられるという大嘘

「原子力発電所は関東大震災の3倍の地震に耐えられる」という安全論が、原発のＰＲで頻繁に使われてきたが、これは誤りを通り越して、大嘘である。

火災によって関東大震災を招いた関東地震は、マグニチュード7.9で、従来の俗説では、加速度が最大400ガル程度と言われてきた。しかしこの大地震の3倍の揺れであれば、400ガルの3倍で、1200ガルの揺れにも耐えられなければならない。

一方、日本の原発のうち、先年まで最大の耐震性だった浜岡原発3号・4号とも、耐震性は「関東地震の3倍」の半分、つまり600ガルでしか設計されていなかった。1号・2号の耐震性はさらに低い450ガルであった。

これほどの大きな嘘はないが、このトリックは、次のように仕組まれてきた。

関東地震が、ほぼ400ガルで大被害をもたらしたとされ、以後、その半分の200ガルが普通の建築基準法の耐震性として採用された。その200ガルの3倍が、浜岡3号・4号の600ガルであり、「一般建築物の3倍の耐震性が浜岡3号と4号」というにすぎない。

ところがＰＲには、もうひとつ根本的な間違いがある。関東大震災は14万2807人の死者を出し、その被害が東京に集中したため、これまでは東京を中心に関東地震が解析されてきた。地震学的に見れば、震源域が神奈川にありながら、当時は人口の少なかった相模湾一帯の被害が無視されてきたのである。

そして最近、神奈川に関する実態調査がおこなわれ、最大加速度は400ガル程度ではなく、諸説を総合すると600～900ガルの範囲だったという事実が明らかにされてきた。900ガルであれば大半の原発は完全に破壊されるのである。経済産業省と電力会社は、最近の知見に基づいて正しいＰＲをおこなうべきである。

◉原子炉が破壊されなくとも起こり得る地震の核暴走

原発と地震の関係でこわいのは、原子炉やパイプや構造物が“破壊されること”だけではない。地震のエネルギーによって何も破壊されなくとも、地震の揺れのために、原子炉がいきなり核暴走するという可能性がある。それは、一瞬にしてチェルノブイリ型の爆発事故をもたらす危険性である。

沸騰水型軽水炉では、地震で原子炉が揺さぶられると、内部の流体（水）の流れが変化したり、あるいは振動そのものによって、燃料棒の表面にあった泡（ボイド）がいっせいに流れ出し、その

ために出力が増大する可能性がある。このように、泡が消えたり、水が押しつぶされて密度が高まると、「ボイド消滅」によって、いきなり出力が急上昇する。

事実、原発にとっては、“耐震設計基準にもはるかにおよばない小さな地震”で、福島や女川のように「中性子束高」=「出力上昇」のスクラム（原子炉緊急自動停止）がかかったことがあり、きわめて深刻な現実の問題である。地震で燃料が揺れたため、燃料と燃料の間隔が開くと、その開いたあいだの冷却材（水）の量が増えて、中性子を減速する能力が大きくなって、核分裂が促進されることになる。

1983年7月2日に福島第一原発3号・6号で、1987年4月23日に福島第一原発1号・3号・5号で、また1993年11月27日に女川原発1号で、いずれも地震によって原子炉が緊急停止する異常が発生した。

これらの緊急停止は、地震の大きな揺れを感知したから起こったのではなかった。地震の揺れは原子力発電所を破壊するよりはるかに小さかったが、原子炉内部で核分裂を促進する中性子の量が、いきなり地震によって急上昇し、核暴走という最もおそれられている瞬間的反応を計器がキャッチして、自動的に制御棒が挿入されてことなきを得た。このメカニズムは、のちに次のようなものであることが判明した。

このような中性子急増は、沸騰水型原子炉に特徴的な現象である。原子炉の内部を循環している水は、ウランの燃料棒から熱を奪う冷却作用のほかに、もうひとつ重要な働きをしている。それは、中性子が水の中を通ることによって、水素原子に衝突しながら、次第に速度を落とし、ウランを核分裂させるのにちょうどよ

いスピードに減速させる役割である。こうして減速され、核分裂に適した中性子を、熱中性子と呼ぶ。

しかしこのタイプの原子炉は、内部で水が沸騰し、その蒸気を直接タービンに送って発電している。そのため、水中の泡（空洞＝ボイド）が増えると、中性子が減速されにくくなり、核分裂反応が小さくなる。逆に水中の泡が減ると、中性子が大量に減速されて、核分裂反応が急速に進行する危険な性質を持っている。たとえてみれば、沸騰するヤカンをガスこんろからおろし、ドンと置けば、お湯の中の気泡が一斉に上にあがる。同じように地震が発生したショックで、このように原子炉内部の泡が一斉に上にあがると、瞬間的に膨大な量の熱中性子が発生し、核暴走事故を招く危険性がある。

1983年から1993年にかけて東北で発生した前述の緊急停止事故では、このようなメカニズムのほかに、もうひとつの原因があることが報告された。1997年5月12日、この問題について共同研究の結果が資源エネルギー庁から報告書として出され、「燃料集合体の間隔変化」が原因と断定された。その結果、東北電力が当初に女川原発の出力上昇の原因として説明した「ボイド消滅」説は抹消されてしまった。そして、中性子束の上昇防止対策として、燃料集合体を上部で固定している板ばねの押付力を増加させることによって、集合体の揺れを小さくするという対症療法がとられた。それは、地震によって燃料棒が揺れたため、燃料棒と燃料棒の間隔が広がって、そのあいだにある水の量が一時的に増えた。水の量が増えれば、それまでより大量の中性子が減速され、核分裂が急速に進行したというのである。これは燃料棒の配置と微妙に関わる問題で、いまだに推測の域を出ないまま、構造の変

更が一切おこなわれていない。板ばねの強度を増したことによって、その後トラブルが起こっていないからといって、対症療法として効果があったかどうかという判断は、次の地震が何をもたらすかにかかっている。

最初に電力会社が、中性子束上昇の原因としてボイドの消滅を考えた通り、沸騰水型の弱点として出力暴走の危険性は相変わらず存在する。地震のショックを受けただけで、1秒の何分の1という瞬間に核暴走が起こり得ることを、福島と女川が証明している。

これと同様の危険性は、沸騰水型原子炉の内部で水をぐるぐる回しながら、泡の量をコントロールしている再循環ポンプが、地震によって影響を受けた場合にも起こり得る。特にその危険性が高いのは、最新型として建設された柏崎6号・7号や浜岡5号のＡＢＷＲ（改良型沸騰水型）である。これは、再循環ポンプの台数を増やして小型化し、原子炉の外側から内部に移した設計であるため、大型ポンプのように回転の慣性力がなく、小型ポンプが急速に始動したり停止する性質を持つ。そのためチェルノブイリ原発事故と同じように、瞬間的に出力の異常上昇を起こして暴走する危険性がある。